トライボロジー再論

――次世代のトライボロジストたちへ――

木村好次 著

養賢堂

A Revisit to Tribology

Yoshitsugu Kimura

Yokendo Co. 2013

はじめに

“トライボロジーって何？”

“摩擦とか摩耗とか潤滑とか……”

“それだけ？”

“それだけ.”

“ハイテクなの？　ローテクなの？　それともノーテク？”

“……”

アメリカの学会誌で読んだジョークだが，トライボロジーとは，ま，そういう分野である.

この本の題名の“再論”には，二つの意味がある．一つは，1982年に養賢堂から出していただいた“トライボロジー概論”を見直そうという意味である.“概論”は，かつて東工大にいた故 岡部平八郎氏と2人で，“機械の研究”誌に連載講座“トライボロジー入門”を書き，それを単行本にまとめたものだった.それから30年も経ち，岡部さんは死んでしまったけれど，その後“そういうことだったのか”と腑に落ちたところもあったし，自分の考えが変わったところもある．そのへんをあらためて考えてみたいと思って同誌に“トライボロジー四方山ばなし”を連載し，今回 再び単行本として出していただくことになった.“概論”を読んで下さった方には“似た本を買って損をした”なんて思わせたくないし，はじめて筆者の本を手にとって下さる方にもご理解いただきたいし…という，欲張った本である.

“再論”のもう一つの意味は，トライボロジーにおける常識を見直してみようという意味である．トライボロジーという名前ができてから半世紀近く経ち，この分野の内部では，機械工学，化学等，関連するディシプリンの相互を隔てる壁はずいぶん低くなった．それは良かったのだが，この分野を作った第1世代から第2世代，さらに第3世代へと引き継がれる間に，今度はトライボロジーという分野の周りに壁を作ってしまい，その壁の中でしか通用しない常識みたいなものができて，内部のエネルギーの割には外界へのインパクトが弱くなってきたように思うのだ．“治政に乱を思う”わけではないけれど，このへんで一度，トライボロジーにおける常識を，工学の常識，あるいは一般社会の常識から見直す必要があるのではないか．“筆者にそんな常識があるのか？”なんて突っ込まれそうだが，そこはほら，亀の甲より…とか言うじゃないですか．

一つお断り．養賢堂というお堅い書肆から出していただくわけではあるけれど，この本ではところどころ寄り道をして，学術書らしからぬ無駄話を書いた．筆者の世代のトライボロジストがどんどん現役を引退する状況にあるので，このままでは消えてしまうであろう故事来歴のたぐいを，次世代のトライボロジストにぜひ伝えておきたいという，筆者の勝手な思い込みである．

末筆ながら，連載講座の執筆に際し毎回貴重なご意見をたまわった，青山昌二氏，木村洋子氏，田中正人氏，村木正芳氏，若林利明氏（五十音順）をはじめ，資料に関してご協力いただいた方々，連載およびこの本の出版を通じてお世話になった養賢堂の三浦信幸氏に，心からお礼を申し上げる．

2013 年 4 月

木村 好次

目　　次

第１章　トライボロジーとはどういう分野か

第２章　接触をどう考えるか

第３章　摩擦はどこまで分かっているか

第４章　ころがり接触ところがり摩擦

第５章 摩擦面の温度について

第６章 潤滑について

第７章 流体潤滑について

第８章 弾性流体潤滑

第９章　潤滑領域の遷移について

第 10 章　境界潤滑を考える

第 11 章　損傷名と用語について少々

第 12 章　焼付きについて

第 13 章　ころがり疲れについて

第 14 章　摩耗の話

第 15 章　損傷のスペクトル

第16章　トライボロジーの担い手

第17章　摩擦面の設計について

第18章　摩擦面の材料について

第19章　潤滑剤について

第1章 トライボロジーとは どういう分野か

1.1 ミッシング・リンク

トライボロジーというのは，摩擦面に発生する諸現象を対象とし，摩擦の制御，摩擦面の損傷の防止ないし軽減，摩擦面が環境に及ぼす影響の軽減を目的とする，工学の一分野である.

“工学と理学はどう違うのか”．香川大学工学部の創設のお手伝いをしていたころ，学部の紹介に伺った高校の先生からこう聞かれたことがある．高校には物理とか化学とかの教科があるから，そういう名前の学科で構成されている理学部なら生徒諸君も理解しやすいのだが，工学部はそれとどう違うのかがよく分からないというわけだ．こういうときの返事は，簡にして要を得なくてはならない．“理学は未知を既知にする学問であり，工学は不可能を可能にする学問である”と説明したところ，無論それだけのせいではあるまいが，翌年，同校から香川大学工学部を受験した生徒は2倍になった.

で，話を戻すが，トライボロジーが可能にした技術はごまんとある．まず大きなものの例で，**図1.1**[1]は火力発電所の出力700 MWの蒸気タービン発電機を開けたところである．このクラスになると，直径50～60 cmという軸がジャーナル軸受の中で400 km/hを超える高周速で回転し，巨大な電力需要を支えている．小さい方の例，**図1.2**[2]は，ディスクの直径3.5 in，記憶容量3 TBというハードディスクドライブで，ディスクの下方に見える浮動ヘッドが運転中は7200 rpmで回転するディスク上に移動し，ディスクとの間に最小1 nmないし数nmというわずかなすきまを確保して，高密度の磁気記録を可能にしている．読者各位がおなじみの自動車はトライボロジカルな問題の塊で，近年のホットな話題であるその燃費向上には，あとで図1.5にお目にかけるが，エンジ

図1.1　川越火力発電所超々臨界圧蒸気タービン発電機（写真提供：株式会社 東芝）[1)]

図1.2　"Ultrastar 7K3000" ハードディスクドライブ[2)]

ンからタイヤに至るパワートレーンの摩擦損失の低減が大きな寄与をしている．さらに**図1.3**[3)]，近年の快挙として耳目を集めた"はやぶさ"の，小惑星まで往復した60億km，7年に上る長旅も，固体潤滑の成果を抜きにしては語れない．トライボロジーはこういう見えないところで活躍し，エネルギー技術，情報技術，輸送技術，あるいは宇宙技術など，さまざまな分野の進展を支えているのである．

その半面，意外に思われる読者が多いかも知れないが，トライボロジーの根本とも言える基礎的なメカニズムについて，未知なる部分すなわちミッシング・リンクがいくつもある．たとえば摩擦の原因にしても，境界潤滑膜の形成・破壊，さらには摩耗のメカニズムにしても，十分に理解されているとは言い難い．

トライボロジーが，一方では先端的な技術を支えておりながら，他方その基礎的な部分にミッシング・リンクを抱えているというのは，矛盾している

図 1.3　小惑星探査機“はやぶさ”(イラスト：池下章裕氏)[3)]

ように思われるかも知れない．そんなミッシング・リンクの上に立つ技術なんて，砂上の楼閣ではないか．

しかしこれは，トライボロジーに限った話ではないのだ．猫好きの科学作家と自称する竹内 薫さんによれば，飛行機が飛ぶ原理も仮説にもとづいているし，大騒ぎになったBSE，牛海綿状脳症が異常型プリオンの蓄積によるというのも仮説，二酸化炭素が地球温暖化を引き起こしているというのも仮説であって，科学的に説明されているように見えるものも“99.9 % は仮説”であるという[4)]．そう言えば，物質を細分化して最後にたどりつく究極の粒子である素粒子の，そのまた質量の起源だというHiggs粒子にしても，ようやく2012年に確認されたらしい．トライボロジーの基礎どころか，物質の基礎中の基礎もはっきりとはしていないのである．

そのような状態でありながら世界が成り立っているのは“試行錯誤と経験”によるのであって，“もともと工学というのは，試行錯誤と経験がものをいう世界”なのだという一文が同書にある．竹内さんが筆者と同じ意味で工学という言葉を使ったかどうかは知らないが，そもそもこの話は，工学とか理学といった自然科学に止まるものではないのだ．

1.2　認識科学と設計科学

少々話を拡げさせていただこう．

10年ほど前のことになるが，日本学術会議の“新しい学術の体系委員会”が，“社会のための学術と文理の融合”という副題の報告書をまとめた[5]．その背景には，地球の有限性と人間活動の拡大とによって生じた現在の人類史的課題としての“行き詰まり問題”があり，その解決にはあらゆる学術を動員することが必要であって，それを効果的に行うために，“知の営みとしての科学，Science for science”と並んで“社会のための科学，Science for society”を認識・評価する，学術研究者の意識改革が必要だと指摘したのである．

そこで提唱した新しい学術の体系のコンセプトが，**図1.4**[5]である．17世紀に誕生した近代科学は，もっぱら知的好奇心をインセンティブとして展開された“あるものの探求”であり，それに対し価値・目的の実現を目指す“あるべきものの探求”はそれより一段低い地位におかれ，前者を“科学”，後者を“技術”と呼ぶのが一般的であった．しかし矢印を左にたどって，“あるものの探求”を“認識科学”と呼ぶとすれば，“あるべきものの探求”は広い意味での“設計科学”と呼ぶべきであり，それは目的や価値を正面から取り込んだ新しい科学でなければならない．そして上述した課題の解決のために，両者を統合して新しい学術の体系を作るべきだというのがこの報告の主張である．

日本学術会議は人文・社会科学，生命科学，理学・工学の全分野を代表する機関だから，上の報告もそれら全分野を対象にしているのだが，以下 理学と工学に話を限ろう．おおざっぱに言うならば，理学の本質は認識科学であり，工学の本質は設計科学である．そしてトライボロジーは，工学の一

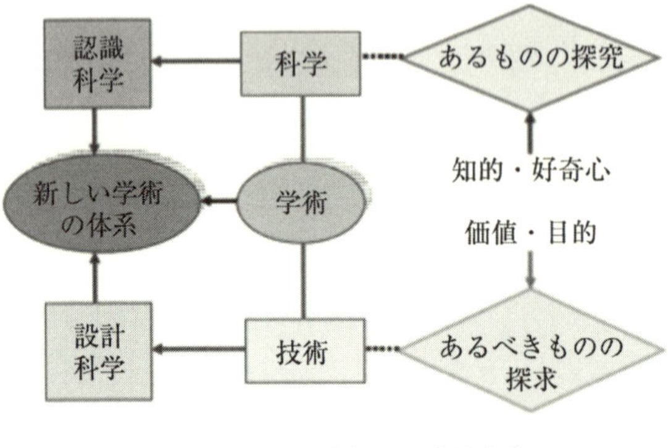

図1.4　認識科学と設計科学[5]

環として設計科学に位置づけるべき分野だと筆者は考えている．

こう言うと，出てくる反論は容易に予想がつく．“トライボロジーの基本となる現象に摩擦があり，その解明はまさに認識科学の課題ではないか”．そういう意見があって不思議ではないし，基本的なミッシング・リンクが存在すれば興味を抱くのは研究者の性（さが）だろう．それはそれで結構なことだが，Pauli の言といわれる“万物は神が作りたもうたが，表面は悪魔が作った”を持ち出すまでもなく，摩擦面で生ずる現象の多様性を考えれば，そのような研究は設計科学としてのトライボロジーにおける価値によって評価されるべきものだと思う．

そこで，“99.9 % は仮説”に話を戻す．仮説が大手を振ってまかり通るのは，なにも設計科学に限らない．たとえば，光に関する Huygens の波動説が仮説なら，Newton の粒子説も仮説であった．ただし仮説への対応が，認識科学と設計科学ではまったく違う．認識科学においては，仮説は検証されるべきものであり，正しいか正しくないか，白黒をはっきりさせることによって科学が進む．それに対し設計科学における仮説は，正しいとか正しくないというのは問題ではなく，必ずしも検証を要しない．そこで重要なのは“目的や価値”なのであって，ある仮説がそれらの実現に寄与したとすれば，その有効性だけで存在価値をもつのだ．トライボロジーにおいても，ミッシング・リンクを有効な仮説で埋めることによって，多くの技術開発が進められてきたのである．ただし，ある命題が仮説であるのか事実であるのかという区別は，常に意識しておく必要があるだろう．

1.3　正解は1つとは限らない

この議論の赴くところ，設計科学は，ある問題に対する正解が必ずしも1つではないという特徴をもつことになる．

認識科学はそうではない．2011年9月，国際研究グループがニュートリノの速度が光速より高いことを実験で見出したと発表した．本当なら相対性理論と矛盾する結果だというので大騒ぎになったが，ニュートリノは光速より速いのか遅いのか，正解は1つである．

トライボロジーではどうか．第16章以下でゆっくりお話しするが，トライボロジカルな問題を摩擦面内で，つまりトライボロジカルに解決しようとするとき，使えるツールは，潤滑剤，設計，材料の3つしかない．この3つを英語で書けば lubricant, design, material，頭から2字ずつとると “ludema” になる．偶然の暗合だが Ludema という名前の先生がミシガン大学でトライボロジーを担当していたので，同先生に承諾してもらって “ludema” を宣伝することにした．おそらく筆者のオリジナルの中では，これが一番受けたのではなかったろうか．

閑話休題，ツールが潤滑剤・設計・材料の “3つしかない” というのは，“3つもある” ということでもある．実際のトライボロジカルな問題を解決しようとするときに，そのいずれか，あるいはそれらの組み合わせを変更するという選択の自由度があるわけで，正解は1つとは限らないのだ．

その好例として，先ほどもふれたトライボロジーの技術開発による自動車の燃費の改善率を，**図1.5**[6] にご覧に入れておこう．階段状の折線の左側に注記したのが潤滑剤によるもの，右側に注記したのが摩擦面の設計と材料によるものであって，合計すると20年ほどの間に16％ほどの燃費の改善が，トライボロジーによって可能になっているという図である．結果として燃料消費率の改

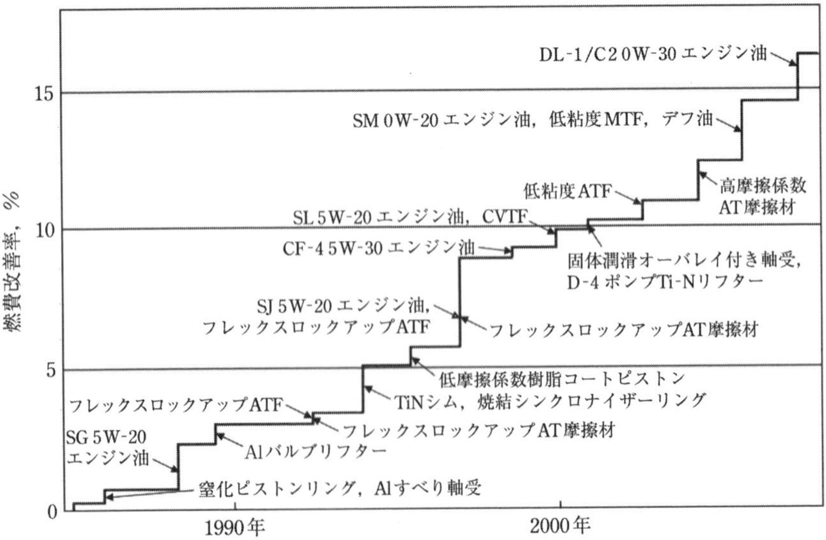

図1.5　トライボロジーによる自動車の燃費改善[6]

善という 1 つの目的に寄与しているという意味で，それぞれの技術開発はどれも正解なのである．

トライボロジカルな問題をトライボロジカルに解決しようとしたときに，設計でも材料でも同じように成果が得られた例もあれば，潤滑剤をいろいろ変えてもうまく行かなかったのが，設計をちょっと変更しただけであっさり片づいたという例もあるし，材料と潤滑剤の相性がキーとなった場合もある．また ludema それぞれの変更にもバリエーションがあり得るわけだし，それに加えて技術以外にも考えなくてはならない要因はいろいろある．トライボロジストには，一歩退いてどのような正解があり得るかをまず考える，マクロな視野が必要だと思う．

1.4　インターディシプリナリー

ツールが潤滑剤・設計・材料だから当然のことだが，トライボロジーというのはインターディシプリナリー，日本語では境界領域とか学際領域とか呼ばれる分野であって，その専門学会である日本トライボロジー学会の個人会員の出身学科も，機械系，化学系，材料系，その他といろいろである．

現在の一般社団法人 日本トライボロジー学会は，日本潤滑学会として 1956 年に設立されているが，それ以前にもこの分野の問題は存在していたから，機械系の人たちが軸受の設計を，化学系の人たちが潤滑油の研究をして，それぞれの専門学会で発表し，それぞれの専門分野の人たちが聞きに行く，というような具合だったらしい．それが 1 つの部屋でお互いの研究発表を聞き，ディスカッションをするという構図に変わって，この分野が大きく発展したのはたしかだろう．

それによって，トライボロジーという分野内における，機械工学，化学等，関連するディシプリンを隔てる壁はずいぶん低くなったが，“三つ子の魂” ではないけれど，出身学科で身につけた発想法は，そう簡単に抜けるものではない．それを実感したのは，故 岡部平八郎氏と 2 人で，“はじめに” でふれた連載講座 “トライボロジー入門” を書いたときである．それから 30 年以上経つから，昨今の事情はだいぶ変わっているかも知れないが，同じ 1 つの問題を議論していても，思い浮かべているイメージがどうも違うなという事態がしばしば起こったのだ．岡部さんと筆者が化学屋と機械屋の代表というわけではないけれど，そもそも化学系・機械系の人間の，発想の原点はどこにあるのだろうか．

まず機械屋のほうから言うと，原点にあるのは万古不易の法則だと思う．力学ならば，“質点の運動量の時間的変化割合は，それに加わる力に等しい”という Newton の第二法則が原点であり，熱ならば，“熱流束密度は温度勾配に比例する”という Fourier の法則が原点である．取り扱う対象が複雑になれば数式も見かけ上複雑になるけれども，その本質はこれらの法則を書き直したものに他ならない．したがって機械屋は，いかに複雑に見える問題であろうとも，基本となる法則の上に築かれた論理の体系をたどって行けば，あるいはそれを展開して行けば，たいていの問題は解決できるはずだという発想になるように思う．

では，化学屋の発想の原点は何か．“それは変化じゃないかな”というのが，岡部さんの意見だった．たしかに名称からして“化ける学”――“化かす学”という人もいるが――である．万物は化学反応を生ずるものであって，ただしその反応速度に大きな幅があるという話を聞いたことがある．世の中には化学反応を生じそうにないものがあるが，それは次のいずれかなのだそうだ．一つは反応速度がうんと低くて，われわれの目にはその化学変化が認識できないものであり，もう一つは逆に反応速度が高すぎて，われわれの目にとまらないものである．その中間の，反応の進行する時間が人間の観測時間と，たまたまコンパラブルである場合に限って，われわれはそれを化学反応と認識するというわけだ．こうなると岡部さんの話にも説得力があって，“これはいかなる変化を生ずるものか”という目でものを見るのが，化学屋の発想の原点ということになるのだろう．そしてそういう変化を生ずるために，分子なり原子なりが熱エネルギーをもって動き回っているという視点が必要であり，その前に，そもそも変化を生ずる実体として，分子なり原子なりの認識が重要なのだと，岡部さんは力説した．

こういう発想の違いというのは，お互いが書いた論文なんかを読んでいるだけではまず分からない．たとえば機械屋が化学屋の論文を読むときも，先ほどお話ししたような機械屋の発想法から出発し，機械工学の論理体系の中に位置づけることによって，その内容を理解しようとするだろう．たしかに，他分野のことを理解しようと思ったら，それはまず必要な作業であるに違いない．しかしそれでは，半分しか理解したことにならないのではないかと思う．他分野のことを完全に理解するためには，その分野の人がどういう発想法を持ち，どのような体系の中で理解をしているのか，それを理解することが必要なのではないか．

これはトライボロジーのような，インターディシプリナリーな分野においては，特に大事な点である．たとえば，境界潤滑における摩擦力は機械屋の発想だけでも一応は理解できるかも知れないが，では潤滑剤分子の種類が違うとどうなるかといった問題に立ち入ろうとすると，どうしても化学屋の発想による理解が必要になると思う．

第2章　接触をどう考えるか

2.1　真実接触という概念

摩擦面の間に流体膜を介在させる流体潤滑を別にすると，トライボロジカルな現象には常に固体面どうしの接触状態が大きな役割を担っている．この章ではトライボロジーにおける接触の意味を考えることにしたい．

こう書くと，トライボロジーにおいてであろうがなかろうが，接触は接触じゃないかと思われる読者も多いだろう．ところがそう簡単なものじゃないというのが，筆者の言いたいところである．気軽に接触などというけれど，こういう言葉には怖いところがある．何とはなしに分かったつもりで使っていても，その実はっきりとは実体が分かっていないことがあるのだ．

接触という現象がはじめて科学的に取り上げられたのは，ちょっと不思議だけれど，Reynolds によって流体潤滑の基礎理論が築かれてから半世紀以上経ってからのようである．ことの起こりは電気接点であって，シーメンスでその分野の研究をしていた Holm が，接触抵抗から固体面間の接触の問題に遡り，その著書 “Electric Contacts” にこう書いた．“二物体をある荷重の下で互いに押し付けると，ふつうは最近まで考えられていたよりも小さな面積で接触する[7)]”．いかになめらかな固体面でもいわゆるマイクロトポグラフィーがあるから，全面がべったりくっつくことは考えられず，“そのきわめて小さな部分のみが真実の接触を行う[7)]” というわけで，それを “真実接触” と呼んだのだ．その面積，“真実接触面積” A_r は，$A_r = P/p_m$，すなわち 2 面を押しつけている垂直荷重 P を軟らかい方の材料の塑性流動圧力 p_m で割った値で与えられるというのが，第一次近似としての定説だろう[8)]．

このような真実接触の概念によって，いわゆる Coulomb の摩擦法則の凝着説による説明をはじめ，多くのトライボロジカルな現象に説明が与えられてきた．筆者自身いろんな研究に真実接触の概念を使ってきたから，それがきわめて有効なものであることは承知しているが，では真実接触とは何かと考え直してみると，そう簡単に割り切れる話ではないのだ．

ともかく真実接触を見てみようじゃないか，そういう研究が展開されたのは，当然の成り行きであったと思われる．

筆者が大学院の学生だったころ，接触問題ははやりのテーマの1つであった．日本では，阪大の築添 正先生のグループがリードしておられたが，その一員だった久門輝正さんが，とてもきれいな写真を発表した[9]．あちこちで使わせてもらっているが，**図2.1**にご覧に入れよう．

久門さんは，2つの金属面にある荷重をかけて接触させ，その すきまに着色液を流し込んだ．着色後に2面を引き離すと，その荷重の下で形成された真実接触部は着色されず，もとのままの金属光沢を保って現れるという仕掛けである．図2.1の例は，サンドブラストで意識的に表面粗さを大きくしたアルミニウムの面と，それよりは粗さがずっと小さい鋼の面の間にできた真実接触点である．なるほど，真実接触というのはこんなものか，という鮮烈なイメージを与えた写真で，白い部分の面積の総和，つまり真実接触面積は，加えた荷重にほぼ比例したと報告されているから，まあ ——なんて書くと久門さんに叱られそうだが—— 定説を裏書きすることにはなったわけである．以下では，真実接触点を単に接触点と書くことにする．

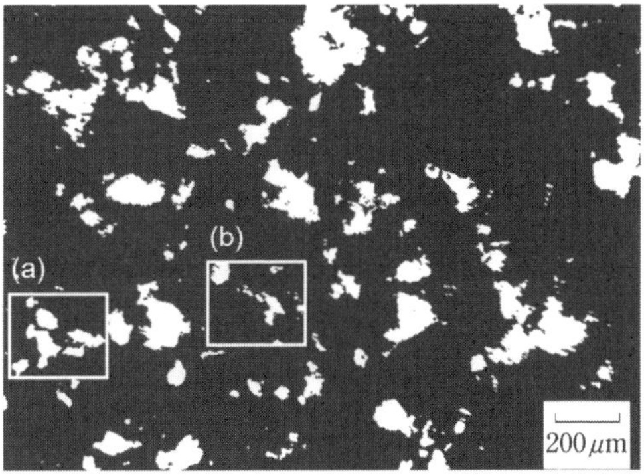

図2.1　久門さんの撮った写真[9]

ところで，図2.1には一体何個の接触点があるのだろうか．次なる興味はそちらに向かった．2.5節でお話しするが，真実接触面積は同じでも，大きな接触点が少数存在するのか小さな接触点が多数存在するのかが，トライボロジカルな現象に大きな影響をもつ場合があるのだ．

例として，図 2.1 の 2 つの枠，(a) と (b) の中の接触点を考えよう．(a) を見ると，話は比較的単純であるように思えるかも知れない．比較的大きな接触点が 5 個と，まん中あたりに小さな接触点が 1 個ある．右側のつながったようなのを 1 個と数えるか 2 個と数えるか，そういう迷いはあるが，それによる誤差は 2 割ぐらいなものである．

ところが (b) みたいなのを見ると，“これは…”と首をひねることになる．枠の右の方に，なんか小さい点がごちゃごちゃと見えるけど，これはたしかに接触点なのか．そう言えば逆に，生じていた接触点は全部写真に再現されているのかも気になる．

そういう話になると，図 2.1 のような画像を得たプロセスが問題になる．まず使用した顕微鏡の倍率，光学系の分解能はどうか．何しろ 40 年も前のことだからフィルムカメラを使っていて，フィルムの感光剤粒子の粗さの問題がある．次にその画像を印画紙に引き伸ばすのだが，引き伸ばしの倍率によって認識可能な点の大きさが変わるし，現像のちょっとした手加減で小さな点は消し飛んでしまう．どこまで小さな接触点を検出することができるかは，そういう条件次第だったのである．

もっともこの問題は，現在のディジタル化された手法においても，量的な面では進歩したが本質的には解消されていない．フィルムの粒子の粗さがピクセルの寸法に，現像の手加減が画像処理における 2 値化の閾（しきい）値に，姿を変えて生き残っているのである．

2.2　微視的形状の測定

こういう接触点の問題は固体表面のランダムな微視的形状，マイクロトポグラフィーに起因するものだから，表面の形状から接触点の数を推定できないか，そう考えるのは自然な流れだったろう．そこでまず問題になったのは，形状の測定精度であった．これも 40 数年前の話である．

当時ふつうに使えた表面形状測定の道具は，触針式表面粗さ計ぐらいのものだった．いまでも新しいバージョンが使われているが，その測定原理は，触針で表面を走査し，触針の上下動を光てこで拡大したり，電圧に変換して検出するというものである．当時の触針式表面粗さ計は，触針先端の曲率半径が数 μm 程度で，それに数十 mN の荷重を加えて走査するというものであった．分解能はそれらによって制限され，数 μm 以下の波長の変動には追随できないから，当然のことながらこれでは精度が足りないと考える人も多かった．

当時の粗さ計でもう一つ困ったことは，得られるデータが 2 次元の波形，いわゆる表面粗さ曲線に限られたことである．3 次元の形状を求めるには，少しずつ触針をずらせては走査を繰り返し，そうして得た多数の波形を手で並べるという，気の遠くなる作業が必要になった．

その後 表面形状測定技術は，光を使った非接触式測定機と，触針式の発展形というべき走査型プローブ顕微鏡 SPM の開発，それに高速計算機によるデータ処理によって大きく発展した．分解能も nm のオーダーになって，マイクロトポグラフィーに関する限りもはや必要な精度のデータが手に入る状態に達したと言っていいだろう．

その測定例を 2 つお目にかけておこう．**図 2. 2** は鋼のラップ仕上げ面のレーザー顕微鏡による測定例[10]，**図 2. 3** はパーフルオロポリエーテルで覆われた磁気ディスク表面の，超高真空 SPM による測定例[11]である．まず 図 2.2 の方だが，このような画像は，表面形状の測定が目指していた一つの到達点といえるだろう．道具はレーザー顕微鏡に限らないけれど，表面の微視的な形状を高倍率で“見る”ことが可能になったのだ．一方 図 2.3 はさらに分解能の高い測定結果であって，分子量 1920 という大きな分子らしいが，ともかく並んで吸着している分子までが見えるようになったのである．

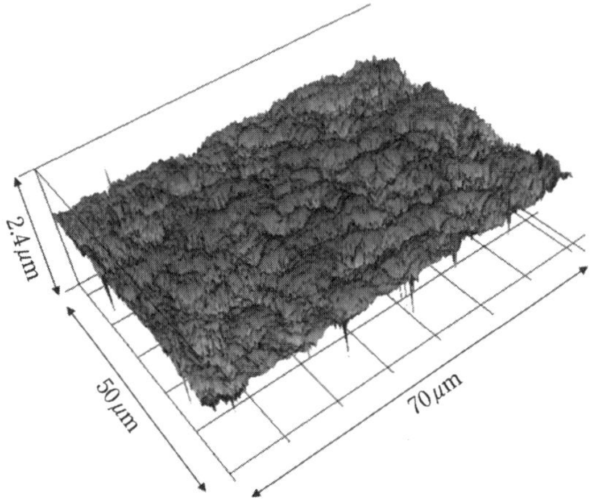

図 2. 2 レーザー顕微鏡によるラップ仕上げ面の測定例[10]

この 2 つは，いずれも

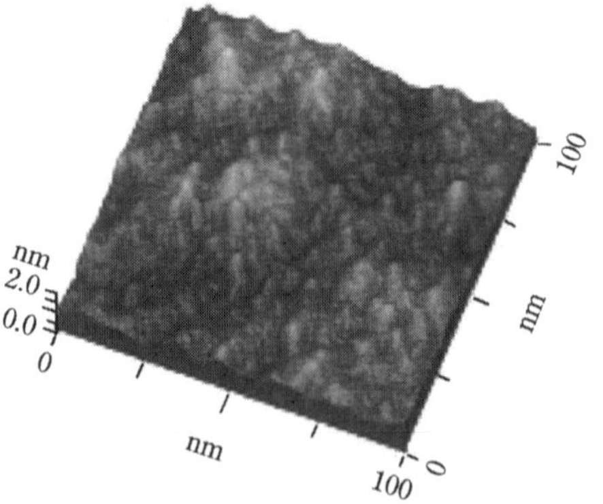

図 2.3　SPM による磁気ディスク表面の測定例[11)]

表面形状の測定結果ではあるのだが，どうも図 2.2 と図 2.3 の間には質的な違いがあるように筆者は思う．第 1 章に化学屋の発想と機械屋の発想が違うという話をしたが，図 2.2 の例では，固体の表面が幾何学的な曲面であるという暗黙の前提の下にデータが処理され，画像が作られている．そういう意味で，これは機械屋の視点からの表面像である．それに対し図 2.3 には，本来離散的な存在である分子がもろに登場していて，これは化学屋の視点から見た表面像と言うべきだろう．事実この写真は，ぐにょぐにょ動く分子を –173 ℃で凍結したからこそ撮れたもののようで，幾何学的な曲面としての表面形状という概念とは，ちょっと食い違うところがあるように思われる．

2.3　接触理論の問題点

こういうランダムな面の微視的形状のデータから，どのようにして接触点の数や大きさを推定するか，これは研究者の好奇心をいたく刺激するテーマのようで，トライボロジスト誌にも数多くの研究が紹介されている[12),13)]．そういう研究の 1 つの山が，筆者や久門さんが大学院の学生だった 40 数年前にあったのだが，残念なことにその解析のツールは，トライボロジカルなニーズから生まれたものではなかった．

もう少し遡って 1947 年ごろ，制御・通信などを総合的に扱う分野としてサイバネティックスが提唱された．そのトピックの一つに，ランダムに変動する電気信号の処理があって，自己相関関数であるとか，それと Fourier 変換の対であるパワースペクトルなど，ランダム波形の特性を解析するツールが身近なものになったのだ．それを表面粗さ曲線の解析に使えないかというのが，そもそもの発端であったように思う．

もともとの対象が連続的に変動する電気信号だったから，それらのツールを使った解析は，当然のことながら表面粗さ曲線をそのようなものとして取り扱うことになった．そこで必要となる情報は，波形の振幅特性と周波数特性である．振幅に関しては，最大高さ粗さとか中心線平均粗さとか，いろいろなパラメタが工業規格にもなっていて ——もっともしばしば変わるけれど——，トライボロジストにはおなじみのものであった．それに対して周波数特性は，粗さと うねりというあいまいな区別ぐらいしか考えられたことがなかったから，自己相関関数，パワースペクトルなどを新たに借用することになった．表面のパワースペクトルなどといわれると，電流ならいざ知らず，表面にパワーがあるのかと一言嫌味をいいたくなる．

電気信号に関する理論を借用するとなると，もう一つ問題があった．すなわち，時間に対する電流値の変化というような 2 次元の情報の解析は，同じく 2 次元の情報である表面粗さ曲線の解析にまでは利用できたけれど，表面形状という 3 次元への拡張はトライボロジー固有の問題で，接触点を楕円と仮定するとか，にわかに話が雑になってしまうのが常だったように思われる．

そういう問題はあったけれど，表面形状に関して必要な精度のデータが手に入るようになり，一応は解析の道具立てもそろったから，接触点の数を数える問題が解決したかというと，それがそうではない．精度以前にもう一つ，本質的な問題が存在するのだ．

もう一度 図 2.1 の枠 (a) をご覧いただきたい．右方の，かろうじてつながっている接触点を，1 個と数えるべきか 2 個と数えるべきか．周りにある 5 個の比較的大きな接触点とまん中の小さな接触点を，同列に扱っていいものか．前者は測定精度とは無関係だし，後者は精度が上がればさらに小さな点が多数見つかって，混乱に拍車をかけることになるだろう．1 つの接触点というものを，どういう基準で定義すればいいのかという問題である．

これも 40 数年前の話だが，待てよ… と考えた．同じような問題が，全然違う分野にもあるのではないか．それで思い当たったのが，島である．専門家は島をどう定義し，どうやって数えているのだろうか．

聞くなら専門家にと，2 万 5 千分の 1 地形図や 5 万分の 1 地形図を発行していた国土地理院に電話をかけた．電話を受けた担当官はさぞ困惑されたろうと推察するけれど，“島を定義する立場にはないが … ” と断った上でご自分の考えを話して下さった.

“現在 基本にしている地形図は2万5千分の1で，その描線の太さは0.1 mm です．島というからには，地形図でまっ黒だと困るでしょう．中に白い部分があるとすると，最小でも描線と合わせて0.3 mm以上，だから現物では直径7.5 m以上ということになりますかねえ”.

う～ん，と唸った．自然の一部である島を，地図作成上のテクニカルなことできめてしまっていいものか.

担当官が困惑されたのも無理のない話で，島の定義ができたのはそれからだいぶ後のことらしい．意外なことにそれをきめたのは海上保安庁で，1987年に“島を数える上での定義”なるものを発表している．それには地球上の6大陸以外の，周囲が水で囲まれている陸地が島であって，“周囲が0.1 km以上のもの”と定義されているという．どういう根拠で0.1 kmなる基準をきめたのか分からないが，いい加減と言えばいい加減な定義である．余計なことだが，この定義にもとづいて数えた日本の島の数は，6852に上るという.

次に登場するのは，なんと国連である．1996年に告示・施行された“海洋法に関する国際連合条約”なるものがあって，その第121条の1項には，“島とは，自然に形成された陸地であって，水に囲まれ，満潮時においても水面上にあるものをいう”と定義されている．沖ノ鳥島の例のように，排他的経済水域とからんだ，きわめて政治的な定義なのだろう.

島の定義もやはりすっきりしたものではなく，なんのために数えるかによって，最適な定義がきめられているものらしい．接触点についても，話は同じなのだ.

2.4 真実は1つではない

久門さんの研究からずっと時代が下って2005年，雑誌“トライボロジスト”が接触問題の特集を組んだ．その中で，川口尊久さんほかの解説が真実接触部の計測法を紹介している[14]が，接触部の電気抵抗を測定する方法，一方の面にコーティングを施しておいてその移着を利用する方法，光の反射を利用する方法，超音波の反射を利用する方法など，まあいろんなことを思いつくものだと感心するほど，さまざまな方法が工夫されていることが分かる．しかしながら… と筆者は思う．それでもなお，前に述べた本質的な問題は解決していないのだ．これらの方法で測定している真実接触部とは，そもそも何なのか．

筆者の結論を言ってしまえば，それぞれの方法で測定される接触部は，それぞれの方法に固有の接触部なのであって，その意味で“真実”と言って間違いではない．しかしながら，その“真実”は1つではない．そしてまた，1つである必要もないのである．

学生の演習問題なら話は別だが，実用上の問題として，接触そのものが最終目的になることはまずない．接触面を通して電気や熱を流すときにその抵抗がどうなるか… とか，ガラスを貼り合わせたところを光がうまく透過するか… とか，シール面の密封性がどうなるか… とか，なんらかの目的のために接触を調べるというのがふつうなのである．電流であればトンネル効果があるし，光であればその波長によって結果が変わる．シールならば，密封しようとする流体の分子の大きさとか濡れ性が問題になるだろう．だからそれらの問題における“真実接触”が，同じものだとはとても考えられないし，同じである必然性もないわけだ．

では，いろいろな目的で，いろいろな方法で測定されている真実接触が，$A_r = P/p_m$ によってその面積がきまるという Holm 以来の真実接触の概念と，どういう関係にあるのだろうか．それらは本質的には別物だけれど，実質的にはかなり良い線を行っていると筆者は思う．

良い線を行っているなどとはファジーな言い方だが，P/p_m という量自体がファジーなのである．ある圧力 p_m を支えている部分が真実接触部だと言っても，p_m なる値自体が定量的にはっきりしないのだ．応力-ひずみ線図を思い浮かべれば分かることだが，鋼のように降伏点が明確な材料ならば，一応降伏点を p_m にとることも考えられるだろうが，非鉄金属となるとそうも行かない．さらに，摩擦面の下に加工硬化層が存在するのは周知の事実だから，問題にしている表面近傍で p_m に相当する量がどうなっているかは，材料特性・摩擦条件によってまるで違う．ではどうすればいいのか．

ここは，考え方をひっくり返すべきだと思う．そもそも真実接触という概念が先験的に存在し，その面積が P/p_m で与えられると考えるから，話がむずかしくなるのだ．そうではなくて，われわれは P/p_m なる比で真実接触面積を定義しているのであり，その内部において真実接触を生じていると割り切るべきなのである．したがって p_m の値にしても，どのような量をとればトライボロジカルな問題の解析に有効か，そういう合目的性によってきめればいいと筆者は考えている．となれば，先ほどお話しした接触点なるものの定義も同じように考えればいいはずだ．

2.5　トライボロジーにおける接触点の意味

図2.4をご覧いただきたい．長方形の見かけの接触面に一定の荷重が加わり，摩擦係数が一定であるとき，ミクロに見ると力がどのように摩擦面に作用するかを示した概念図であって，(a) は大きな接触点が少数形成された場合，(b) は小さな接触点が多数形成された場合である．2.7 節でお話しする見かけの接触面積の意味とも関係するが，トライボロジーにおける接触点の主要な意味は，このように表面に作用する力の集中・分散と，もう一つ，それに起因する摩擦熱の熱源の集中・分散なのだと思う．

まず力の方だが，詳しくは次章でお話しするけれど，摩擦力の議論には接触点の大きさはまったく関係がない．凝着説によれば… という但し書き付きだが，摩擦面に生じた真実接触面積が全体でどれだけになるか，それだけで摩擦の話はすむのである．それに対し摩擦面の損傷には，このような力の加わり具合が支配的な影響をもっている．

まず摩耗の話．摩擦が真実接触部全体，見方を変えれば接触点の状態の平均

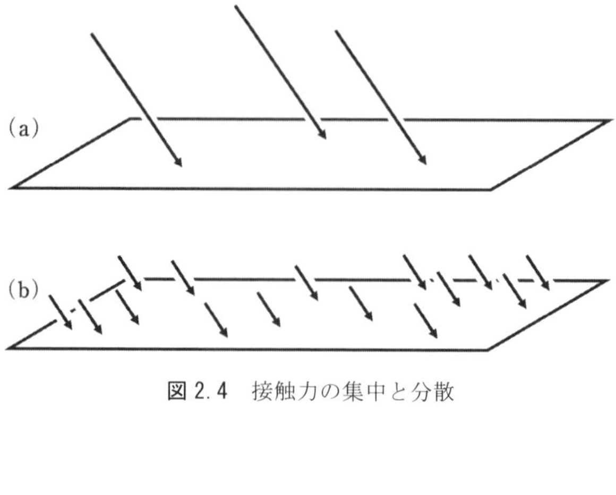

図 2.4　接触力の集中と分散

値が支配する現象であるのに対し，摩耗は極値が支配する現象である．これは破壊現象一般において，平均的な応力よりも応力の集中する部分における最大値が問題になることを考えれば，すぐ分かることだろう．摩耗を破壊現象と考えるならば，どれだけの力が接触点に集中して作用するかが問題なのである．

もう一つの熱についても，話は似たようなものである．摩擦面全体の平均温度は同じでも，接触点において局所的に発生する高温が，境界潤滑膜の離脱，ひいては焼付きの原因になり，そこで接触点 すなわち熱源の大きさが問題になるわけだ．接触点に加わっている圧力が一定値とみなした塑性流動圧力で，摩擦係数も一定だとすると，一つの接触点における単位時間あたりの発熱量はその面積に比例するから，大きい熱源ほどその最高温度が高くなるはずである．

このような例を考えると，接触点の個数をどのように数えればいいのか，答が見えてくるように思う．

上に挙げた例ではいずれも，力が集中して加わる大きな接触点が問題であった．その場合には，大きさがある程度以下で，多数存在しても真実接触面積への寄与がわずかであるような接触点は無視してもかまわないし，またある程度近接して存在する接触点は，合わせて一つの接触点とみなした方が適切だろう．その際の“ある程度”をどうきめるかは，それらを仮定した結果，解析がうまく行くかどうか，その結果からしか判断のしようがないのである．

常に大きな接触点だけが問題だというわけではないけれど，いずれにしても接触点なるものの意味は，なんらかの現象を解析するためのモデルと割り切るべきものだと思う．

2.6 Contour Contact Area について

先ほどの久門さんの写真，図 2.1 とは似て非なる写真を，**図 2.5** にご覧に入れよう．

これは筆者も片棒を担いだ研究[15),16)]なのだが，千葉工大の大谷 親君が撮った，自動車の湿式クラッチのペーパー摩擦材とガラス面との間にできた接触点の，光の全反射法による写真である．黒い部分が接触点で，固体潤滑剤などが作る点状の接触点と，繊維による線状の接触点が認められる．

この測定原理は筆者が生まれる以前に開発されていたものだそうだが，プリ

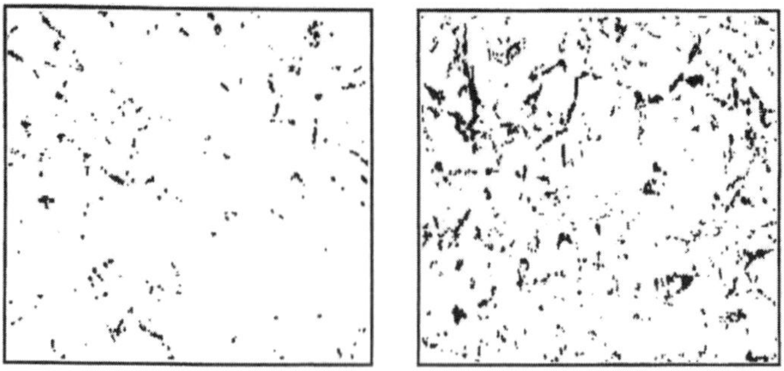

(a) $n=0$　(b) $n=1000$　300 μm

図 2.5　ペーパー摩擦材の接触点[15]

ズムの一面に固体面を接触させ，別の面から光を入射して接触面で全反射を起こさせる．そのとき接触部では光の一部が吸収されるので，反射光の強度の差から接触部を見分けることができるというわけだ．入射光に偏光を使い，接触部とそれ以外での反射光の位相のとびの違いを利用して，画像をはっきりさせること，それにディジタル処理がその後の進歩らしい．

図の (a) は新しい摩擦材，(b) は SAE No.2 という定番の試験法で 1 000 回契合を繰り返した後の接触状態で，測定時の面圧はいずれも 1 MPa である．というと，怪訝に思われる向きがあるだろう．真実接触面積は P/p_m で与えられるはずではなかったか．それがなぜ，契合の回数によって変わるのか．

この手の研究は結構あって，契合を繰り返すにつれて接触面積が増加するというのは，一つの常識になっていたように思う[17]．使っているうちに摩擦材が軟化するとか，摩耗粉で目詰まりするとか言われているが，そんなことで p_m が何分の 1 にも低下するものだろうか．

不思議に思っていたところ，ヒントをくれたのは東京農工大の江口正夫君たちの研究[18]だった．彼らは高倍率のレーザー顕微鏡で摩擦材の表面を調べ，図 2.5 に見られたような接触部に，さらに微細な構造があることを見つけたのである．早速 大谷君が同じ方法で測定したのが**図 2.6**．こんどは白い部分が接触部だが，図 2.5 で線状の接触点と見えたものは，小さな接触点の集合だったのだ．

ともかく，それなら話が分かると思った．調べてみると，全反射を利用した

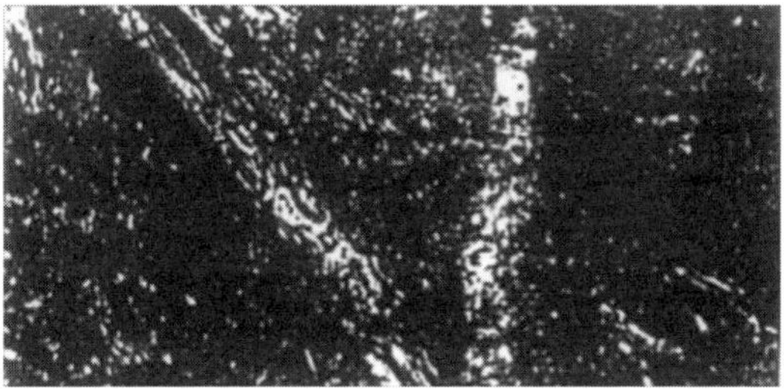

図 2.6　接触点のレーザー顕微鏡像（写真の幅が 176 μm に相当）

測定の精度に関する研究があって，接触面に垂直な方向の距離に関する誤差は，たとえば 光源にナトリウムの D 線 を用いた場合，20 nm 以下と推定されている[19]．その程度離れていても，接触部にカウントされてしまうのだ．そういう部分の面積ならば，真実接触面積は同一であっても違いが出る可能性はあるだろう．この節のはじめの方で“真実接触”という表現を避けたのには，そういう理由からである．

このような真実接触点が密集している部分に“contour contact area”という名前をつけ，真実接触面積，見かけの接触面積と別に扱う流儀がある[20]．旧ソ連の研究者の専売のようで，どれだけ密集していればそう呼ぶかというのもあいまいだが，場合によっては重宝な概念である．残念ながら，対応する日本語はない．

2.7　見かけの接触について

男は見た目が 8 割… なんていうけれど，真実接触に比べると，見かけの接触は論じられることが少ないように思う．日本トライボロジー学会の“トライボロジー辞典”で“見かけ接触面積”を担当した執筆者も苦労したと見えて，“肉眼と同程度の精度で観察した場合，接触していると見なせる接触面積”と，はなはだ非科学的な説明に止まっている[21]．

見かけの接触の典型として，**図 2.7** のように (a) 面接触，(b) 線接触，(c) 点接触を考えるのが便利だが，面接触と線接触・点接触ではかなり事情が違う．なお，線接触・点接触をまとめて英語では“concentrated contact”と言い，日本語に訳せば集中接触とでも言うべきだろうが，そのような接触の弾性論を展開

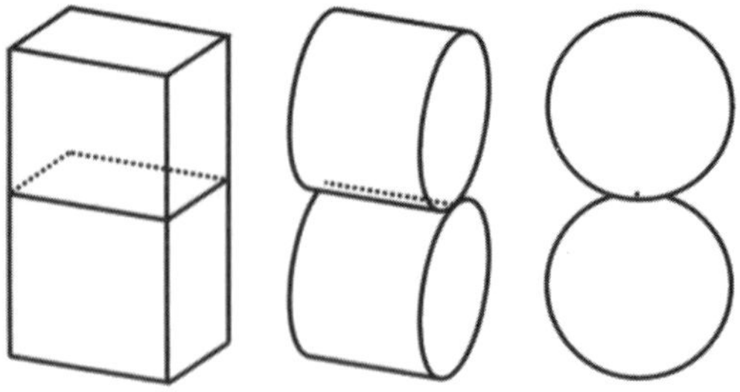

図 2.7　見かけの接触

した Hertz の名前をとって，Hertz 接触と呼ぶことが多い．

さて面接触だが，たとえば書物をポンと置いたときに，机と接触している面の大きさをその面積と考えればいいわけだから，真実接触面積のように荷重とは関係がない．もう少しトライボロジーらしい話をすると，それは摩擦面の設計によって人為的に与えられるものということができるだろう．とは言いながら，すべり軸受に例をとると，油溝は接触面積に入るのか入らないのか，オイルリリーフはどうだ等々，考えるべき問題がないではない．これも真実接触面積と同様，どういう目的のために見かけの接触面積を使うのかという合目的性によって判断すべきものだと思う．

このような面接触における見かけの接触面積には，どんな意味があるのだろうか．トライボロジストならまず考えるのは，流体潤滑の可能性だろう．他の条件が同じなら，見かけの接触面積の大きいほうが厚い流体膜を形成しやすいのは常識である．

2 番目は，摩擦面およびその周囲の構造の強度と剛性である．Saint Venant の原理を持ち出すまでもなく，摩擦面から離れたところの応力状態はミクロな接触点などとは無関係になり，全荷重と見かけの接触面積によってきまってしまう．見かけの接触面積が変わればそれを支持する構造の寸法も変わるのがふつうだから，その強度・剛性も変化し，剛性の方は摩擦面の接触状況に影響を及ぼす可能性があるわけだ．

3 つ目は，摩擦面の温度上昇である．単位時間に発生する摩擦熱は荷重とすべり速度と摩擦係数できまるから，見かけの接触面積が変われば単位面積あたりの発熱量が変わり，摩擦面から周囲の構造への熱流束が変わる．したがって見かけの接触面積が大きいほど放熱が楽になるわけで，結果として温度上昇は小さくなる場合が多い．

次は Hertz 接触だが，弾性変形によってできる，いわゆる Hertz 接触面積を見かけの接触面積と呼ぶのには，抵抗を感じる人がいるかも知れない．たしかに荷重によって変わるから，人為的に与えるとも言い切れない．しかし，なめらかさを誇る軸受鋼球の表面にも粗さは存在するわけで，その接触による真実接触面積とは，概念上区別されるべきものである．あるいは，前節でお話しした contour contact area と見かけの接触面積が一致する場合と考えてもいいだろう．

面接触と違って，Hertz 接触は研究の対象とされることが多い．それは，加えられる荷重の下での局部的な弾性変形によってきまり，そこには楕円分布のいわゆる Hertz 圧が作用して，それが内部起点型の ころがり疲れ寿命を支配するなどという，ことがらの重要性も無論あるけれど，接触部を円筒，球，楕円体などで近似して扱える場合が多いのでモデル化が容易であり，解析結果に一般性があることもあずかっているように思われる．

第3章　摩擦はどこまで分かっているか

3.1　摩擦とはどういうものか

トライボロジーという言葉を知らない人は結構いても，摩擦を知らない人はいないだろう．われわれトライボロジストは当たり前のように固体面間の摩擦のことをそう呼んでいるが，物体の内部摩擦もあれば，流れの中にある固体表面に働く抵抗のスキン フリクションもある．自然科学の領域を離れて人間関係の摩擦，国と国との貿易摩擦なんて使い方もあって，だいたいがスムーズには行かないことを指すらしい．そう言えば真顔で聞いた友人がいた．“英語ではコンフリクトっていうのか？”

もちろん，摩擦の英語は friction だけれど，詳しく言うと日本語と英語で定義が少しずれている．

トライボロジー辞典の摩擦の項を見ると，“接触する二つの物体が，外力の作用の下で すべりや転がり運動をするとき，あるいはしようとするときに，その接触面においてそれらの運動を妨げる方向の力が生ずる現象．その力（摩擦力）をいうこともある”と書いてある[22]．第一義的には現象を指しているというのが，日本語の摩擦の理解だろう．なお，この章では すべりだけを取り上げ，ころがりについては 第4章でお話しする．

トライボロジーの分野ではじめて出版された用語集は，Glossary of Terms and Definitions in the Field of Friction, Wear and Lubrication = Tribology = だろう．これは経済協力機構 OECD が 1969 年に出したペーパーバックで，ワープロのない時代だからタイプ印刷の簡素な冊子だが， friction の説明にはこう書いてある．“外力の作用の下で一つの物体がもう一つの物体の表面に対して運動をするとき，あるいはしようとするときに，二つの物体の界面の接線方向に働く力（筆

者 訳）[23]”．トライボロジー辞典の記述と似ているのは，多分辞典の筆者がGlossaryを下敷きにしたからだろうが，Glossaryでは辞典が“…こともある”とした方，摩擦力が第一義になっている．

OECDの用語集はさらに，“正しくない使い方だが，摩擦という用語は摩擦係数の意味で使われることもある”と注をつけている．念のために付け加えておくと，摩擦係数というのは摩擦力と摩擦面に働く垂直荷重の比であって，たしかに摩擦が高いとか低いとか，あるいは大きいとか小さいとかいうときは，摩擦係数の意味である．どうやらこの“正しくない使い方”は，洋の東西を問わないらしい．

その摩擦係数というのはどの程度のものだろうか，まず概略の範囲を，図3.1にお目にかけておこう．もちろん例外はいくらもあるし，分類もいい加減だが，一つの目安とお考えいただきたい．

潤滑の話をする前にこういうことを書くのは勇み足だが，摩擦係数を0.01以下にしようと思えば，摩擦面の間に流体膜を介在させてその膜に発生する圧力で荷重を支える流体潤滑によらなければならない．流体潤滑膜の形成は，荷重が低く速度が高いほど容易なので，逆に高荷重・低速になると，どうしても固体どうしが接触してしまう．そのとき固体間の接触部で荷重を支え，その接触部の摩擦を調整し，表面の損傷を軽減するのが境界潤滑である．境界潤滑には流体潤滑ほどの効果は期待できず，摩擦係数は下がっても0.01程度というの

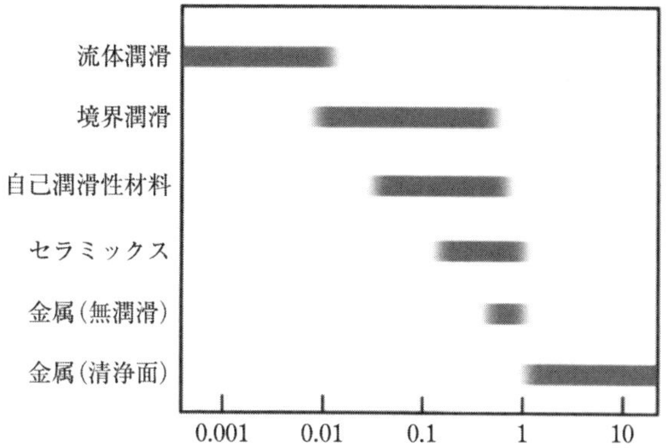

図3.1　摩擦係数の概略値

がふつうである．

次の自己潤滑性材料というのは，黒鉛や四フッ化エチレン樹脂 PTFE など，固体潤滑剤の別称である．摩擦係数の低いものとしては PTFE が有名で，ギネスブックにも載っていた．一方 高いほうは，どこまでが自己潤滑性かという規準はないけれど，鉛，金，銀などの軟質金属も仲間に入れられることがある．

セラミックスはいっときブームになり，それなりの応用範囲が固まった．ただし，潤滑しなくても低摩擦を示すかという期待に関しては，それほどでもないことが分かったように思われる．

その次の金属（無潤滑）というのは，大気中で潤滑剤を用いない場合の金属の摩擦係数で，たとえば マサチューセッツ工科大学にいた Rabinowicz の測定結果[24]を見ると，210 種類の金属の組み合わせの 80 % が 0.4〜0.6 であって，対数尺で目盛った図の横軸上では 比較的狭い範囲にある．ところが 超高真空中，あるいは 水素などの還元性雰囲気中で酸化膜を はぎ取ってやった 金属（清浄面）では，数十から 100 以上という 高い摩擦係数が測定されることがある[25)〜27)]．実験室でそのような高摩擦を実現しようとするとおそろしく手間がかかるが，酸素の存在しない宇宙では放っておくとその状態が現れて大問題になるし，現今 注目されている水素の利用においても注意を要するところである．また焼付きと呼ばれる摩擦面の損傷も，最終的には潤滑膜がうまく覆えなくなった金属面間の高摩擦が問題になることを付け加えておこう．

こういうおおざっぱなところを頭に入れていただいて，少々ややこしい話を始める．

3.2　乾燥摩擦について

“乾燥摩擦” という言葉がある．例によって トライボロジー辞典を引いてみると，“乾燥すべりにおける摩擦” と，木で鼻をくくったような定義が書いてある[28]．そこで “乾燥すべり” を見ると “ことさらに潤滑剤を用いない場合の すべり現象” とあり，“乾燥とはあいまいな表現で，酸素や水蒸気などの吸着分子で不完全に潤滑された状態と見てよい” と，用語としての意義に否定的な説明がついている[28]．先ほどの金属（無潤滑）というのはこのような摩擦で，このへんが現在の常識だろう．

流行語にはすぐに廃れてしまうものが多いが，科学技術の用語でも一般に流布しながらやがて使われなくものがあり，“乾燥摩擦” もその一つと考えて良いだろう．超高真空などが摩擦の研究に使えるようになるまでは，実験室の空気中で，たとえばベンジンなどの溶剤で洗った面が “きれいな面” と考えられ，そういう “きれいな面” の摩擦を乾燥摩擦と呼んだのだ．そして乾燥摩擦における摩擦係数が 1 つの物性値として，摩擦面の材料あるいは材料の組み合わせに固有の値だと考えられていた時代があったように思う．

筆者がトライボロジーの勉強を始めたころ，学生の手に入る本といえば曾田範宗先生の “摩擦と潤滑” しかなかった．その本の巻末には，“金属同志の乾燥摩擦係数” をはじめとする摩擦係数の表が，9 ページにわたる附録としてついていた[29]．また日本潤滑学会，いまの日本トライボロジー学会がはじめて刊行した “潤滑ハンドブック” には，少々遠慮がちではあるが，巻末の諸表の中に 1.7 ページほどの摩擦係数表が掲載してあった[30]．ところが同学会が 2001 年に出した “トライボロジー ハンドブック” では，あちこちに測定データとして示されてはいるものの，一覧表みたいなものは載っていない[31]．このような変化は，まさに乾燥摩擦という概念のたどった運命を象徴しているように見える．

少々具体的な例を紹介しておこう．**表 3.1** は，乾燥摩擦における摩擦係数が表として示してあるものをいくつか選んで，鉄どうし，鉄と銅，銅どうしの摩擦係数を抜き書きしたものである．Bowden 先生たちの数値[32] と Rabinowicz 先生の数値[24] はそれぞれご自分のところの実測値で，ほかは 1 ないし数編の文献の数値をまとめたものである．動摩擦・静摩擦というのは，摩擦の定義にあった “すべりや ころがり運動をするとき，あるいはしようとするとき” に対応す

表 3.1　乾燥摩擦における摩擦係数の例

著者等	静摩擦/動摩擦	鉄/鉄*	鉄/銅	銅/銅
F. P. Bowden and D. Tabor (1950)[32]	?**	1.0	0.7～0.9	2.0
曾田範宗 (1954)[29]	静摩擦	0.5～0.8	—	—
同上	動摩擦	0.40～0.45	0.40	0.5
潤滑ハンドブック (1960)[30]	動摩擦	0.52	0.46	—
E. Rabinowicz (1971)[24]	静摩擦	0.51	0.50	0.55
I. M. Hutchings (1992)[33]	静摩擦	0.8	0.8	0.7～1.4

*：鋼を含む，**：ある距離すべらせた中での最大値

るマクロな概念だが，3.4 節で少々問題にしたい．お断りしておくが，表 3.1 の数値を示した各著者は，必ずしも物性値としての摩擦係数を信じておられたというわけではないだろう．いろいろな条件によって変わることは百も承知で，“こんなデータもあるよ” というくらいの意味で示されたのではないかと，これは筆者の憶測である．

この表から，3 つの点を読み取っていただきたい．第 1 は，Bowden, Tabor 両先生の値がやや高いが，ほとんどが 0.4～0.8 の範囲にあって，清浄面における数十から 100 以上などという摩擦係数とは桁違いに小さく，先ほど引用したトライボロジー辞典の言うように，不完全ではあっても “酸素や水蒸気などの吸着分子” の潤滑効果が歴然としていることである．

第 2 は摩擦係数の値に，銅 / 銅 ＞ 鉄 / 鉄 ＞ 鉄 / 銅という順番が見てとれることであって，“乾燥すべり” のあいまいさはあるものの，材料を選ぶ便利な目安になっていることは事実だろう．

そして 第3 は，ばらつきの大きさである．それぞれの 組み合わせについて ± 40～60 % の ばらつきがあり，2 桁はおろか 1 桁の精度も怪しいのだ．トライボロジストは当たり前だと思っているが，このへんが一般にはなかなか理解されにくいところで，“長年トライボロジーを研究しているくせに，摩擦係数ひとつ予測できないのか” とか，“トライボロジーは，摩擦を予測できる段階にまで達していない” などと言われることにもなるわけだ．しかしながら，ものの予測には根拠となるデータが必要であって，摩擦面の表面の状態がはっきりしないままで摩擦係数を予測しろというのは，成分を知らずに材料の強度を予測しろという要求に等しい．論理もへちまもない，無理難題なのである．

3.3　凹凸説と凝着説

摩擦について広く知られているものに，Coulomb の法則がある．Amontons - Coulomb の法則と呼ばれることもあるが，トライボロジー辞典はそれらを “摩擦の法則” と一括りにして，“固体の摩擦力が垂直荷重に比例し，見かけ接触面積に無関係であるという経験則である” と説明している[34]．近代における摩擦の研究は，この法則を説明することから始まったと考えてもいいだろう．そこで問題にされていたのはもっぱら乾燥摩擦であり，それが “きれいな面” の摩

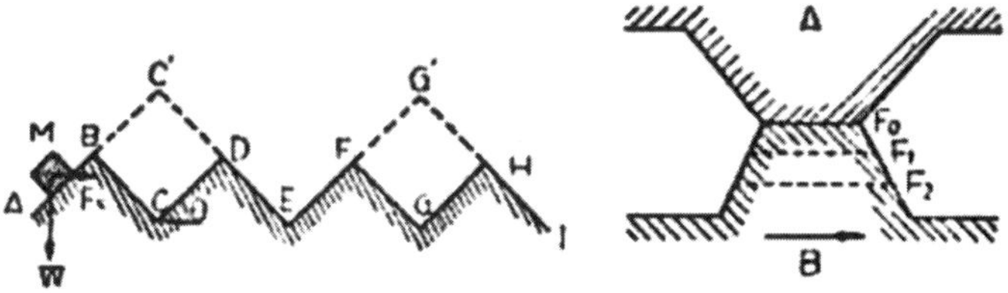

第 21 圖　凹凸説によるすべり摩擦の模型　　第 22 圖　摩擦面の局部的凝着と剪断の模型

図 3.2　凹凸説と凝着説のモデル[35)]

擦として研究されていたように思う．前節では批判的言辞を弄したが，以下しばらくはそういう見方に沿って話を進める．

それは不思議だったに違いない．摩擦が固体の表面の間に作用する力であるならば，それは接触面積が大きくなるほど大きくなると考えるのがふつうだろう．それがそうでないというところから Coulomb は凹凸説に向かい，後年真実接触の発見によって凝着説による説明が可能になったというのが，大まかな流れである．

先ほどふれた曾田先生の“摩擦と潤滑”の第 4 章が“乾燥摩擦の機構”であって，“凹凸説と凝着説の論争を中心に”という副題がつけてあった[35)]．**図 3.2** にその説明図を，キャプションもろとも転載させていただこう．

まず左半分，凹凸説というのは，表面の凹凸の噛み合いを摩擦の原因だとする説である．だから凹凸の表面自身には摩擦がないと考えるわけで，そういう表面 ABCD… の上に，相手の面の一部 M が接触しているところを示している．いま上の面を右にすべらせようとすれば，その一部である M は，2 つの面に加わっている垂直荷重 W に逆らって勾配を登らなくてはならないから，それに必要な力の水平分力 F_s が摩擦力になるというわけだ．この節だけは図 3.2 の記号をそのまま使って垂直荷重を W と書くが，摩擦係数 μ は

$$\mu = F_s / W = \tan\theta \tag{3.1}$$

すなわち凹凸の勾配 $\tan\theta$ で与えられることになり，摩擦面の面積には無関係になる．そこで Coulomb は，摩擦の原因をこのような凹凸の噛み合いに求めたらしい．ただし下側の表面は ABCD … でも ABC′D … でも同じことになって，凹凸説とはいいながら摩擦を支配するのは表面の勾配であり，いわゆる表面粗

さ自体は関係がない.

このようないわば古典的な凹凸説は，もともと本質的な欠陥をもっていた.すなわち，摩擦面の微視的な凹凸はだいたいランダムなものだから，図3.2の左半でいえば，上の面の接触部Mは下の面上にランダムに存在するはずなのだ.であるならば，下の面が巨視的に傾いてでもいない限り，上り勾配での接触と下り勾配での接触は，全体としてバランスしているはずである．また，規則的な凹凸の場合だったとしても，摩擦力がプラスの値をとる瞬間はあるだろうが，ある距離すべる間を平均すれば摩擦力はプラス・マイナス0になるはずである.たしかに荒削りの木材やざらざらした石材なんかの摩擦では凹凸の ひっかかりが原因になっていそうだが，金属等のスムーズな すべりにおける摩擦の原因を凹凸に求めるのは，本質的に無理があったと思う.

もう一方の凝着説の説明が，図3.2の右半分である．2つの面AとBの間に形成された接触点を表したもので，そこでは2面がくっついてある強度をもつ.これを凝着と呼んでいるが，面をすべらせようとすれば，その凝着部F_0を せん断しなくてはならないから，それに要する力が摩擦力だというわけである.F_0よりも弱い部分F_1あるいはF_2があるとそちらが せん断され，F_0とF_1またはF_2との間の体積が摩耗になるというわけだが，それはまた別の話.

いま界面F_0で せん断が起こる場合を考え，その部分の せん断強さをs_iとしよう．第2章でお話ししたように，真実接触面積A_rが垂直荷重と材料の塑性流動圧力との比W/p_mで与えられるとすると，摩擦力は$s_i \times A_r = s_i(W/p_m)$となり，摩擦係数$\mu$はそれを$W$で割った値，すなわち

$$\mu = s_i / p_m \tag{3.2}$$

になるというのが，凝着説による摩擦の簡単な説明である．前章のはじめに紹介したHolmによる真実接触の概念によって，摩擦係数は見かけの接触面積には無関係になり，凝着説によるCoulombの法則の説明が可能になったのである.

3.1節でお話ししたように，金属の乾燥摩擦における摩擦係数は 0.4〜0.6 あたりの数値が多いから，$\tan\theta$にしてもs_i/p_mにしても，定量的にはまあそんなところかなという感じを与える結果ではあった．どちらの説も，一応Coulombの法則の説明にはなったわけである.

ところで上に“摩擦の簡単な説明”と書いたのは，第2ラウンド，ケンブリ

ッジの Tabor 先生の唱えた接触点成長理論による凝着説の展開[36]があったからである．いわゆる乾燥摩擦はいま言ったとおりなのだが，清浄面で測定される高摩擦はどうなるのか．凝着説による摩擦係数 $s_{\mathrm{i}}/p_{\mathrm{m}}$ がそんなに大きくなるわけはないし，凹凸説によるとすれば表面の勾配が 89° を超える勘定になる．そんな固体面が ―― と言ってはいけないか，摩擦面があるはずはない．

そこで Tabor 先生は考えた．真実接触点が降伏によってできるならば，垂直荷重のみならず摩擦力自体も降伏に関与して，接触部の面積がずるずると大きくなるのではないか．そのような発想にもとづく解析によると，摩擦係数 μ は界面の せん断強さ s_{i} と摩擦面材料自体の せん断強さ s_{m} との比 k の関数として次式のように表される．

$$\mu = \{\alpha\,(k^{-2} - 1)\}^{-1/2} \tag{3.3}$$

この結果は，k が小さいときには上に述べた凝着理論とほぼ同じ結果になって，k の変化に対して鈍感であり，多くの金属における乾燥摩擦係数の測定値が割合狭い範囲にあることと符合している．ところが k が 1 に近づくと μ は急に増大して，$k=1$ では無限大になる．実はここで話が乾燥摩擦から清浄面の摩擦に移るのだが，それはいったん後回しに….

Tabor 先生の解析は 2 次元で，α は降伏条件に関わる定数である．その結果が 3 次元の接触部に適用できるものでは本来ないのだが，定数 α が変わるくらいで，ま，当たらずといえども遠からずではないかというわけだ．この解析ではほかにもいろいろな仮定がおかれていて，Tabor 先生も言っておられたように定性的なものではあるのだが，凝着説にもとづく摩擦の説明は一応できあがったといえるだろう．

先ほど紹介した本の中で曾田先生は，“今日の ――ということは 1954 年ごろの (筆者 注)―― 學界として摩擦の主原因としてはだいたい凝着説に傾いているといってよかろう”と締めくくっておられる[37]．それは半世紀たった現在でも変わっていないようで，表面の凹凸がなにがしかの影響をもつであろうとは薄々感じながら，凝着説にもとづいて摩擦を考える… というのが，機械の摩擦面についてはふつうだろう．

3.4 動摩擦と静摩擦について

力学の解析においては，動摩擦と静摩擦の摩擦係数を別々に仮定したり，あるいは静摩擦の値から すべり速度の上昇にともなって摩擦係数が連続的に低下するモデルが使われたりしているが，動摩擦と静摩擦の本質的な違いは何なのか．凝着説に沿ってそれを考えてみたい．

こういう意識でもう一度 図3.2の右半を見ていただくと，それは静摩擦の説明であることに気づかれるだろう．すなわち話は，接触点がすでに形成されたところから始まり，それは“すべり運動をしようとするとき”を考えていたことになる．それならば，凝着部がある強度をもち，そういう接触部を せん断するのに要する力として摩擦力がある値をもつという説明は合理的なものだろう．筆者にとって興味深いのは，分子動力学などによる摩擦のシミュレーションにおいても，垂直に押し付けてから すべりを与えるモデルがもっぱら使われていることであって，この問題はアプローチの巨視的であると微視的であるとを問わないように思う．

いずれにしても静摩擦というのは，どれだけの力を加えたら動き出すかという力の問題であって，事実上エネルギーには関係がない．それに対し動摩擦は，力学的エネルギーを熱エネルギーに変換する不可逆過程と考えることができる．近年エネルギー節減への貢献が重視されている低摩擦化はこちらの方… というのは余計な挿入句だが，ともかく動摩擦の理論は，その不可逆性を説明しなくてはならない．

動摩擦の過程を微視的に見れば，2面の接線方向の相対運動によって，前章でお話ししたような接触点が，見かけの接触面内のあちこちで生成・破断を繰り返しているはずである．話を単純にして，**図3.3**のようなモデルで考えよう．

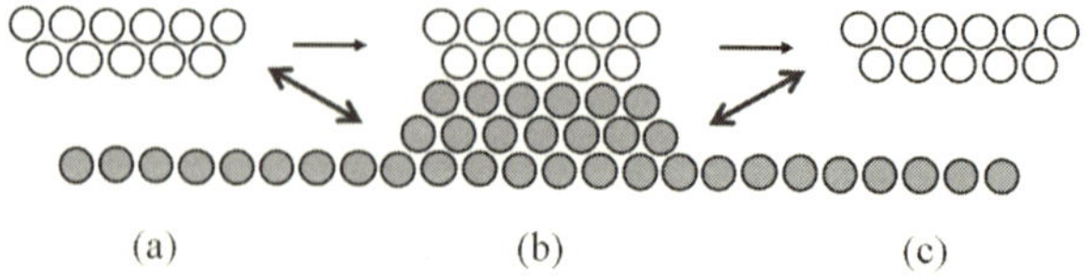

図3.3　接触点の形成と分離

白い丸が上面の，灰色の丸が下面の原子のつもりで，上の面の突起が左の方から動いてきて下の面の突起に近づき (a)，接触点を形成し (b)，また右の方に離れていく (c) ところである．お断りしておくが，原子間の距離が 1 nm 以下であるのに対し，突起の寸法としては μm のオーダーを考えるのがふつうだから，スケールはでたらめである．

そもそも界面がくっついて強度をもつ原因は原子間力なのだから，凝着説においては，接触点における両面の原子間の相互作用が摩擦の基本になっているというところまでは異論がないだろう．分子動力学の計算などにも使われている Lennard-Jones のポテンシャルなんかがその例だが，2 つの原子間に働く力は原子間の距離によってきまり，遠方では引力，近傍では斥力が働く．そこで図 3.3 の上の面の原子と下の面の原子との間に働く力を考えると，たしかに (b)～(c) の過程では引力に逆らって上の面を移動させるための力が必要になる．それを巨視的に解釈すれば，接触部をせん断する力が必要だということになるわけだ．

一方 (a)～(b) の過程はどうか．いま述べたように，2 つの原子の間に働く力が原子間の距離によってきまるものならば，そこでは原子間の引力によって 2 面が引き寄せられることになり，その力の大きさは，(b)～(c) の過程とちょうど同じになるはずである．これは巨視的なモデルについても同様に言える話で，(a)～(b) と (b)～(c) とは，いわば前後対称な過程になるわけであり，不可逆過程になるという結論は，このような議論からは出てこないのだ．

では (b) の状態，接触中の界面はどうなんだと疑問を持たれるかも知れないので，20 年あまり前に発表されて話題になった平野元久君たちによる“超潤滑”の考え方[38]を，ここで援軍として使わせていただこう．

まずはそのモデル，**図3.4**[39]をご覧いただこう．図は 2 つの固体の真実接触部における，上下面の原子間の相互作用を示したものであって，上側の玉が上面の原子の位置，下側のサインカーブのような波形が，下面の原子によるそのポテンシャルである．いま図の (a) で左端の原子を右へ動かそうとすると，その部分ではポテンシャルの勾配を登らなくてはならないから，水平方向の力が必要になる．それに反して左から 2 番目の原子を同様に動かそうとすると，こちらは下り勾配のポテンシャルが後押しをしてくれるというわけだ．

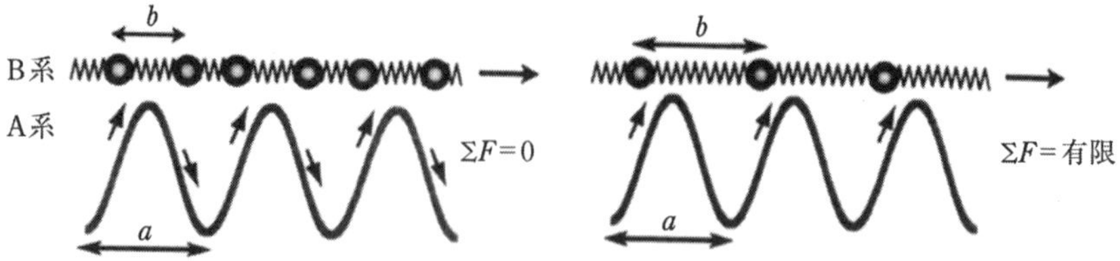

(a) b/a＝無理数のとき　　(b) b/a＝有理数のとき

図 3.4　“超潤滑”のモデル[39)]

図の (b) のように，上の面の原子間距離 b と下の面の原子によるポテンシャルの波長 a とが等しいか，あるいは b/a が有理数である場合 ――これをコメンシュレートという―― には上の面の原子が一斉に勾配を登り始めるというケースが起こるから，上の面をすべらせるためには 0 でない力 ΣF が必要であり，これが摩擦の原因になる．ところが 図の (a) のように，b/a が無理数である場合，インコメンシュレートの場合には，上り勾配にある原子と下り勾配にある原子がいつもバランスして，$\Sigma F = 0$，すなわち“ゼロ摩擦”が起こるはずだというのが，この理論の主張である．すなわち，図 3.4 を動摩擦の過程における接触中の界面のモデルと考えれば，コメンシュレートという条件が満たされていない限り，$\Sigma F = 0$，ここでも不可逆性は生じないというわけだ．

となると，動摩擦の過程を不可逆にする原因は何なのか．巨視的な議論では真実接触部における塑性変形，ヒステリシス，掘り起こし，摩耗粉の発生に至る損傷の発生など，微視的な議論ではエネルギーの格子振動への散逸，局所的な結晶構造の変化などが挙げられている．しかし，ここまでの議論が乾燥摩擦に関するものだったという点を想起していただきたい．そうであるならば，摩擦面に存在する被膜の影響を考えなくてはならず，それによって (a)～(b) の過程と (b)～(c) の過程における 2 面間の相互作用にアンバランスが生ずるのではないか．筆者はそう思うのだが，この続きはスタジオ… じゃなく，10.3 節で．

3.5　“清浄面の摩擦”について

長々と乾燥摩擦の話をしたが，では金属（清浄面）の摩擦とはどういうものだろうか，この章の最後にその話をしておこう．

おそらくは，異物質の存在しない表面の摩擦を調べれば摩擦機構への手掛かりが得られるという期待があったのだろうが，いろいろな人が清浄面の摩擦を調べた時期があった．筆者もその 1 人で，修士課程の学生としてまず取りかかったトライボロジカルな研究が，水素で還元した銅どうしの摩擦であって，当時 機械試験所におられた故 高木理逸さんと津谷裕子さんに教えを請い，二番煎じで似たような実験をはじめた[27]．

試験片は，**図3.5**の右上に示すような無酸素銅の円すいと平面で，水素中で加熱して表面を還元したのち冷却して接触させ，水素を流しっぱなしにして接線力を測るという，いま思えば危険きわまる実験である．水素といっても純度 99.99 % なんかでは論外だと教わって，濃硫酸，苛性ソーダ，加熱した活性銅触媒，塩化カルシウム，五酸化二リン，アルミナの中を順に通過させて，不純物，特に酸素を除いたものを使った．と言っても残留不純物を測定したわけではないから，清浄面というのは状況証拠にすぎない．

その記録の一例が 図 3.5 のグラフで，横軸が右方向に時間の経過すなわち円すい試験片の移動距離を示し，縦軸が接線力だが，MKS 単位であるのはご容赦いただきたい．図のように接線力は時間と共に不規則に増加し，垂直荷重が 70 gf だから摩擦係数にして最大値で 30 を超え，高い値がだらだらと続いていて，どう見ても Coulomb の法則などとは縁がない．

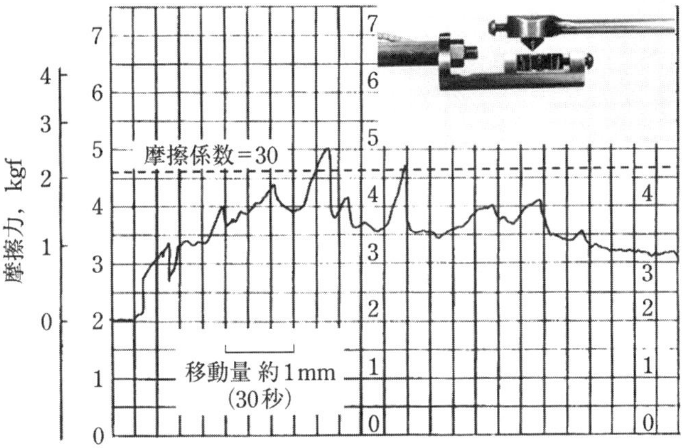

図 3.5　銅清浄面の “摩擦”[27]

同種金属の清浄面の摩擦を測定しようとすると，こういう現象が起こるのである．この測定の間，円すい試験片のてっぺんが平面上になすりつけられるように移着し，盛り上がった摩擦痕が次第に広がっていて，とても定常的な摩擦過程と呼べる代物ではない．3.3 節でふれた接触点成長理論[36)]を地で行く結果ではあったのだが，摩擦係数が有限に止まっているのは，表面に異物質のまったく存在しない $k=1$ なる状態があり得ないことと，試験片の接触部がずるずると拡大するといっても，無限には広がり得ないことによるものである．

もしも同種金属の理想的に清浄な表面が，たとえば 図 3.2 の右半のような状態で接触したとすれば，界面はそれぞれの材料内部と見分けがつかなくなり，いわばその部分でつながった形状の物体の強度試験になって，結果はその形状に依存することになる．結局 そのような実験では，摩擦機構への手掛かりは得られないことが分かったのだが，ではどうやって修士号をもらえたのか，それは記憶にない．

同種金属の話ばかりしてきたが，異種金属の清浄面間ではどうなるのだろうか．筆者は残念ながらそういう研究を知らないが，式 (3.3) が手掛かりになるとすれば，界面の せん断強さ s_i と両金属の せん断強さとの関係で摩擦係数がきまり，その s_i は両金属の compatibility，つまり適合性に依存することになるのだろう．適合性については第 18 章でお話しするが，一方を鉄とした場合に限っても，各種金属の適合性なるものの評価は一筋縄では行かないようである[40)]．

第4章 ころがり接触ところがり摩擦

4.1 すべりところがり

前章で紹介したトライボロジー辞典の摩擦の稿の記述，“接触する二つの物体が，外力の作用の下で すべりや 転がり運動をするとき…[22]”を素直に解するならば，すべり摩擦と並んで ころがり摩擦を論じてしかるべきところだが，機械・設備の摩擦を考えると話はそう単純ではない．

ころがり軸受，トラクションドライブ，ボールねじ，等速ジョイント，ローラーコンベア，車輪とレールあるいは路面など，一見 ころがり接触をしていると思われる部分でも，純粋にころがっていることは稀であり，すべりが紛れ込んでいるのがふつうである．本節では ころがり軸受を例にとって，この問題を考えてみたい．

この本の読者には不要かも知れないが，もっともポピュラーな ころがり軸受，深溝玉軸受と円筒ころ軸受の例を，**図 4.1**[41] に一応ご覧に入れておこう．これは一部をカットした絵で，もちろん実際の軸受がこんなふうに欠けているわけではない．基本的な仕組みは，たとえば内輪を軸に，外輪をハウジングにはめ，軸の回転にともなって内輪と外輪の間に玉または ころをころがし，すべり摩擦より小さ

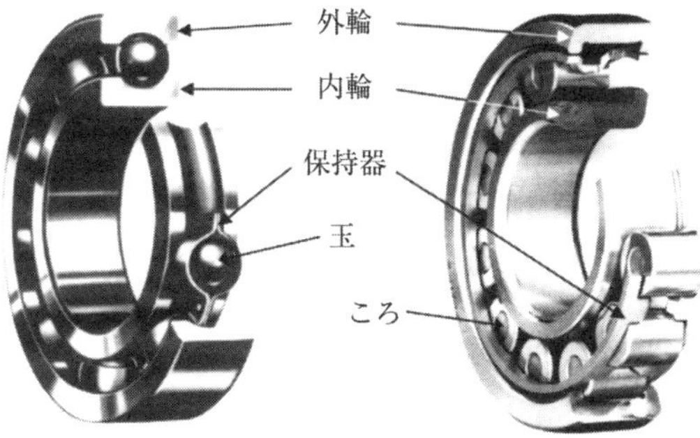

図 4.1 ころがり軸受の例（図提供：日本精工株式会社）[41]

い――と言われる――ころがり摩擦で軸の回転を支えようというものである．そういう運動を可能にするために，玉あるいはころと内外輪の間にわずかな半径方向のすきまが設けてあり，また玉軸受の例では，玉がころがる溝の断面の半径を玉の半径よりも少々大きく作ってある．

さて，はでにすべったという結果からご覧に入れよう．**図 4.2** は，NSK におられた大先輩 故 山本精穂さんたちが，内径 111 mm という大型の円筒ころ軸受を高速で運転してすべりを調べた，30 年ほど前の実験結果[42]である．0.16～1.27 kN のラジアル荷重，つまり軸に垂直な荷重をかけ，潤滑油は VG10 のスピンドル油または VG32 のタービン油である．横軸が軸の回転速度で，最高回転速度 18 600 rpm というから，ころがり軸受の速度の指標として使われる dn 値，すなわち mm で表した軸受内径 d と毎分の回転数 n の積にして 200 万，当時にしてはトップレベルの高速における実験である．

図 4.2 には縦軸が 3 本あるが，右端の縦軸にころの公転速度がとってある．剛体と仮定したころと内外輪が完全にころがり接触をしていれば，ころの公転速度は図の n_c（理論値）と書いてある斜めの直線になるはずである．ところが測定されたころの公転速度は，図の下方にぐにゃぐにゃと横たわる n_c (rpm) と書いた線のようになって，内輪の回転速度を上げても 1 000 rpm 程度にしか

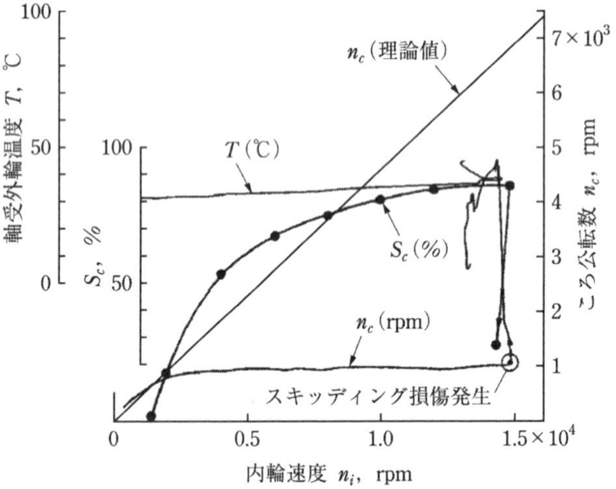

図 4.2　ころ軸受におけるすべり[42]

上がらなかったのだ．その差だけ，いわゆる公転すべりが起こっていたわけで，左から2本目の縦軸，理論値と実測値の差を理論値で割った公転すべり率S_cは，最大85.5％に達している．80％以上もすべったというのは，いくら何でも異常だろうと思われるかも知れない．たしかにこの実験は，すべりによるスキッディング損傷の発生を調べようという目的で，意識的にすべりやすい条件で行われたもののようである．

しかし程度はだいぶ違うが，事務機や家庭電器の ころがり軸受も，完全にはころがっていないらしい．こちらは最近の研究[43]で，東京理科大の野口昭治さんたちが，内径5 mmの深溝玉軸受に0.98 Nのアキシアル荷重を加え，グリースで潤滑して運転したところ，速度を上げて行くにつれて公転すべりが次第に増加し，最高回転速度17500 rpm，*dn*値にして8万あたりで，1.2％程度になったという．

なかなか思いどおりにはころがってくれないようだが，何故そういうことになるのだろうか．

ここでは質問を逆にして，ものは何故ころがるのか，それを考えてみることにしよう．話を単純にするために，円筒ころ軸受を想定して2次元で考える．**図4.3**のようにその外輪を固定して内輪を回転させると，ころはどういう運動を始めるだろうか．ころの身になってみれば，選択肢は次の3つである．(1) ころがる，(2) 内輪との間ですべる，(3) 外輪との間ですべる．ころには遠心力が働くから (3) は考えにくいので，ここでは公転すべり率0％と100％の場合，(1) と (2) について，運動を始めるのに必要な力を比べてみる．そのほか，両輪の顔を立ててこれらの中間という選択もあって，実際はそれが正解かも知れないけれど….

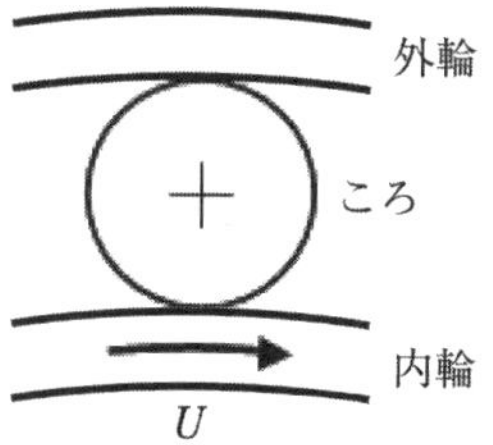

図4.3 ころと内外輪の接触

まず選択肢 (1) の場合には，① 内輪との接触部のころがり摩擦と，② 外輪との接触部の ころがり摩擦に打ち勝って，③ ころの並進運動を加速する力と，④ ころの重心周りの回転運動を加速する力が必要になる．そのほかに，保持器との摩擦とか潤滑油の撹拌抵抗とかがあるが，それは当面無視．一方 選択肢 (2)の場合には，動くのは内輪だけだから，必要

なのは ⑤ 内輪と ころとの接触部の すべり摩擦に打ち勝つ力だけである．とすると，ころがるかすべるかの選択は，① + ② + ③ + ④ と ⑤ の大小関係できまることになる．

これは一般にいえることだが，ものがころがるのは すべり摩擦の摩擦力のためなのであって，これは石につまづいてころぶところを考えていただけばいいだろう．だから潤滑によって すべり摩擦を小さくすると，本来ころがってほしいところですべってしまうということが起こる．ころがり軸受の例では，公転速度が高くなると先ほど無視した潤滑油の撹拌抵抗が大きくなり，さらに ころや玉に働く遠心力によって内輪との接触部の荷重が低下するから，余計すべりやすくなるわけだ．

4.2　ころがり-すべり現象

こういう公転すべりをゼロにしたとしても，接触部の幾何学的必然性によって，完全にはころがることができない場合がある．

前節までは ころと内外輪が剛体であると考えても話がすんだが，現実の材料は弾性体であって，その弾性変形のために すべりが起こるというのが次の話である．それが典型的に現れる深溝玉軸受の玉と内輪の接触について，少々具体的に考えることにしよう．

図4.4 右の断面図で，玉は手前から奥に向けてころがっていると仮定する．玉と内輪の接触は，第 2 章の見かけの接触の分類でいうと点接触に属するが，玉の凸面と溝の凹面の間に，同図の右下に書いたような一見 楕円形の Hertz 接

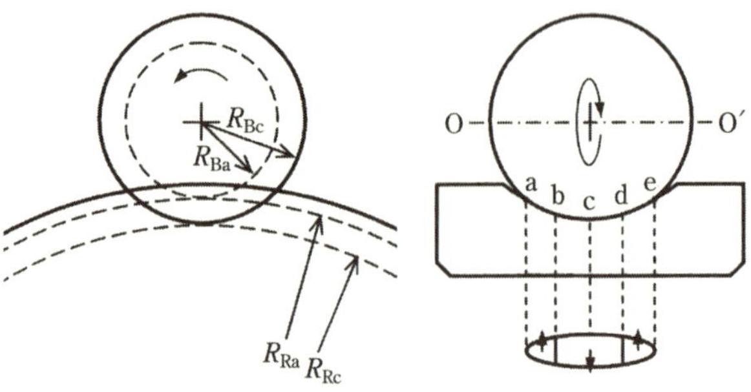

図 4.4　玉と溝の接触

触部を生じる．ところが凸面と凹面との接触だから，その接触面 a〜e は平面ではなく，玉と溝の中間の曲率をもってパラグライダーの傘，その道の用語でいうとキャノピーみたいな形に湾曲する．これが問題の原因なのだ．

少々教科書風の説明をお許しいただこう．図 4.4 の左側は，この接触部を左から見たところである．以下 いずれも紙面に平行な平面内における寸法で，R_B は玉の表面とその自転軸 O–O′との距離，R_R は内輪溝の表面と軸受中心軸との距離であり，2 番目の添字 a と c は，同図右の接触部の両脇 a, e と中央 c の位置における値をそれぞれ示す．調子のいい話だが，ここではこれらの寸法に及ぼす弾性変形の影響を無視する．

いま楕円状の接触面を固定して，そこを通り過ぎる両面の速度を考える．玉の表面の速度は，その自転軸 O–O′ からの距離 R_{Ba}, R_{Bc} に比例するから，接触面の両脇 a, e における速度は中央 c における速度より小さい．同様に，溝の表面の速度はそれらの点の軸受中心軸から測った距離 R_{Ra}, R_{Rc} に比例するから，こちらは a, e における速度が c における速度より大きくなる．両方の表面で，両脇 a および e と中央 c における速度の大小関係が逆になるわけだから，接触面全体において両面の速度が一致する，すなわち ころがり接触になることは，理論上あり得ない．

したがって，純粋にころがり得るのはせいぜい 2 つの位置しかない．たとえば 図 4.4 の右下に示すように，b と d の位置で純粋にころがったとすると，中央の b〜c〜d 部と両脇の a〜b および d〜e 部には，接触している両面の速度に逆向きの差が生じる．右の図で，下部の楕円が接触面を上から見たところだとすると，その上縁が接触部の入口になり，b および d のところにある “純ころがり線” を境に，玉の表面は溝の表面に対して矢印の向きにすべることになる．この すべりを差動すべり，英語では Heathcote slip と呼んでいる．

接触するのがなまじ弾性体だからこんなややこしい すべりが起こるのだが，同じく弾性のせいで，それが完全にはすべらないという，もう一つ面倒な話がある．

ここまでの問題は，接触面に垂直な荷重による弾性変形のために，Hertz 接触部という見かけの接触面積ができるのが原因であった．今度は その Hertz 接触部における，固体の接線方向の弾性変形が原因になる問題である．

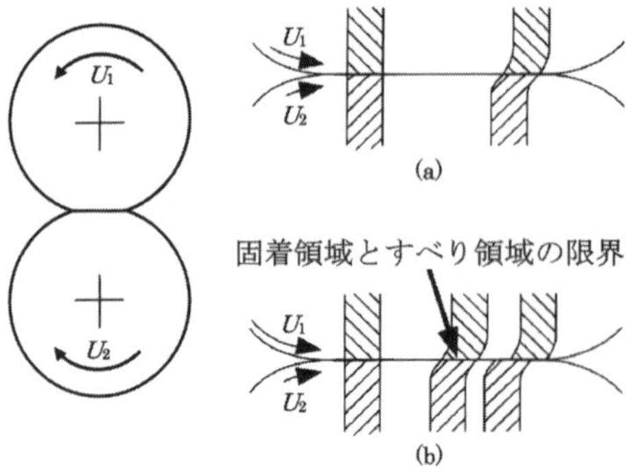

図 4.5　ころがり-すべりのモデル

話を2次元にして，**図4.5**の左に示したように，それぞれが周速 U_1 と U_2 で回転している2つの円筒の接触部を考える．玉などの3次元の接触部では話がややこしくなるが，その場合には玉を自転軸に垂直な円板にスライスして，それぞれの円板に以下の解析を適用する近似が一般に使われているようだ．3次元の接触では横方向，図4.5の面に垂直な弾性変形が生ずるが，それは当面無視．

いま，周速 U_1 が U_2 より少し大きいとすると，接触部では時間の経過と共に上の円筒の方が先に進むはずだが，接触部の入口からいきなりすべり出すわけではない．両円筒の表面間の静摩擦によって，あるところまでは表面どうしがくっついたままで上の円筒が下の円筒を引きずる形になり，円筒表面下の接線方向の せん断弾性変形が，速度差を“吸収”してしまうのだ．

両面の速度差が小さい場合は 図の (a) のように，接触部の出口までこの状態が続いて，実際の すべりを生じないが， 速度差が大きくなるとそうはいかない．せん断弾性変形が大きくなれば，それにつれて表面を引きずるのに要する力が大きくなるから，(b) に矢印で限界を示したように，ある点においてそれが静摩擦では耐えられなくなって，その点から出口側で実際の すべりが発生することになる．このくっついている部分を固着領域，実際にすべる部分を す

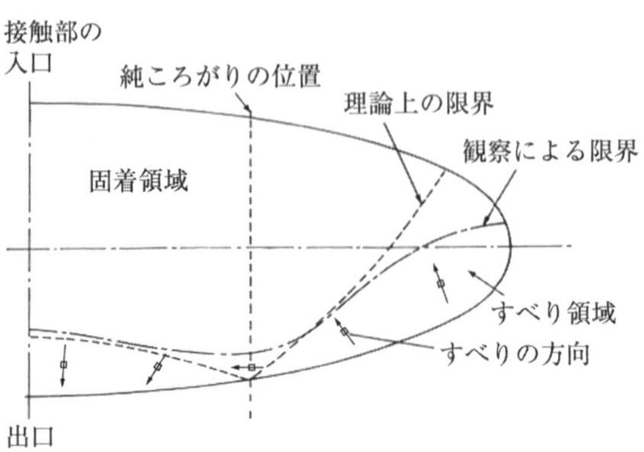

図 4.6　固着領域と すべり領域の実測例 [44)]

べり領域と呼んでいる.

固着領域が存在するために，すべりを生じない部分が 図 4.4 の b，d の位置の“純ころがり線”だけでなく，ある面積をもつことになるわけだが，実際にそのような状態が現出していることを応力凍結光弾性法によって測定した人がいる. 40 年ほど前の研究[44]だが，図 4.4 右下と同じような楕円状の接触面の右半分を示した **図 4. 6** において，下方の波を打った鎖線より上方の部分が固着領域になっていたのだ. その下が すべり領域で，各点で矢印の向きの すべりが測定された. 矢印が真上・真下を向いていないのは，先ほど無視した横方向の弾性変形の影響である.

4.3　ころがり-すべり摩擦

図 4.5 と同じように，周速 U_1 と U_2 で回転している 2 つの円筒の接触を考え，U_1 が U_2 より少し大きいとすると，円筒間に働く摩擦力はどうなるだろうか. 話を簡単にするために，2 円筒が すべり接触をした場合の摩擦係数は既知の一定値であるとして，ころがり-すべりではそれがどう変わるかというのが問題である.

ここから，曾田範宗先生の簡略化したモデル[45),46)]に沿ってお話しするが，まず Hertz 接触における圧力の楕円分布を矩形分布，すなわち一定値と仮定してしまう. ずいぶん無茶な仮定だと思われるかも知れないが，かつて先生はのたもうたものだ. “丸も四角も同しようなもんでありまして…”. こんなことはなかなか言えない.

Hertz 接触部の入口から出口まで，接線力は **図 4. 7** のような分布をする. 周速の差と周速の平均値との比 $(U_1 - U_2) / \{(U_1 + U_2) / 2\}$ を すべり率と呼ぶが，その値が小さいときは Hertz 接触部全体が固着領域になり，接線力は せん断弾性変形に比例して増加するだけで，(a) のように三角形の分布になる.

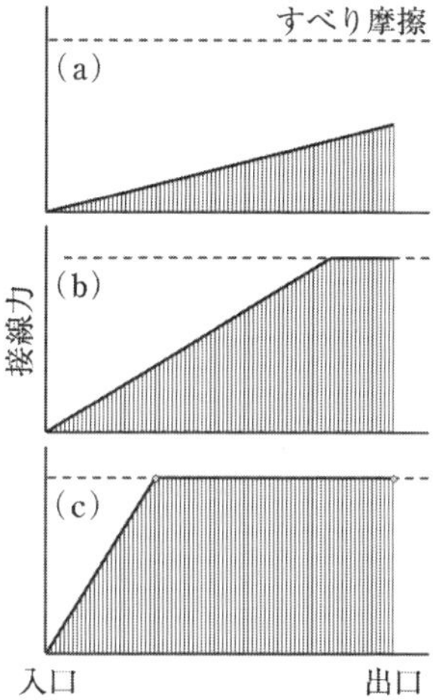

図 4. 7　接線力の分布

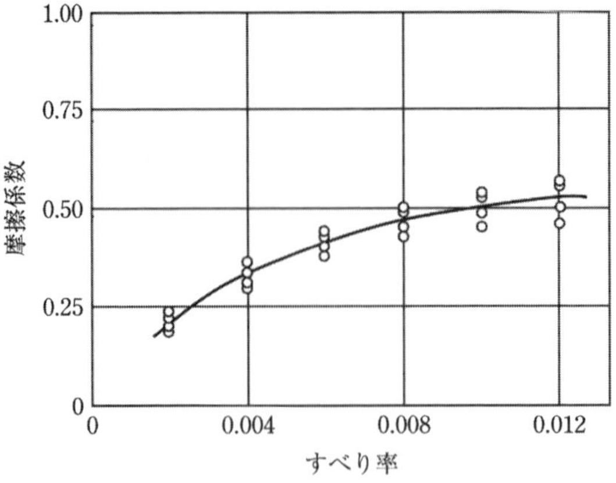

図 4.8　ころがり-すべり接触の摩擦係数[46)]

この接線力の増加する勾配は すべり率が高くなるほど急になるから，Hertz 接触部内で弾性変形を続けるのに必要な接線力が すべり摩擦を超えてしまうと，(b) のようにその点から すべり領域がはじまり，そこでは一定の すべり摩擦で頭打ちになる．そして すべり率がさらに高くなると，(b) から (c) のように すべり領域が拡大して行くわけだ．

このような変化を示す接線力を，入口から出口まで積分したものが摩擦力で，図 4.7 のハッチした面積に相当する．その摩擦力に対応する摩擦係数は，すべり率を 0 から上げて行くにしたがい，まず すべり率に比例して直線的に増加し，すべり領域が生じ始める限界で すべり摩擦の摩擦係数の 1/ 2 に達する．その点を過ぎると増加が鈍くなって，すべり摩擦の摩擦係数に漸近して行く．その実測例を，**図 4.8**[46)] にお目にかけておこう．

この結果は大気中・無潤滑における鋼の円筒間の ころがり-すべり接触の摩擦係数だが，ここで付け加えておきたいことが 2 つある．

一つは，弾性流体潤滑の場合の摩擦係数も，メカニズムは違うけれど 図 4.8 と似た形になることである．ただし，最大値は高くても 0.1 程度だし，すべり率の上昇にともない，流体膜の せん断による温度上昇のために粘度が低下して，摩擦係数が再び減少して行くところが違っている．弾性流体潤滑については，第 8 章で詳しくお話ししよう．

もう一つは，純粋なすべり接触も，ころがり-すべり接触に含まれることである．先ほどの例で，遅い方の面の速度 U_2 を 0 にした場合を考えればいいわけで，すべり率は 2.0 になり，そこまで行くと固着領域が無視できるというだけの話である．

4.4　トラクションについて

ちょっと寄り道みたいだが，ころがり接触を利用した機械要素の 1 つ，接触部の摩擦力でパワーを伝達するトラクションドライブの話をしたい．

トラクションはフリクションと似たような言葉だが，両方とも語源はラテン語である．Friction の語源がこすること，すなわち摩擦そのものを指すのに対し，traction の方は引きずるという意味で，要は見方の違いであり，摩擦面における現象の違いによる区別ではないらしい．

さてトラクションドライブだが，その歴史は古く，**図 4.9**[47] に示すように，130 年以上前に中空の toroid すなわち中空のドーナツ型曲面を使った無段変速機の特許があるし，1935 年ごろにはいろいろなバリエーションが自動車用変速機として試用されていた．そのころのトラクションドライブは潤滑油を使わず，乾燥摩擦を利用していたらしい．その後かなり長いインターミッションを経て，1980 年代に日本で乗用車用変速機として開発が進められたトラクションドライブは，もっと大きなトルクを伝達し，かつ実用的な寿命をもたせるために，弾性流体潤滑状態で使用することになった．

その話は第 8 章にまわすが，ここでトラクションドライブをもち出したのは，その動作の本質がころがり-すべり現象だからである．

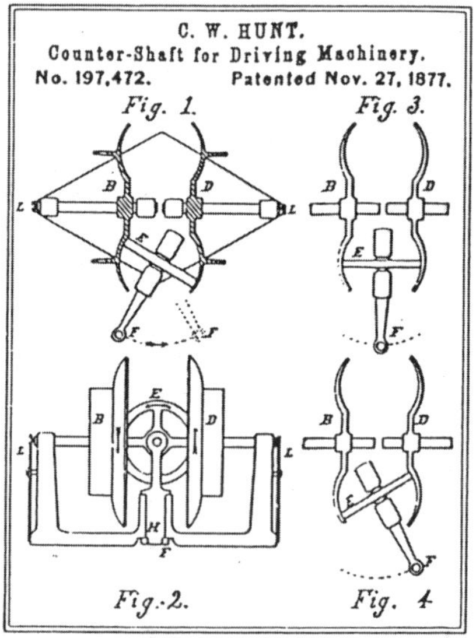

図 4.9　フルトロイダルトラクションドライブの特許[47]

そのような状態における摩擦，すなわち ころがり-すべり摩擦の特性は，図 4.8 の例のように，摩擦係数が すべり率の増加と共に増えて行く．これを逆に見ると，ある値の摩擦係数を得ようとすれば，それに見合った すべり率が必要なのである．4.2 節でお話しした他に，力の伝達という，ころがり接触部で すべりを生ずる原因がもう 1 つあるというわけだ．

ころがり-すべり摩擦を利用した接触は，他にもいろいろある．自動車のタイヤと路面，鉄道車両の車輪とレールの接触などもその例で，ころがり-すべり摩擦によって駆動力，あるいは制動力を得ているのだから，ある大きさの摩擦係数が必要であり，それに相当する すべりが生じているわけだ．なお 鉄道の人たちは，レールと車輪間のころがり-すべり摩擦を adhesion，粘着というから，うっかりすると話がもつれる．

ところで，図 4.8 ではそのへんのデータが抜けているけれど，すべり率が 0 になると接触部に働く接線力は 0 になるのだろうか．ここへ来てようやく，本来の ころがり摩擦が顔を出す．

話を少々整理しておこう．**図 4.10** は，ころがり接触をしている 2 つの円筒を，それらに働く力をはっきりさせるために少し離して描いたものである．これまでお話ししてきた ころがり-すべり接触は，2 つの円筒の周速が違っている場合，図 4.10 でいうと (a) である．そのような接触部では，上の円筒は下の円筒を引きずり，下の円筒は上の円筒に引きずられるから，回転方向に対して上の円筒には接線力 F_1 が後ろ向きに，下の円筒には接線力 F_2 が前向きに働く．その接線力を，2 つの円筒を押し付けている荷重 P で割った摩擦係数が，図 4.8 のようになったというわけだ．

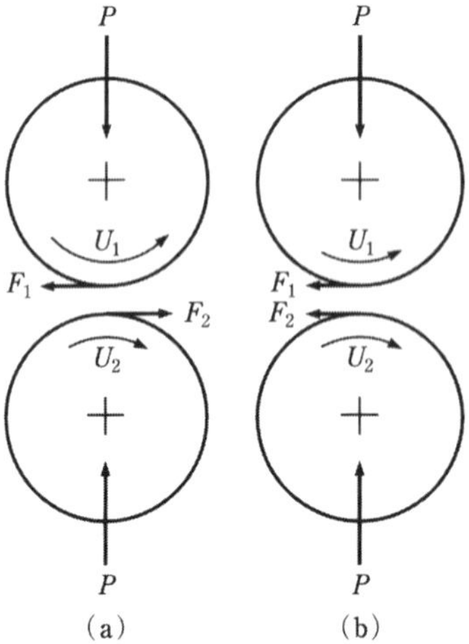

図 4.10　トラクションところがり摩擦

これに対して 図 4.10 (b) は すべり率 0，同じ周速で回転する上の円筒と下の円筒が “純ころがり接触” をしているところである．そのような状態で 2 つの円筒を回転させると，その場合にも接線力は 0 にはならない．ただし，(a) と違って，上の円筒に働く接線力 F_1 も下の円筒に働く接線力 F_2 もともに後ろ向き，すなわち“運動を妨げる方向”に働く．これが本来の意味での ころがり摩擦である．

ここまで ころがり-すべり摩擦という言葉を使ってきたが，語源は語源として (a) の場合の接線力をトラクション，(b) の場合の接線力を ころがり摩擦と呼び，それぞれの F/P を，(a) の場合はトラクション係数，(b) の場合は ころがり摩擦係数と呼んで区別すれば，紛れが少ないように思う．事実 図 4.8 の曲線は，トラクション曲線と呼ばれている．

4.5　ころがり摩擦について

図 4.10 (b) のような“純粋な”ころがり摩擦を測定するのは，そう簡単なことではない．よほど工夫しないと 2 つの摩擦面に非対称な弾性変形が生じて，トラクションが混入してしまうのだ．曾田先生に再度ご登場願うことになるが，そのへんを意識した ころがり摩擦の測定 [48] を紹介しよう．

また古い話になるけれど，60 年ほど前の研究で，先生独特の振子式の摩擦試験による測定である．直径 1 / 16 in の軸受用鋼球を 2 つ，**図 4.11** のように串刺しにして，いろいろな材料の平板の上に載せる．その串に振子をぶら下げ，ある振幅から自由に振動させると，鋼球と平板の間の ころがり摩擦によって振幅がほぼ直線的に減少するから，その減少率から摩擦係数が算出できるという仕掛けである．大気中，無潤滑で，その結果は **表 4.1** のようなものであった．

予想どおり… かも知れないが，純粋な

表 4.1　ころがり摩擦係数 [48]

平板の材料	ころがり摩擦係数
硬鋼	0.00002
軟鋼	0.00004～0.00010
真鍮	0.000045
銅	0.00012
アルミニウム	0.001
錫	0.0012
鉛	0.0014
ガラス	0.000014

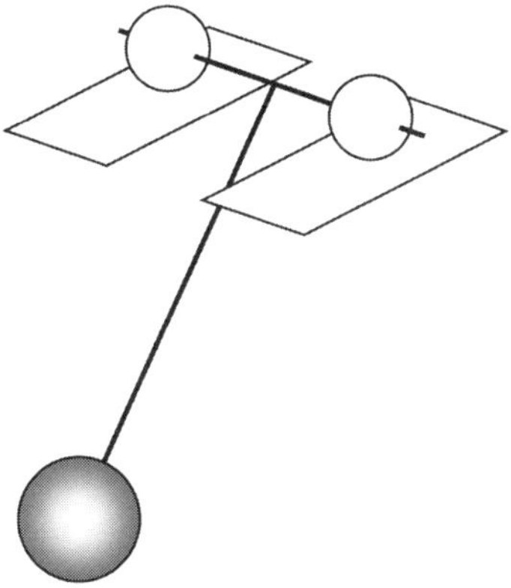

図 4.11　曾田先生たちの ころがり摩擦の測定

ころがり摩擦の摩擦係数は，すべり摩擦の摩擦係数よりはるかに小さいことが分かる．実際に ころがり接触に使われることの多い鋼どうしの ころがりでは，摩擦係数はいずれも10万分の1のオーダーで，表3.1に紹介した金属の乾燥摩擦における すべり摩擦の摩擦係数と比べると，4桁ほど小さい．

厳密に言えば，図4.10 (a) の接線力にも，あるいは 図4.8のトラクション曲線にも，ころがり摩擦が含まれているはずなのだ．しかし実際上は，トラクション係数に対して無視できるオーダーでしかないというわけである．

では，ころがり摩擦の原因は何なのか．

この問題をまともに取り上げた文献を探してみると，京大におられた佐々木外喜雄先生と，元 京大で後に北大に移られた沖野教郎さんの，40数年前の総説[49]に行き着く．その最後近くに，ころがり摩擦の機構に関するそれまでの研究をまとめた“総括”という節があって，そこには次の4項目が挙げてある．

① 差動すべり

② 粗さの影響

③ 材料の内部摩擦

④ 潤滑油の粘性抵抗

まず ① は，先ほどお話ししたように，純粋の ころがり摩擦とは別の現象だから除外する．次の ② は すべり摩擦の凹凸説に類する考え方で，起動時には問題になるらしい． ③ は接触部の弾性ヒステリシスによるエネルギー損失によるもので，ポリマーなどのように粘弾性を示す材料では支配的な原因である．ただし ③ は，Tabor 先生が提唱されて以来“最も有力な説となっている”けれど，金属の ころがり摩擦について“内部摩擦が支配的であるとするのは問題がある”と述べておられる[49]が，これはいまも変わらず，他に“有力な説”がないというのが実情だろう．一言つけ加えれば，弾性流体潤滑においても接触部の変形は Hertz 接触と大差ないから，③ は無潤滑の場合とほとんど違わないと思われる．

そして最後の ④，これは微妙な問題である．ころがり軸受の玉や ころを考えると，保持器との すべりに対する摩擦低減の作用は大きいが，内外輪との接触においては，すべり領域の潤滑効果と潤滑油を押しのけるのに必要な力のバランスで，潤滑油の存在が ころがり摩擦の一因になる場合があるのだ．ただしこれは，微小な ころがり摩擦が増えるか減るかという話であって，他に損傷の防止などを考えなくてはならないから，簡単に無潤滑がいいと言えるわけでは無論ない．

そういうわけなのだが，ではこの章のはじめに紹介した，ころがり摩擦で軸を支えるはずの，ころがり軸受の摩擦はどうなるのか．

SKF という ころがり軸受のメーカーは，ご存じの読者も多いだろう．そのホームページに，型番と運転条件を入力すると ころがり軸受のトルク M を計算してくれるページ[50] があって，次の式で与えられている．

$$M = M_{rr} + M_{sl} + M_{seal} + M_{drag} \tag{4.1}$$

ここで，M_{rr} : ころがり摩擦，M_{sl} : すべり摩擦，M_{seal} : シールの摩擦，M_{drag} : “drag” すなわち潤滑剤の撹拌等の抵抗である．

この M_{rr}，ころがり摩擦なる項も，潤滑剤の粘度の 0.6 乗に比例することになっていて，上記の ④ に相当するものと思われ，固体面間の純粋な ころがり摩擦の原因と目される ② と ③ は，まったく無視されているのだ．ちなみに，ころがり軸受の摩擦係数は千分の 1 のオーダーのようで[51]，摩擦を考えている位置が違うから単純な比較はできないけれど，表 4.1 に紹介した ころがり摩擦の 100 倍ほどになる．

ころがり軸受においてさえ無視してしまえるほど，ころがり摩擦は小さいということなのだろうが，だから トライボロジストが すべり摩擦ほど興味をもたないのかも知れない．

第5章　摩擦面の温度について

5.1　摩擦面の高温限界

機械屋の言葉で言えば，摩擦とは力学エネルギーが熱エネルギーに変わるプロセスであり，摩擦面で温度上昇が生ずることは先史時代から知られていたわけだ．ところが，摩擦面の材料あるいは潤滑剤に比較的シビアな使用限界があるために，摩擦面の温度上昇はいつも気になるものである．では材料や潤滑剤はどのくらいの高温まで使えるのか，この節ではまずその限界についてお話ししておこう．

一口に高温限界と言っても，どういう状態まで使うかによっていくつかに分類できる．その一つは，ある温度になると，焦げてしまったり分解してしまったり，固体の場合には溶けてしまったりする限界であって，これは比較的はっきりしている．しかしもう一つ，摩擦係数とか比摩耗量とかが期待していた範囲に収まらなくなる限界があって，その限界は期待しているレベルに依存する．それに加えて，大気中だとたいていのものは高温で酸化が進むが，酸素がほとんど存在しない条件ではその影響は小さいというように，使用環境の違いによっても限界は変わる．

そういう事情ではあるのだが，おおざっぱな見当を言うと，大気中で使える高温の限界は次のようなものだろう．

まず潤滑剤は，ある温度に達すると酸化が進んだり分解してしまったりする．鉱油系の潤滑油なら 150 ℃あたりまでというのが常識だし，合成油を使っても 500 ℃というのはなかなかむずかしいところで，とくに境界潤滑性を上げるために添加する油性剤は，百数十℃ でその効果を失ってしまうことが知られている．いま研究が進んでいるイオン液体が実用になれば，もう少し高温まで使えるかも知れない．固体潤滑剤はもっと高温まで使えるが，金，銀などの軟質金属を別にすると，フッ化物の重合体 CaF_2/BaF_2-BaF_2 の 900℃，近年開発されているセラミックス系自己潤滑複合材料の 1000℃ あたりがチャンピオンのようである．

材料のほうは，高温で使えるポリマーとしてポリイミドが 250℃ あたりの耐熱性をもつといわれている．金属はものによって大きく異なるが，溶けないまでも変態温度や熱処理温度が性能を維持する限界になり，ふつうに使われる軸受鋼の使用限界は 150℃ と意外に低い．その一方，ある種のニッケル-コバルト合金やオーステナイト系耐熱鋼は 1000℃ ぐらいまで使えるらしい．またセラミック材料になると，ずっと高温で使えるものがいろいろある．

ところで上に挙げたのは，それぞれの潤滑剤なり材料なりが，その潤滑剤あるいは材料として機能することを期待した場合の限界である．しかしながら潤滑剤・材料が，当初の状態・物質から変化しても，あるレベルでその機能を維持する場合がある．虎は死して皮を残すというが，その皮が役に立っているという例を，2 つほど紹介しておこう．先にお断りしておくが，常にこううまくいくわけでは決してない．

その一は，切削加工の潤滑である．切削における工具のすくい面と，その面に沿って排出される被削材の切りくずとの摩擦面の温度は，被削材の種類，加工条件，それに切削油の性能などによって違うけれど，上に書いた潤滑油の使用限界に収まるとはとても考えられない．にもかかわらず現実に潤滑できているのは何故か．

どうやら切削油が蒸発して気体となっても，有効成分が潤滑効果を発揮しているらしいというのが，香川大学の若林利明君たちの解釈である[52]．接触圧力の高い工具と切りくずの接触面に切削油がどうやって入り込めるのか，もともと不思議に思われていたから，気体だから侵入しやすいという説明には説得力がある．

もう一つは，おなじみの層状固体潤滑剤，二硫化モリブデン MoS_2 の例である．MoS_2 を大気中で使うと，450℃ あたりで酸化して三酸化モリブデン MoO_3 になるから，これが一つの使用限界ということになる．ところが MoO_3 も，斜方晶系ではあるが層状構造をもち，500～700℃ において良好な潤滑性をもつという[53]．ただし，アルミニウム青銅とステンレス鋼の摩擦面にそのMoO_3を介在させた例を見ると，どうもMoO_3のままではなく，銅との複合酸化物$Cu_3Mo_2O_9$として効いている可能性もあるようで[54]，こうなると高温限界もいささかややこしい．

5.2 摩擦面の温度はどうしてきまるか

ちょっとディテールに入りすぎたかも知れないが，では摩擦面の温度はどのようにしてきまるのか，そこから考えてみよう．第2章に接触についてごたごた書いたから，"摩擦面の温度というが，どの部分の温度なのか"とチェックを入れられるかも知れない．それは大事な点なのだがいったん後回しにして，まず見かけの接触面，もう少し正確にいうならば，"見かけの接触面を含む2つの固体面の表層部"の平均温度を考えることにして，この節と次の節ではそれを摩擦面の温度と書くことにする．

そもそもある部分の温度というのは，どうしてきまるものなのだろうか．機械屋の視点でいえば，これは単純な話である．すなわち，単位時間にその部分で発生する，あるいはその部分に流入する熱量と，単位時間にその部分から流出する熱量との差だけ，熱が"たまる"わけで，たまった熱量をその部分の熱容量すなわち質量と比熱の積で割っただけ，その部分の温度が上がることになる．Fourierの法則の示すとおり，考えている部分の温度と周囲の基準とする温度との差が大きいほど，その部分から単位時間に流出する熱量は大きくなるから，熱の発生プラス流入と流出とがバランスするところで，定常状態の温度上昇がきまる．

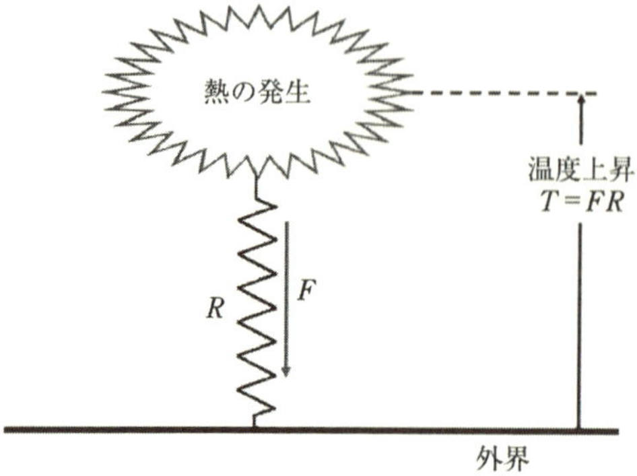

図5.1　摩擦面の温度上昇

われながらいい加減な図だと思うが，**図5.1**をご覧いただきたい．ここでは外部からの熱の流入は無視して，摩擦による発熱のみによる摩擦面すなわち熱源自体の温度上昇を考える．

摩擦面で単位時間に発生する熱量 F は，摩擦面に加わる荷重と すべり速度と摩擦係数の積で与えられるから，これをひとまず所与の条件と仮定しよう．その熱が外界へ流れる経路の熱抵抗を R と書くと，ちょうどオームの法則と同じように，

$$T = FR \tag{5.1}$$

なる関係で，定常状態における外界を基準とした摩擦面の温度上昇 T がきまることになる．熱抵抗というのは，何ワットの熱が流れれば 1 ℃の温度上昇が生ずるか，というような便宜的な量なのだが，結局 摩擦面の温度上昇の推定は，熱抵抗の算定に帰着するわけだ．

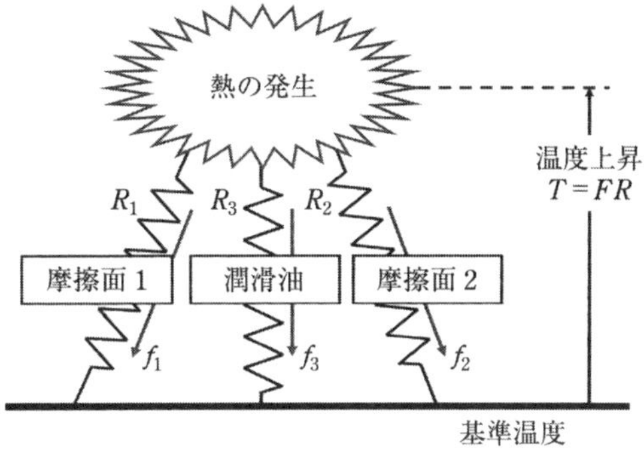

図 5. 2　摩擦面からの熱の流れ

図5. 2は 図 5.1 をもう少し具体的に書いたものだが，摩擦面で発生した熱の流れは，2 つの固体面に流入して伝導によって流れて行く“伝導項” f_1, f_2 と，流体の潤滑剤，多くは潤滑油がもって行く“対流項” f_3 の 3 つに分けられる．すなわち

$$F = f_1 + f_2 + f_3 \tag{5.2}$$

であって，式 (5.1) をそれぞれの経路に当てはめると，

$$T = f_1 R_1 = f_2 R_2 = f_3 R_3 \tag{5.3}$$

これを 式 (5.2) に代入すると，

$$T = F / (1 / R_1 + 1 / R_2 + 1 / R_3) \tag{5.4}$$

という関係が得られる．

こういうと簡単みたいだが，実際に熱抵抗を算定しようとすると，これが大変むずかしい．

第 1 の問題は，伝導項 f_1, f_2 に対する，熱抵抗 R_1 と R_2 の算定である．基本的には熱伝導の問題であり，それは理論体系の整った分野ではあるのだが，一般に 2 つの摩擦面が非対称であることが，問題をむずかしくしているのだ．

この非対称性がまた2つあって，一つは熱が流れて行く経路の違いである．ジャーナル軸受に例をとると，一方の f_1 は軸を通って，もう一方の f_2 は軸受からハウジングを通って ——逆でもいいが—— 流れて行くから，経路の形状寸法，材料の熱伝導率，そして外界への放熱条件が違う．もう一つは，5.5節でお話しする摩擦面上における熱源の態様の違いで，静荷重を受ける軸受であれば，軸受では摩擦面上に熱源が固定しているのに対し，軸の方は熱源がその摩擦面上を絶えず移動する．この違いが摩擦面における熱の“たまり方”に，そしてそれぞれの固体面への熱の流入に，影響を及ぼすことになる．

第2の問題は，対流項 f_3 の算定の問題である．潤滑油は摩擦面を通過する間に，潤滑油膜自体の粘性せん断により，また固体面からの熱伝達によって温度が上がる．温度が上がれば粘度が低下するから，膜厚が一定であれば通過する潤滑油の流量が増すはずだが，その反面粘度が低下すれば負荷部に形成される流体膜が薄くなって流量を減少させ，これら相反する効果のバランスで f_3 がきまることになる．また軸受の設計によって，潤滑油が軸受内をあっさり通り抜ける場合もあれば，暫時軸受内を周回している場合もあって，それによっても潤滑油が運び去る熱量は変化する．

それに加えてもう一つ，潤滑油の粘度の変化は摩擦係数にも影響を及ぼすから，発生熱量自体が変わってしまう．上に，単位時間あたりの発生熱量 F を“ひとまず所与の条件”と書いたのは，そういう理由からである．

5.3　基準温度の不確かさについて

熱抵抗の算定ができたとしてももう一つ，外界への放熱の問題がある．

発生した熱が流れ流れて行く先は，厳密に言えば宇宙全体であり，ある摩擦面で熱が発生すれば，それによって宇宙の平均温度がわずかに上がるはずである．この宇宙はカオスであって，ブラジルで蝶が羽ばたくとテキサスで竜巻が起きることもあるというから，満更でたらめな話ではない．

とはいうものの，いちいちそこまで付き合ってはいられないから，無限大の熱容量をもち，熱が流れ込んでも温度が変わらない，伝熱学でいうところの“低熱源”を仮想することになる．無限大にはほど遠いが，自動車のエンジンであればオイルパンの油温，回転機であれば冷却されているハウジングの外面温度，あるいはそれらの周囲の雰囲気温度などを一定と考えて，基準温度にとるのがふつうだろう．機械によっては，オイルクーラーなど“低熱源”を備えているものもあるが，それとても温度はある範囲内で上下するし，雰囲気の温度は季節，使用場所などによって何十℃も変わるから，この基準温度にはかなりの幅があることを勘定に入れておかなくてはならない．

摩擦面の温度の推定について，いろいろやっかいな問題があることをお話ししてきたが，別にそれを考えようという人たちの意気を阻喪させたいわけではない．温度の推定を始める前に，まず推定精度を考えるべきだと言いたいのだ．

一つは熱抵抗 R_1，R_2，R_3 の見積もりで，どれか一つだけ精度を上げても意味がない．先ほども書いたが，熱伝導というのは体系が整っているから，伝導項の熱抵抗は比較的計算に乗せやすいのだが，対流項の方は計算に乗せるまでにむずかしい問題がいろいろある．そして対流項は，ころがり軸受や歯車の薄い油膜ではあまり期待できないけれど，すべり軸受などの厚い油膜では，伝導項よりずっと大きくなるのがふつうなのである．

それに輪をかけて，基準温度のあいまいさがある．先ほどの話からも想像されるように，外界への放熱条件には不確定なところがあって，制御もむずかしければ，把握もしにくい．

こういう事情があるから，実際上の意味を考えるならば，温度推定に関わるそれぞれの部分の，精度のバランスをとることがだいじだと思う．

5.4 閃光温度の測定

一方では 5.1 節にお話ししたような，かなりシビアな高温限界があるけれども，他方摩擦面でとんでもない高温が発生することをご存じの方も多いだろう．**図 5.3**[55] は，Bowden, Tabor 両先生の著書 “The Friction and Lubrication of Solids” にある，衝撃的な図である．コンスタンタン，すなわち銅 55 %-ニッケル 45 % の合金を，荷重 4.9 N，すべり速度 3 m/s，無潤滑で鋼と摩擦させ，接触部に発生した熱起電力を温度に換算した記録なのだが，測定値は激しく変動し，比較的軽荷重・低速であるにもかかわらず，800 ℃を超える瞬間的な高温が測定されたのだ．

Bowden 先生たちはさらに，いろいろな金属と鋼との摩擦において生ずる温

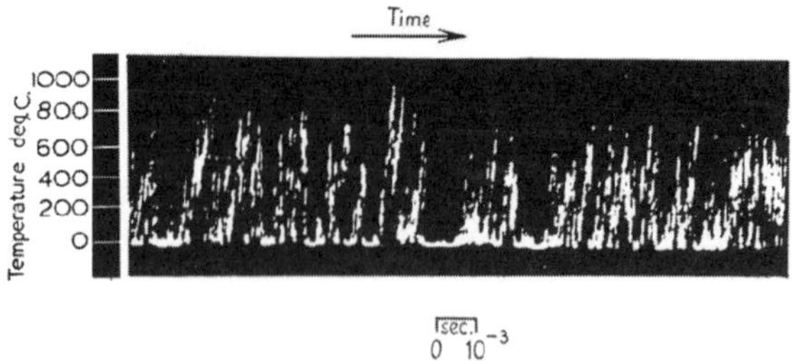

図 5. 3　閃光温度の測定例 [55]

度上昇の最大値を，今度は荷重を 0.98 N に下げ，すべり速度を変化させて測定した．その結果，速度の増加と共に最高温度は上昇して行き，やがてそれぞれの金属の融点で頭打ちになる．また無潤滑の場合だけでなく，脂肪酸などで潤滑した場合についても同様の条件で摩擦を行ったところ，やはり数百℃ の高温が記録されたという [55]．

こういう瞬間的な高温を，Bowden 先生たちは temperature flash と名づけたが，日本ではそれをひっくり返して閃光温度と呼んでいる． 数百℃ という高温だし，瞬間的でランダムでもあるし，前節までにお話しした摩擦面温度の概念とは著しく整合性を欠く．とはいえ有名な結果だから，すでにご存じの読者も多いだろうし，“あ，真実接触部の話だな” と，ぴんときた向きもあるだろう．

ところで 図 5.3 のような高温の発生は，通常の方法ではまず測定することができない．赤外線放射温度計など，非接触型の温度計で摩擦面の温度を測った例もあるにはあるが，どちらか一方または双方の摩擦面を透明な材料で作らなければならない．実際的な材料で作った摩擦面の温度を測定しようとすれば，必然的に熱電対をはじめとする接触型の温度計を使用することになるが，では接触型の温度計が指示する温度とは何であろうか．それは温度計の感熱部自身の温度だというのが，この問題のポイントである．体温計も最近はインテリジェントになっているけれど，直接測定しているのは体温計の感熱部自身の温度なのだ．

では，熱電対とはいかなるものか．その原理は，異種の金属を接触させるとその界面で電子の移動が起こり，その移動量が温度によって変わるという現象で，Seebeck 効果と呼ばれている．そこで，2 つの金属線の両端を高温部と低温部で接合しておくと熱起電力が生じるのだが，その値は両接合部の温度差のみによってきまるので，起電力を測れば一方の接合部の温度を基準として他方の接合部の温度を知ることができるわけだ．

ここで問題になるのは，測定部の寸法と取り付ける位置である．まず寸法の方だが，熱電対を構成する金属線の太さは，極細熱電対といわれるものでも 50 μm 程度であり，高温接合部の“玉”の径はその数倍になる．また位置の方は，摩擦面から何 mm，少なくとも数分の 1 mm 離れたところにしか取り付けられないことが多い．それに対し摩擦面の接触点の大きさは，面の仕上げや摩擦条件によってさまざまではあるけれど，数 μm という見当である．したがって，1 つの接触部で発生する熱量はわずかなものであり，局所的には高温を生じても，結構な熱容量をもち，摩擦面からある距離に取り付けられた玉の温度を，数百 ℃まで上昇させるほどのものではない．Bowden 先生たちは，微少な接触点そのものを直接熱電対の接合部として利用したからこそ，ああいう結果が得られたわけである．

5.5　結局 摩擦面温度の推定は…

こういう閃光温度は，5.2 節でお話しした摩擦面温度すなわち“見かけの接触面を含む 2 つの固体面の表層部”の平均温度と，どういう関係にあるのだろうか．当たり前の話ではあるけれど，一応 おさらいをしておきたい．

図 5.4 は筆者の自信作なのだが，穴の開いたバケツで雨を受けているところであって，“はじめに”でお話しした，岡部平八郎氏と共著の連載記事に載せた絵である．ここで，水の量を熱量，水面の高さを温度と考えていただきたい．

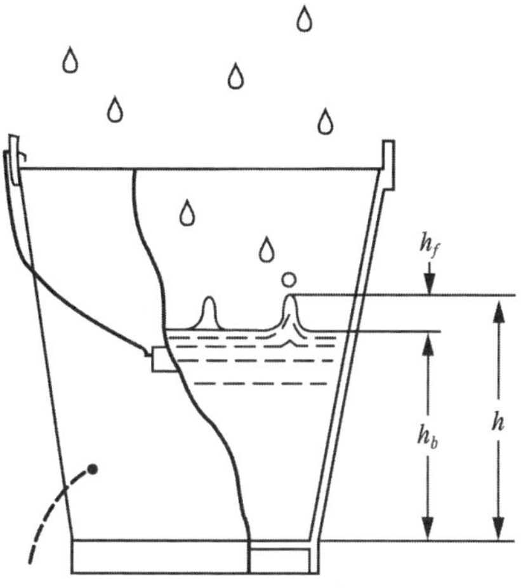

図 5.4　平均温度と閃光温度

まず見かけの接触面の平均温度に相当するバケツの平均水位 h_b は，バケツが受ける雨滴の量と穴から流出する水の量とのバランスできまる．これが“熱の発生プラス流入と流出のバランスで温度上昇がきまる”という，5.2節の議論に相当する．一方，1つ1つの雨滴が水面に達するたびに水面が局所的にはね上がるが，これが接触点における発熱に相当し，その高さ h_f が閃光温度に相当する．その和 $h_b + h_f$ が，摩擦面に生ずる最高温度を与えることになるわけだ．岡部さんもこの図の掲載には同意したが，全面的に賛同したわけではない．定性的にはいいとしても，“摩擦面の温度の場合は h_f のほうが h_b よりずっと大きい”というわけだ．それはそのとおりであって，定量的には正しくないアナロジーであることをお断りしておこう．

摩擦面の平均温度の方は5.2節で一応片づいたとして，閃光温度はどうやって推定すればいいか．Bowden先生たちのような測定をいちいち実施するのは大変だし，摩擦面は一般にランダムな表面形状をもっているから形成される接触点の大きさもランダムである．したがって，図5.3がいい証拠だが，閃光温度もランダムだから，これまた目的に応じたモデルを作り，計算によって見積もった方が手っ取り早くもあるし合目的的でもある… というような理由からだろうが，計算による推定が一般的である．

先ほども言及したFourierの法則というのは，伝熱学の基礎となっているもので，

$$(\text{熱流束}) = \lambda \times (\text{温度勾配}) \tag{5.5}$$

と書かれる．熱流束というのは単位時間に単位面積を流れる熱量であり，比例定数 λ が熱伝導率である．

この法則にもとづいて閃光温度を求める典型的な方法というのは，次のようなものである．接触点は微小なものだから，5.3節でふれたオイルパンやハウジングどころではなく，摩擦している固体を半無限体と仮定してしまう．この半無限体というのも妙な言葉で，無限大を半分にしても無限大じゃないかと思うが，天動説時代の大地の概念に似て，空間の半分を占める固体を意味している．その表面に置いた，たとえば円形の熱源から既知の熱が流入すると仮定し，一方その熱源から無限に離れたところの温度を基準温度として，任意の位置，任意の時間の温度上昇を計算するわけだ．

このような問題について，解析的に解けるものは半世紀以上前にほとんど解が得られていて，電話帳みたいな教科書にさまざまな場合の解が載っている[56]．

で，そこから適当な解を見つけて重ね合わせなり何なりする，というのが一般的な手法である．“そんなもの数値計算をすればいいじゃないか”と思われるかも知れないが，どっこいそう簡単にはいかない．金属のような熱伝導率の高い物体中の，接触点のスケールの非定常熱伝導問題を解こうとすると，よほど時間の刻みを小さくしなければ発散してしまい，費用対効果を考えると，とても実際的とは言えないようなのだ．

もう一つ，摩擦面に特有の問題がある．というのは，いまお話ししたような熱伝導の計算をするためには，熱源から単位時間に摩擦面に流入する熱量を仮定しなくてはならない．対流項を無視すれば，両面に流入する伝導項の和は，その接触点に加わる垂直荷重と摩擦係数とすべり速度の積で与えればいいが，ここで問題になるのが，5.2 節でふれた 2 つの摩擦面の非対称性に起因する，流入する熱量 f_1 と f_2 の違いである．

一方の摩擦面 1 の突起がもう一方の摩擦面 2 の上をすべっているところ，**図 5.5** を考えてみよう．Fourier の法則によれば，熱流束は 2 つのパラメタ，熱伝導率と熱勾配によってきまるから，それらの大きな方により大量の熱が流れ込む．まず 2 つの摩擦面の材料が違えば，熱伝導率の大きな方により多量の熱が流れ込む，これはいいだろう．

問題はもう一方の，熱源の態様の違いである．すなわち 図 5.5 で言うと，摩擦面 1 に対しては熱源が固定しているが，摩擦面 2 に対しては熱源が面上を移動する．ということは，摩擦面 1 はすでに暖まっている部分で接触するのに対し，摩擦面 2 はまだ暖まっていないところが次々と接触することになるわけだ．その結果，接触点における両面の温度が等しいとする——これは一つの仮定である——と，接触点直下の温度勾配は摩擦面 1 では小さく，摩擦面 2 では大きくなる．そういう違いが出てくるために，熱は摩擦面 2 の方により多く流れ込むことになる．この違いをどのようにし

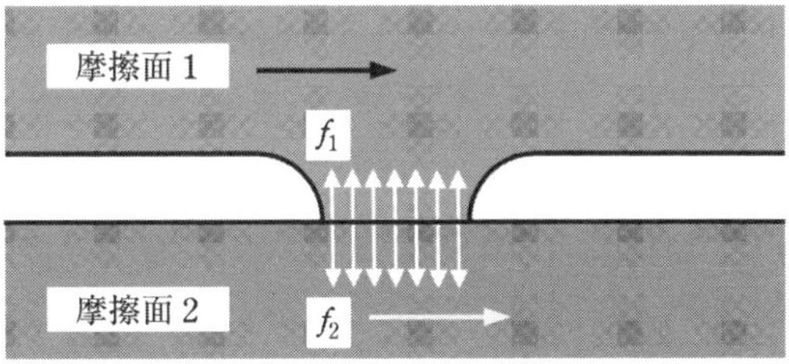

図 5.5　摩擦面への熱の流入

て閃光温度の算定に取り入れるか，これもまた仮定の問題である．

このように問題はいろいろあるが，とにかく 5.2 節のようにして摩擦面の平均温度を算定し，たとえば上のような方法で閃光温度を算出して，それらを 図 5.4 のように足し合わせれば，摩擦面に生ずる最高温度が見積もれるというわけだ．

5.6　2つの温度観について

またまた話をややこしくするが，閃光温度の推定に関する前節の話は，機械屋の温度観による議論でしかないことを考えておくべきだと思う．もう少し正確に言えば，伝熱学の問題として摩擦面の温度を論じたというわけだが，その特徴は次の2つだろう．一つは，摩擦面の固体を熱伝導率で特徴づけられる連続体とみなして，接触点における熱流束とか無限遠方における基準温度とかを境界条件として与え，その固体内の任意の位置，任意の時間の温度を算出するという問題の設定であり，もう一つは，それによって算出される閃光温度が何百℃であろうと，基準温度が絶対零度であろうと室温であろうと，無関係に成立する議論だという点である．

しかしそれは一つの温度観にすぎないのであって，化学屋にはまた別の温度観があるように思われる．そもそも化学屋の頭には，連続体などという概念がない．熱エネルギーをもって動き回っている分子なり原子なりが興味の対象であって，“物質構成粒子の微視的な内部運動（熱運動）のエネルギーの平均を定める尺度[57]”というのが，化学屋の温度観を端的に表しているように思われる．

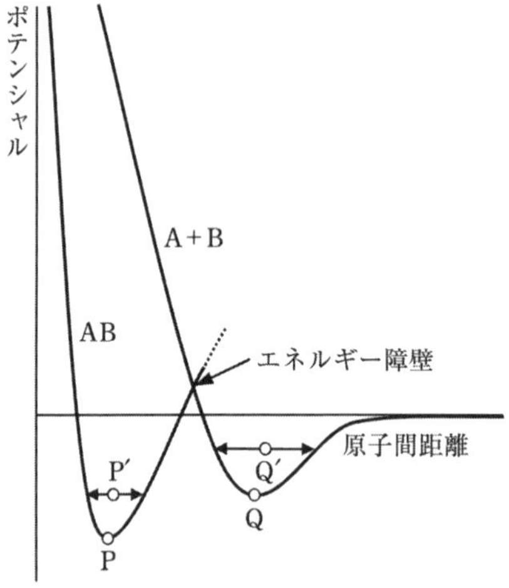

図 5.6　原子間のポテンシャル

いま2つの原子AとBを考え，原子Aからの距離の関数としての，原子Bのポテンシャルを示すと，たとえば**図 5.6** のようになる．A+Bと書いたのは A と B が別々に存在した場合，AB はそれらが化学的に結合して 1 つの分子になった場合のポテンシャルである．

ここで，絶対零度という温度の基準が登場する．絶対零度においては，それらの原子は熱エネルギーをもたず，原子 B は，AB の場合にはポテンシャルの最も低い基底状態 P で，A + B の場合には Q のところで，ほぼじっとしている．

では，温度が上がるとはどういうことなのだろうか．それは，原子がある量の熱エネルギーをもつということに他ならない．ただし原子はお互いにしょっちゅうエネルギーのやりとりをしていて――それが前節に述べた熱伝導のメカニズムでもあるのだが――，個々の原子がもつエネルギーの量は常に変動し，ある値 ε を超える確率は，k を Boltzmann 定数，T を温度として $\exp(-\varepsilon/kT)$ に比例する．温度が高いほど原子が大きなエネルギーをもつ確率が高くなるわけだが，逆に温度とはそういう確率分布を規定するパラメタだというのが，化学屋の温度観なのだろう．

原子がエネルギーをもつと，図の基底状態 P あるいは Q にじっとしていず，それぞれ P′ あるいは Q′ のように，矢印で示した範囲で振動をする．その運動エネルギーが熱エネルギーの正体なのだ．そしてエネルギーの量がある値以上になると，原子はエネルギー障壁を飛び越して A + B から AB の状態に，あるいは AB から A + B の状態に移ることが可能になる．これが化学反応・解離なのであって，後でお話しするように境界潤滑膜の生成・離脱のメカニズムと関係し，化学屋の興味はそのへんにあるのだろう．

ごちゃごちゃ書いたが，個々の原子のもつ熱エネルギーが――ということは原子の温度が――確率論的にしかきまらない以上，ある原子に対する時間的平均値，またはある大きさの原子の集団に対する平均値として，はじめて温度を確定論的に定義することができるのであって，そこで機械屋の温度観につながることになる．

かつて岡部さんとの共著の本に“本来温度というのは，確定論的に定まるものではない”などと書いて，伝熱学の大御所であられた故 甲藤好郎先生に叱られたことがある．天国からまたお叱りを受けそうだけれど，任意の位置・任意の時間において一義的にきまる温度というのは，1 つのモデルと考えるべきものだと思う．

第6章 潤滑について

6.1 “ナントカ潤滑”の洪水

かつて潤滑という言葉は，この分野全体を表す広い意味で使われていた．トライボロジーという言葉をはじめて世に出したScientific Lubrication誌の記事[58]の見出しには，“Lubrication should be rechristened Tribology”，すなわち“潤滑をトライボロジーと呼び変えよう”とあったし，日本トライボロジー学会も以前は日本潤滑学会と称していた．もっとも，はるか昔には“催滑”という言葉が使われたこともあるらしい[59]が，直接耳にしたことはない．

そういう広義の“潤滑”は別としても，第3章でお話しした摩擦とは違った意味で，用語の整理をしておく必要があるように思う．例によってまずトライボロジー辞典を調べてみると，“潤滑”については“負荷のかかっている二つの固体面を相対運動させるときに，2面間に生ずる摩擦を調整したり，表面の損傷を軽減したりするために潤滑剤を用いること[60]”と，えらく実際的な説明が書いてある．察するところ，これは例のOECDの用語集の説明[61]を下敷きにしたものらしい．潤滑の説明に潤滑剤が登場するのも妙だけれど，“潤滑といわれると分からないが潤滑油なら知っている”という人が多いのが現実だから，これはこれで理にかなっているのかも知れない．

では潤滑剤はいかにして潤滑作用を営むのか，そのメカニズムから考えたいのだが，そもそも潤滑にはどういう種類があるのだろうか．もう一度トライボロジー辞典をひっくり返してみると，後ほど6.2節の表6.1でお目にかけるように，“ナントカ潤滑”という見出しはなんと57項目もあるのだ．ちなみにOECDの用語集は，“ Lubrication ”の項目に続けて“ Lubrication, methods of – ”，“ Lubrication, types of – ”という2つの項目を載せており，そこにはこの“ナントカ潤滑”に類する用語が，合わせて29個並べてある[61)]．

トライボロジー辞典の57項目というのは，“摩擦ナントカ”の53項目と双璧をなしているのだが，それにしても多い．トライボロジストなら別に不思議には思わないかも知れないけれど，専門外の人は“潤滑剤を用いる方法って，そんなに種類があるのか”とびっくりされるかも知れない．

実をいうと，この57個の見出しはミソもクソもいっしょになっているのであって，それはトライボロジー辞典の編集方針によるものであったのだ[62)]．少々脱線するが，まずそのへんの話をしておきたい．

日本潤滑学会の時代も含め，日本トライボロジー学会は，用語集に類するものを3度発行している．最初が1970年の“潤滑用語解説集[63)]”，2番目が1981年の“潤滑用語集・解説付[64)]”，そして3番目が何度も引用している“トライボロジー辞典”である．

最初の2冊は“学術用語集”なんてのに比べると歯切れの悪い書名だが，これには理由があった．トライボロジーという分野の特徴のしからしむるところ，機械，化学，材料等，関わっている人たちの出身分野が多岐にわたっていることに加え，実際問題とのつながりが強く，いろんな現場の用語が入り交じって使われているために，同じ現象・手法などにいくつもの呼び方がある場合が少なくない．自分が使っている用語をそのまま使いたいと思うのが人情だから，学会という立場でそれを統一しようとすると必然的に衝突が起こったのであって，その妥協の産物だったのである．

一つにはそういう衝突が予想されたために，“トライボロジー辞典”は用語の統一・制定を意図せず，見出し語の選定に当たっては“関連する学術用語集に準拠しつつもそれぞれの分野での慣用を重視し，どの語からでも引けるようにするという，まことにだらしない方針を意識的に採用”したのである[62)]．57個の“ナントカ潤滑”は，まさにその結果であったのだ．

そのような方針をとった理由は，もう一つある．用語集とかハンドブックの編集はリーダー・オリエンテッド，利用者の立場によるべきだというのが，編集委員長を務めた筆者の考えなのだ．

この手の本を企画すると“いやしくも学会の出版物であるからには，学問上の重要性から内容を選定し，体系立てた書物にすべきである”という主張が，学者先生から必ず出る．これはオーサー・オリエンテッドというべき考え方であって，その裏には，自分の分野の量を増やしたいとか，自説を宣伝したいとかいう魂胆があり，そういう主張が通ると，往々にして出来損ないの教科書みたいなものになってしまう．利用者にしてみれば，コンビニのつもりで入ったのに長々と商品の説明を始められたようなもので，“いいから，早くレジ打ってよ”と言いたくなるだろう．

そもそも辞典やハンドブックの類を通読しようというのは，よほどの変人に限られるだろう．ふつうの読者，というより利用者は，ある言葉なりある現象についての知識を得たいと思ったときにその項目を探すのである．いわばファースト エイドがその役目なのだ．だから“この本には何を書くべきか”ではなく，“何を求めて利用者がこの本を開くか”を考えて編集すべきだと思う．

6.2 “ナントカ潤滑”の分類

さて本題に戻って，“ナントカ潤滑”を整理してみよう．

先ほど書いたように，同じものを別の言葉で呼んでいる場合がいくつかあるので，まずそれら同義語および同義であると思われる用語を括弧でくくり，代表する用語の後に書くことにする．“エアオイル潤滑”の項目に“オイルエア潤滑を見よ”と書いてあるような例は別として，“いや，違うんだ”とがんばる人がいるかも知れないが，これは辞典の編集委員長としてではなく，この本の筆者としての独断である．その上で，ネーミングの仕方によって，これも筆者の独断で分類すると，**表6.1**のようになる．

以下，もっぱら潤滑のメカニズムに関わる部分に限ってお話ししたいと思うのだが，表6.1の“メカニズムによるネーミング”に分類した用語もまた，同列に扱うべきものばかりではない．他の用語の一部を意味する用語というのが結構あって，その関係は，**図6.1**のように書ける．誤解のないようにお断りしておくが，これはトライボロジー辞典の“ナントカ潤滑”という見出し語を分類すればこうなるという話で，このような定義で用語を規定すべきだと主張するわけではない．

ここで図6.1について，二，三説明を加えておこう．

表 6.1　“ナントカ潤滑” 一覧

分類	ナントカ潤滑
潤滑剤の種類によるネーミング	海水潤滑，ガラス潤滑，気体潤滑（ガス潤滑），グリース潤滑，固体潤滑（乾燥潤滑），ニート油潤滑，プロセス流体潤滑
潤滑剤の供給方法によるネーミング	アンダーレース潤滑，オイルエア潤滑（エアオイル潤滑），オイルジェット潤滑（ジェット潤滑，吹付け潤滑），オイルリング潤滑，強制潤滑，機力潤滑，循環潤滑，滴下潤滑，手差し潤滑，パッド潤滑，はねかけ潤滑（かき上げ潤滑），封入潤滑，噴霧潤滑（オイルミスト潤滑，ミスト潤滑），分離潤滑，油浴潤滑
潤滑のメカニズムによるネーミング	境界潤滑，混合潤滑（薄膜（うすまく）潤滑，薄膜（はくまく）潤滑，不完全潤滑），静圧潤滑（静圧流体潤滑），塑性流体潤滑，弾性流体潤滑（EHD 潤滑），弾塑性流体潤滑，動圧潤滑（動水力学的潤滑，粘性的流体潤滑），熱弾性流体潤滑，薄膜気体潤滑，微視的塑性流体潤滑，部分弾性流体潤滑，流体潤滑（厚膜潤滑，完全潤滑）
潤滑する対象によるネーミング	圧延潤滑，開放歯車潤滑
その他のネーミング	域差潤滑，極圧潤滑，枯渇潤滑，無潤滑

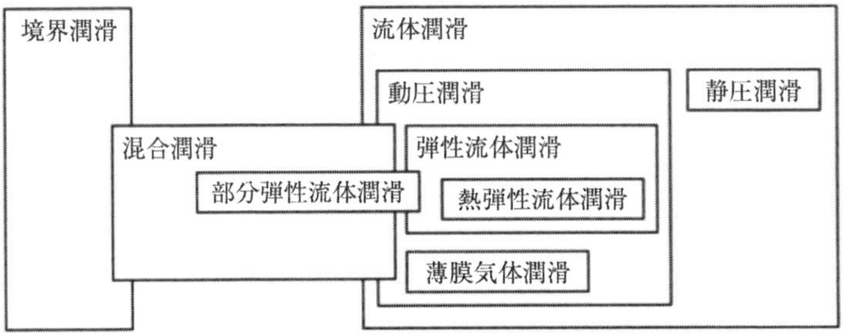

図 6.1　潤滑のメカニズムの入れ子構造

まず潤滑の基本的なメカニズムは，流体潤滑と境界潤滑の 2 種類である．手っ取り早くいうと，摩擦面の間に流体膜を介在させてその膜に発生する圧力で荷重を支えるのが流体潤滑であり，固体間の接触部で荷重を支え，その接触部の摩擦を調整し，表面の損傷を軽減するのが境界潤滑である．そしてこれら 2 つの潤滑のメカニズムが混在する状態，それが混合潤滑である．

ここからが 図 6.1 の “入れ子構造” になるのだが， 流体潤滑は圧力を発生する仕組みによって 2 つに大別され，摩擦面の形状と相対運動によって圧力を発生するのが動圧潤滑，外から加圧した流体を摩擦面間に押し込むのが静圧潤滑である．もっともこれらには，動圧流体潤滑，静圧流体潤滑という呼び方もあって，この本では場合によってそちらを使わせていただく．

動圧潤滑の中で，摩擦面の固体の弾性変形が大きな役割を演ずる場合が弾性流体潤滑なのだが，ふつうこの用語は Hertz 接触の場合に使われ，弾性変形に加えて高い圧力によって桁違いに大きくなる流体の粘性の変化が重要になる．第 9 章でお話しする Stribeck 曲線において，流体潤滑と混合潤滑の間に弾性流体潤滑を置いている例があるが，それは誤りで，弾性流体潤滑は流体潤滑の一部に位置づけるべきものだと思う．また，部分弾性流体潤滑という用語が使われることがあるが，これは弾性流体潤滑の場合における混合潤滑のことである．熱弾性流体潤滑というのは，流体膜内における温度の変化と，それによる粘度の変化を考慮した弾性流体潤滑理論につけられた名称である．似て非なる命名で“辞典”には見当たらないが，熱流体潤滑という用語もある．

その弾性流体潤滑に対応するように，表 6.1 には塑性流体潤滑，弾塑性流体潤滑，さらに微視的塑性流体潤滑という用語があるが，これらは事実上塑性加工における工具と材料の間の潤滑のみに使われているので，図 6.1 には含めていない．また薄膜気体潤滑は特殊なネーミングで，薄膜潤滑とは意味が異なり，気体の潤滑膜が極度に薄くなって，もはや粘性流体という連続体としては取り扱えない領域の流体潤滑を指す．

6.3　流体潤滑と境界潤滑

さてその流体潤滑と境界潤滑だが，流体潤滑が明快に定義されるのに対し，境界潤滑の方はやや明快さを欠いている．その原因は，これらの用語の起源に遡る．

ずいぶん前に日本機械学会誌に展望[65]を書いたとき，Dowson 先生の本 History of Tribology にある流体潤滑の研究の年表[66]に，境界潤滑の部分を付け加えて比較したことがあるが，二つの潤滑形態の対比がもうすこし分かりやすいように書き直した，**図 6.2** をご覧いただきたい．

人類がはじめて潤滑作用を認識したのは，べとべとするものを摩擦面に塗るとすべりやすくなる，というようなことだったろうから，いまの理解で言えば境界潤滑に相当したものだったに違いない．にもかかわらず，研究が進んだの

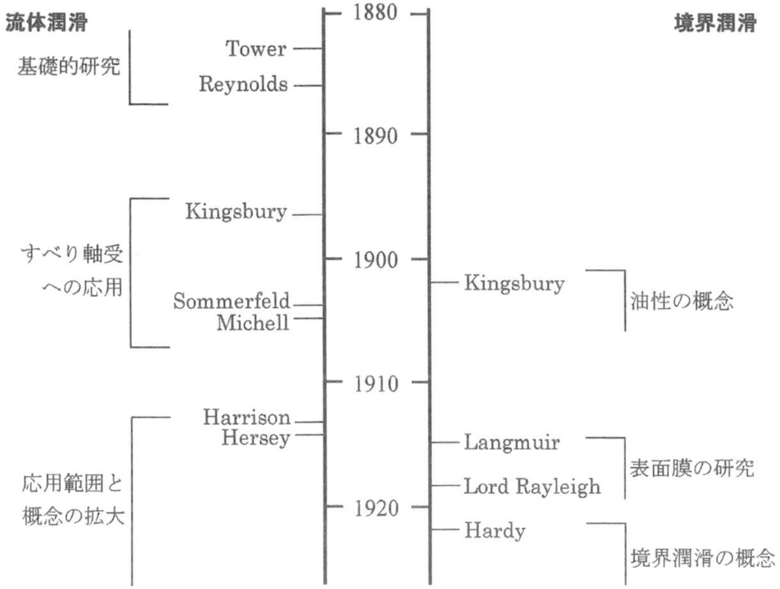

図 6.2　潤滑に関する初期の研究〔文献 65), 66) の図をもとに作成〕

は流体潤滑が先だったというのは，考えてみると不思議な話である．

1883 年に，Tower が部分ジャーナル軸受の実験で油膜に圧力が発生することを見出し，それがきっかけとなって 1886 年，Reynolds が流体潤滑の原理を独りで明らかにしてしまった[67]というのは，ご存じの方が多いだろう．その結果を Sommerfeld がジャーナル軸受に適用し，Kingsbury と Michell がその原理を意識的に利用してスラスト軸受を発明した… と，こちらは研究成果を積み重ねて順調に発展した．

ところが境界潤滑の方は，そう簡単には進まなかったようである．1900 年代初頭の，Kingsbury による非流体力学的潤滑作用，いわゆる油性の認識あたりが近代的な研究の始まりらしい．そして境界潤滑という言葉が登場したのは，1922 年のことであった．まさに“boundary lubrication”と題した論文[68]で，Hardy らはこの言葉をはじめて使い，流体潤滑以外の潤滑状態として境界潤滑の概念を提唱したのである．

以下の 4 章で，これら潤滑のメカニズムを考えることにしよう．

第7章　流体潤滑について

7.1　なぜ流体潤滑なのか

流体潤滑は完全潤滑と呼ばれたこともあり，実用上できれば流体潤滑にしたいという場合が多い．ではなぜ，流体潤滑なのか．

第3章の摩擦のところで，摩擦係数を0.01以下にしたければ流体潤滑にしなくてはならないと書いた．これも3.4節で紹介した“超潤滑”を別にすると，一般論はそのとおりであり，それが“流体潤滑にしたい”という理由であることは間違いない．しかしその前に，摩擦係数とも関係するのだが，そもそも流体潤滑でなければ運転できないという場合があるのだ．

まず**図7.1**，ジャーナル軸受の運転限界を示した図をお目にかけよう．“ジャーナル軸受”というとふつうはすべり軸受を指すが，この図では軸に垂直な荷重を支える軸受一般の意味で，ころがり軸受も含めている．オリジナルは1973年に出版されたTribology Handbookに掲載されている線図で，その後2分冊にして20年後にイギリス機械学会版として出版されたものに同じ図が載っており[69]，図7.1はその図を筆者が若干間引いたものである．オリジナル以降の軸受の設計，材料，潤滑剤の進歩などによって限界は変わっているはずだが，使用環境，要求性能などによる違いもあるはずで，そのへんには目くじらを立てないでいただきたい．

原図[69]はもっと複雑だが，図7.1は直径 d = 5, 50, 500 mmの軸を支えるいろいろな方式のジャーナル軸受の運転限界を，回転速度と荷重を両軸にとったグラフ上で比較していて，軸受の種類によって限界を示す線の形態が違っているところが要点である．まず固体潤滑軸受の破線を見ると，低速では荷重一定の限界があり，これは軸受の強度によるものである．ある速度以上になると摩

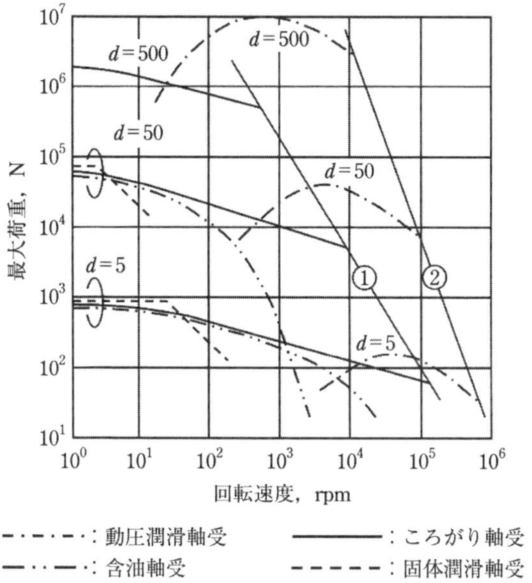

① 市販の ころがり軸受の限界，② 鋼製軸の遠心力による破壊限界
直径 d (mm) のジャーナル/ラジアル軸受．ころがり軸受を除き軸受幅は軸径と同じ．中粘度の鉱油系潤滑油を使用，寿命 10 000 時間を想定．

図 7.1　ジャーナル軸受の運転限界〔文献 69) の図を筆者が簡略化〕

耗による寿命で限界がきまることになって，45° 右下がりの直線になる．二点鎖線で示してある含油軸受の限界は，強度，温度上昇，潤滑油の劣化または枯渇によってきまるとしているが，その関係はいささかあいまいで，連続した曲線で表されている．ころがり軸受の限界を示す実線は ころがり疲れ寿命を考えたもので，静定格荷重と動定格荷重による限界を，これも曲線でつないである．

これらと一線を画すのが，一点鎖線で示した動圧潤滑軸受，すなわち潤滑油の動圧流体潤滑によって荷重を支える軸受である．ここでは横軸にとった回転速度において流体膜の最小膜厚がある一定値になる荷重を限界としているようで，流体膜の最小膜厚は速度が高くなるほど大きくなるから，限界となる荷重は，低速では他の軸受を下回っているものの速度の上昇と共に大きくなり，やがて温度上昇による粘度の低下の影響が現れて頭打ちから減少に転じるが，軸が遠心力によって破壊するまで大きく右に張り出している．このように右上の方，高速高荷重には，流体潤滑でなければ運転できないという領域が存在するのであって，ここに流体潤滑の真骨頂があるのだ．

もっとも ころがり軸受だって，多くは弾性流体潤滑状態，すなわち動圧潤滑によって回っているのだけれど，その話は章を改めてすることにしよう．

7.2　Reynoldsの論文

前章でふれたが，動圧流体潤滑理論の基礎は，1886年，Osborne Reynolds が Philosophical Transactions of the Royal Society of London に掲載した1篇の論文[67] ででき上がってしまった．その論文で導かれた "Reynolds 方程式" は，流体潤滑の基礎式として現在でも使われている場合が多いし，以下に挙げる仮定を適用対象に応じて取り除いた理論展開の基礎にもなっているのだ．

そういう画期的な論文ではあるけれど，書きっぷりの評判はよろしくない．まず表題からして "流体潤滑の理論とその Beauchamp Tower 氏の実験への適用 ── オリーブ油の粘度の測定を含む" と，英語で23語もあって，インペリアルカレッジにいた 故 Cameron 先生にいわせると，"全くこれはいらいらする論文である．だいたい 80 ページほどもあって長ったらしい上に，やたら誤植がある[70]" とこてんぱんなのだ．

それはともかく，流体潤滑理論は流体力学の一つの分野であり，流体力学も力学の一分野だから，その基礎は "質点の運動量の時間的変化割合は，それに加わる力に等しい" という，Newton の第二法則である．その法則を表すのが運動方程式であって，質点の代わりに流体の小さな体積を考え，粘性をもつ流体の流れに適用したものを粘性流体の運動方程式, Navier - Stokes の方程式と呼んでいる．Reynolds もそこから出発しているのだが，微分の記法も現在のものとは違うし，Cameron 先生の言うとおり誤植もあるので，以下数式は筆者の流儀になおして Reynolds の考えをたどってみよう．

最初に，① 流体は，せん断応力が せん断速度に比例する Newton 流体である，② 流体は非圧縮性である，③ 流れは渦のない層流である，という3つの仮定を置く．そうすると，直角座標における x, y, z 方向の Navier - Stokes の方程式が次のように書ける．眺めていただくだけで結構だが，Reynolds はわざわざ“粘性流体の内部の運動方程式”と断っていて，それに意味があることが後で分かる．

$$\rho\left(\frac{\partial u}{\partial t}+u\frac{\partial u}{\partial x}+v\frac{\partial u}{\partial y}+w\frac{\partial u}{\partial z}\right)$$
$$=X-\frac{\partial p}{\partial x}+\eta\left(\frac{\partial^2 u}{\partial x^2}+\frac{\partial^2 u}{\partial y^2}+\frac{\partial^2 u}{\partial z^2}\right)+\frac{1}{3}\frac{\partial}{\partial x}\eta\left(\frac{\partial u}{\partial x}+\frac{\partial v}{\partial y}+\frac{\partial w}{\partial z}\right) \tag{7.1}$$

$$\rho\left(\frac{\partial v}{\partial t}+u\frac{\partial v}{\partial x}+v\frac{\partial v}{\partial y}+w\frac{\partial v}{\partial z}\right)$$
$$=Y-\frac{\partial p}{\partial y}+\eta\left(\frac{\partial^2 v}{\partial x^2}+\frac{\partial^2 v}{\partial y^2}+\frac{\partial^2 v}{\partial z^2}\right)+\frac{1}{3}\frac{\partial}{\partial y}\eta\left(\frac{\partial u}{\partial x}+\frac{\partial v}{\partial y}+\frac{\partial w}{\partial z}\right) \tag{7.2}$$

$$\rho\left(\frac{\partial w}{\partial t}+u\frac{\partial w}{\partial x}+v\frac{\partial w}{\partial y}+w\frac{\partial w}{\partial z}\right)$$
$$=Z-\frac{\partial p}{\partial z}+\eta\left(\frac{\partial^2 w}{\partial x^2}+\frac{\partial^2 w}{\partial y^2}+\frac{\partial^2 w}{\partial z^2}\right)+\frac{1}{3}\frac{\partial}{\partial z}\eta\left(\frac{\partial u}{\partial x}+\frac{\partial v}{\partial y}+\frac{\partial w}{\partial z}\right) \tag{7.3}$$

ここで，ρ は流体の密度，u, v, w は x, y, z 方向の速度，t は時間，X, Y, Z は体積力の x, y, z 方向の成分，p が圧力で η が粘度である．

運動方程式にもう一つ，物質不滅の原理を表す連続方程式

$$\frac{\partial u}{\partial x}+\frac{\partial v}{\partial y}+\frac{\partial w}{\partial z}=0 \tag{7.4}$$

を加えた4つの式が理論の出発点であって，ここまでは流体力学のふつうの手法である．

7.3　座標系の好み

ちょっと脱線して，どうでもいいような話だが座標系の取り方についてふれておきたい．

流体潤滑が対象とするのは摩擦面の すきまの薄い流体膜だが，その一部をのぞきこんだところが **図7.2** である．具体的なイメージとして，たとえば円筒形

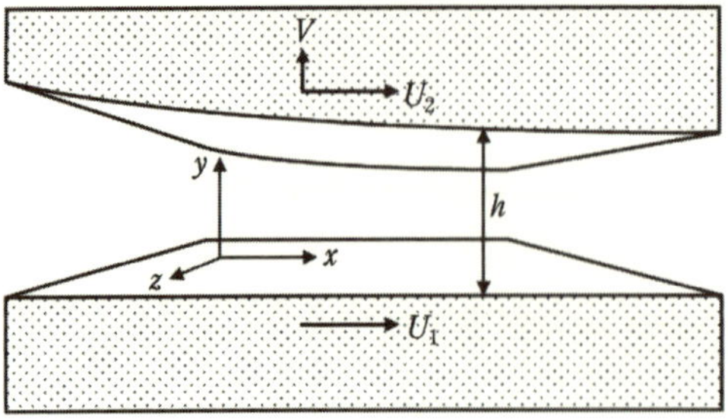

図 7.2　摩擦面のすきま

のジャーナル軸受を思い浮かべていただこう．軸の面を水平に展開したのが図の下側の面で，軸の回転によるその表面の移動方向に x 軸をとる．ここまでは一般的なのだが，膜厚の方向に y 軸をとる流儀と z 軸をとる流儀があるのだ．

図 7.2 は Reynolds に倣って膜厚の方向に y 軸をとっているが，手許の文献を調べてみた限りでは，曾田範宗先生や流体潤滑の専門家である堀 幸夫先生はこの流儀のようである．それに対して先ほどふれた Cameron 先生，弾性流体潤滑理論をまとめ上げられた Dowson 先生，九州大学におられた平野冨士夫先生などは，どうやら膜厚の方向に z 軸をとるのがお好みであるらしい．トライボロジー ハンドブックは，Reynolds 方程式を導くところでは Reynolds 流，弾性流体潤滑のところでは Dowson 流になっていて，統一がとれていない[31)]．ま，統一する必要はないかも知れないけれど．

堀先生にこの選択の理由をお尋ねしたところ，“まず2次元で考えるからね”．それはそうだろうと想像がつく．軸も軸受も無限に長く，軸の方向には現象が変化しないと仮定して，軸に垂直な面内で考える無限幅近似というのがあり，そうすると問題は2次元だから座標軸は2つ，したがってそれらを x 軸と y 軸にするのは自然だというわけだ．それに対し，最初から3次元の問題として取り組めば，まず軸の表面に x, y 軸をとり，それに垂直に z 軸をとるという方が自然だろう．

Reynolds はあっけらかんと，“x は一方の面上で相対運動の方向に測った距離，z は同じ面上で相対運動に垂直に測った距離，y は任意の位置で表面に直角に測った距離” と書いているが，挿絵はまさにその x-y 断面を描いたものがほとんどで，大先生も “まず二次元でやってみるか” なんて考えたのだとすると，何となく親近感が湧く．

7.4 Reynolds の天才

本題に戻ろう.

先ほど書いたように，式 (7.1)～(7.4) から出発するというのは流体力学のふつうの手法なのだが，Navier-Stokes の方程式を解析的に解くのは大変で，解の得られる問題は限られているらしい．そこで Reynolds は，きわめて有効な仮定をおいた．対象とするのが薄い すきまの中の流体で，激しい せん断を受けるから，粘性力との比較で ④ 流体の慣性力を無視し，⑤ 重力のように体積や質量に比例する体積力を無視してしまう．また x, z 方向に比べて y 方向の寸法がずっと小さいから，⑥ 圧力については y 方向の変化を無視し，逆に ⑦ 粘性力を支配する速度勾配 ——これは先の せん断速度と同じものだが—— については，x, z 方向の勾配を無視して y 方向の勾配のみを考える．さらに ⑧ 粘度 η は，“ほぼ” と書いてはあるが一定と仮定する．これだけの仮定をおいて 36 項のうち 31 項を切り捨て，さしもの Navier-Stokes の方程式 (7.1)～(7.3) を

$$0 = -\frac{\partial p}{\partial x} + \eta \frac{\partial^2 u}{\partial y^2} \tag{7.1'}$$

$$0 = \eta \frac{\partial^2 v}{\partial y^2} \tag{7.2'}$$

$$0 = -\frac{\partial p}{\partial z} + \eta \frac{\partial^2 w}{\partial y^2} \tag{7.3'}$$

の 3 つにしてしまったのだ．これを天才といわずして何といおうか.

さて次のステップではもう 1 つ，⑨ 固体との界面において流体は固体表面と同じ速度をもつという仮定をおく．それを境界条件として式 (7.1′)～(7.3′) をそれぞれ膜厚方向に 2 回積分すると，圧力勾配 $(\partial p/\partial x)$, $(\partial p/\partial z)$ を含んだままで速度 u, v, w の分布が得られ，それらを連続方程式 (7.4) に代入して再び y 方向に積分すると，次の式が出てくる.

$$\frac{\partial}{\partial x}\left(h^3\frac{\partial p}{\partial x}\right)+\frac{\partial}{\partial z}\left(h^3\frac{\partial p}{\partial z}\right)=6\,\eta\left(U_1-U_2\right)\frac{\partial h}{\partial x}+6\,\eta\, h\frac{\partial}{\partial x}\left(U_1+U_2\right)+12\,\eta\, V \tag{7.5}$$

Reynolds は独りでここまでやってしまったのであって，この 式 (7.5) が Reynolds 方程式と呼ばれているものである．

Reynolds 方程式を解くというのは，⑩ すきまの形状すなわち膜厚 h が x, z の関数として与えられるという，これも仮定をもう 1 つおき，表面の速度 U_1, U_2, V を既知として圧力 p の分布を求めるという作業である．簡単な式になったとはいうものの，当初対象としたジャーナル軸受などの圧力分布を解析的に求めるのは大変で，さすがの Reynolds 先生も苦労していたし，先ほどの無限幅軸受近似など，いくつかの近似解法が工夫されたりもした．ところが大型計算機が使えるようになって事情が変わり，対象の如何を問わず数値解が容易に得られるようになって，Reynolds 方程式を解くのは日常的な作業になったといえるだろう．

こうして得られた圧力分布に釣り合う外力として，流体膜が支える荷重が得られることになる．しかし設計上のニーズは逆で，ある荷重・速度で運転するときにどのような流体膜が形成されるかを知りたい，というのが第一の関心事だろうから，もうワンステップ，作業が必要になるわけだ．

一方，摩擦はどうなるのか．流体潤滑における摩擦の原因は粘性をもつ流体の せん断抵抗であり，流体膜と軸，軸受などとの界面における粘度と せん断速度あるいは速度勾配の積，$\eta(\partial u/\partial y)$ で与えられる．第 3 章の 図 3.1 で概略を示したように，流体潤滑における摩擦係数は境界潤滑における値よりも一般に小さいが，摩擦面の相対速度の上昇につれて増加する．ただし相対速度が変われば膜厚も変わるし，高速では流体膜の温度上昇の影響も考えなくてはならないので，実際の計算は結構面倒くさい．

7.5　ジャーナル軸受の流体潤滑

流体潤滑状態を前提とする代表的な摩擦面に，ジャーナル軸受がある．図 7.1 では，動圧潤滑軸受として分類されていた すべり軸受である．少々教科書風に

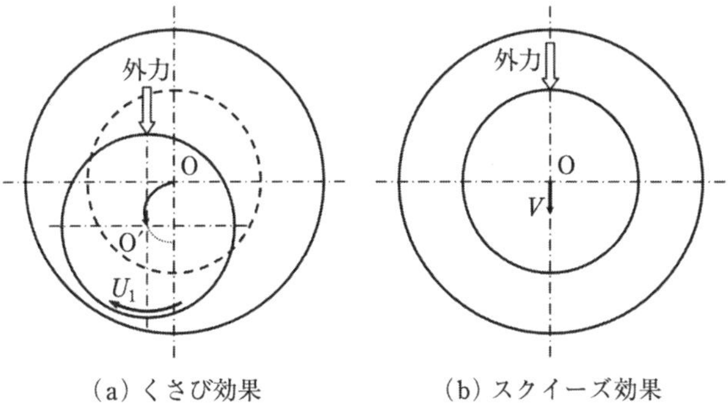

図 7.3 ジャーナル軸受における圧力の発生

なるが，Reynolds 方程式のジャーナル軸受への適用について，ざっとお話ししておこう.

ジャーナル軸受の原理は，円筒形の軸を円筒形の軸受で支えるという，単純明快なものである．そのモデルとして表面の平滑な円筒形の軸と軸受を想定すると，流体膜に圧力を発生させるメカニズムは，**図 7.3** の 2 つに分けられる．図の大きい方の円が軸受，小さい方の円が軸だが，実際の軸受では，軸と軸受の半径差すなわち半径すきま C は軸の半径の千分の 1 のオーダーでしかないから，図ではすきまを誇張してある.

まずくさび効果 (a) は，軸受の中で軸が偏心して回転することにより，図 7.3 でいうと右上から時計回りに左下へ，軸の回転方向に沿って膜厚が減少して行く半周の部分で，流体が粘性によって引きずり込まれることにより圧力が発生するという効果である．では残りの半周ではどうなるかというと，膜厚が最小になる位置を対称の中心として，同じ大きさのマイナスの圧力が発生するというのが Reynolds 方程式から導かれる結論である．しかし実際の軸受は幅が有限だから，流体として潤滑油などの液体を使った場合には，両端から周囲の空気が入ってきて流体膜が破断し，圧力はほぼ大気圧になる．そこで，この部分では Reynolds 方程式の解を使わないことにして，圧力を大気圧に等しいと仮定してしまうのが一般的な解析方法であり，そうするとプラスの圧力の合力が外力と釣り合うというわけだ.

ところがその釣り合いかたが，いささか奇妙なのだ．すなわち図の (a) のように上から軸に荷重を加えると，軸はまず横方向にずれる．人間にも押した方向とは違う向きに動くのが時々いるが，荷重をさらに大きくして行くと軸は気を取り直し，軸心 O′ はほぼ半円を描く形で下の方へ移動する．軸受の中心 O と軸心 O′ との距離と半径すきまの比を偏心率というが，荷重の増加にともなって偏心率は 0 から 1 に近づく．

一方 スクイーズ効果 (b) の方はもっと単純で，軸心が速度 V で移動すると，それによって すきまが小さくなる部分，図の (b) の例では下半周で，押し出される流体の粘性による抵抗のために圧力が発生するという効果であり，その結果こちらは外力の方向に軸心が移動することになる．スクイーズ効果にも，残りの半周では理論上マイナスの圧力が発生するという問題があって，計算では同様に大気圧で置き換えてしまうのがふつうである．もっとも，一般には くさび効果とスクイーズ効果が同時に働く場合が多いから，それらを重ねた上で，マイナスの圧力を大気圧に置き換えることになるわけだ．

いうまでもないが，軸が停止するといずれの効果も働かないから，動圧流体潤滑は不可能になる．

くさび効果によって支持できる荷重は偏心率が大きいほど大きいから，力学的な見方をすると流体膜は ばねに相当し，スクイーズ効果が支持する荷重は偏心速度が高いほど大きくなって，こちらはダンパーに相当する．ただし，くさび効果における偏心の方向もそうだが，どちらの効果もその支持する荷重が偏心率あるいは偏心速度に比例するというような単純な関係ではないから，力学系としての取り扱いはすこぶる面倒になる．

7.6　2種類のジャーナル軸受

先ほど，ジャーナル軸受の原理は円筒形の軸を円筒形の軸受で支える単純明快なものだと書いたが，それは原理の話であって，実際の軸受はそう単純なものではない．先端的なジャーナル軸受の代表例として，火力発電設備の大型・高速軸受と，乗用車のエンジンの高負荷軸受を次に紹介しよう．これら 2 種類の軸受の概要を **表 7.1** に示すが，一口にジャーナル軸受といっても，全然違ったものであることがお分かりいただけるだろう．

まず 表 7.1 の上半は，これら 2 種類のジャーナル軸受の数値の比較で，いず

表 7.1　2種類のジャーナル軸受の比較

使用機器	火力発電設備	乗用車のエンジン
軸の直径	～610 mm	～75 mm
軸の周速	～120 m/s	～23 m/s
面圧	～2.2 MPa	～90 MPa
PV 値	～250 MPa･m/s	～1 270 MPa･m/s
荷重・速度	共に一定	共に変動
運転者	プロ	大半がアマ
運転状態	一定の指定値	変動かつ指定不能
起動・停止	たかだか1日1回	頻繁

れも概略の最大値である．

ここでいう火力発電設備は，第1章の 図 1.1 に一例を示した，蒸気タービンによって発電機を駆動する設備である．景気の低迷やエネルギー節減などのためにどんどん大型化する状況にはないようだが，1基の発電容量が 1 000 MW 以上，30 万世帯分ほどの電力をまかなう大型の発電設備が稼働している．これだけの機械になると軸受も巨大で，軸径が 600 mm を超えるものがあり，それが 3 000 rpm あるいは 3 600 rpm で回っているから，周速は時速 400 km 以上，新幹線の最高速度を超えている．1 mm にも満たないすきまを隔ててこれだけの速度差が存在するというのが，この種の軸受の最大の特徴である．その反面，面圧の方は数 MPa であり，面圧に軸周速を掛けた軸受の負荷を示す PV 値も比較的低い．というより，この程度の PV 値に抑えなければもたないのだろう．

一方，一般にエンジン軸受と呼ばれるのは，エンジンブロックがクランクシャフトを支える主軸受と，クランクシャフトとコンロッド大端部を結ぶクランクピン軸受である．乗用車用のガソリンエンジンの軸受は比較的小さなもので，軸径 40～55 mm というのがふつうであり，大きくても 75 mm といったところである．ガソリンエンジンの技術は，1970 年の Muskie 法，2 度の石油危機，1978 年の排ガス規制などを契機に，それまでの高出力化から燃費の向上，環境対応に大きく舵を切った．しかし高出力化が顕著でなくなったと言っても，燃費向上を目指した自動車自体の小型・軽量化はエンジン軸受の小型化を要求し，元大同メタルの丹羽小三郎氏が排気量 1.5 l のエンジンについて調べたところでは，軸受単位面積あたりのエンジン出力が，1960～2000 年の 40 年間にほぼ 5

倍に増加している[71]．その結果 現在では，軸の周速はほどほどだけれど，変動する面圧の最大値が 90 MPa，PV 値が 1 270 MPa･m / s に達するものが現れている．

このように数値の違いに加えて 表 7.1 の下半，運転条件等の違いにも注目していただきたい．

まず発電設備の軸受が，速度も荷重もサイクリックな変動がない静荷重軸受であるのに対し，エンジン軸受は荷重の大きさと方向が毎分数百～数千サイクルの変動を繰り返す動荷重軸受である．そして運転をする人たちが，発電設備ではトレーニングを受けたプロに限られるのに対し，エンジンの方はアマチュアが大半を占める．また運転状態も，発電設備は指定された一定状態に保つことが至上命令であるのに対し，乗用車は運転者の自由意志によるというのが存在理由であり，指定することもできない．さらに発電設備の方は，電力需要の変動に対応して起動・停止をするにしてもたかだか 1 日 1 回で，発電をしていない夜中もゆっくり回していることが多いようだし，起動に当たっては静圧流体潤滑の支援を受けたりするから，軸受はほぼその全生涯にわたって流体潤滑の恩恵に浴することが可能である．それに対し乗用車のエンジンは起動・停止が頻繁であり，特に最近ではアイドリング ストップだとかハイブリッドの採用などのために停止の頻度が高くなっていて，そのたびに軸受は動圧流体潤滑が不可能な領域を通過しなくてはならず，トライボロジーにとっては厳しい状態になっている．

これだけの違いがあるので，いずれも流体潤滑で運転されることを前提としてはいるものの，これら 2 種類の軸受の技術開発の方向とそれを支える流体潤滑理論の展開は，まったく様相を異にしている．そういう事情があってか，研究者の興味もいずれかに偏っていて，少ない人的資源の有効利用を考えると，はなはだもったいないように思う．次節以下で，そのへんを少し詳しく見てみよう．

7.7　高速回転機の軸受について

火力発電設備のような高速回転機の軸受について，流体潤滑理論はどのように展開されてきたのだろうか．

高速になると，慣性力が粘性力よりも大きくなってしまうので，Reynoldsのおいた仮定③が成り立たなくなり，流れが層流から乱流に遷移することがある．そこで流体潤滑理論が乱流域に拡張され，乱流潤滑理論が展開された．実をいうと，川の流れにしてもトイレで経験する流れにしても，ふつう われわれが目にするほとんどの流れは乱流なのであって，東工大におられた故 青木 弘先生に言わせれば，“潤滑膜の流れは，膜の厚さが非常に薄く，流速も十分遅かったがために，むしろまれな層流の例[72]”だというのが本当のところらしい．

では乱流になると何が変わるのか．簡単に言えば，同じ流体を用いても見かけ上粘度が増加するのである．その結果 摩擦損失が増大し，流量は層流の場合に比べて減少するので，温度上昇が著しくなる半面，同じ偏心率で支持できる荷重は大きくなる[72]というわけだ．支持する荷重の増加だけは結構な話だが，その他はあんまりありがたくない．

まず摩擦だが，先ほど紹介したクラスの高速軸受では せん断速度がきわめて高いために，軸受1個あたりの摩擦損失が500 kW程度にもなる．これは通勤電車1両分のモーターの出力に匹敵するから，エネルギー節減のためになんとか小さくならんかという要求が強い．

そういう摩擦損失は流体膜の温度を上昇させ，潤滑油の粘度を大幅に下げるから，その影響を把握しておかなくてはならない．そのために開発されたのが，運動方程式にエネルギー方程式を連立させ，流体膜内の温度分布とそれによる粘度分布を組み入れた，熱流体潤滑理論[73]である．温度や粘度が軸受面に沿って変わるだけならそう面倒ではないのだが，膜厚方向の変化を考慮しようとするとたんに計算が複雑になり，さらに軸受が大きいと熱変形や流体膜の圧力による弾性変形の影響が無視できなくなって，計算はますます面倒になる．

もう一つ，軸受で支えられた回転軸の安定性の問題がある．先ほどお話ししたように，力学モデルとしては軸受内の流体膜は ばねとダンパーになるから，それらの特性いかんによっては回転軸が流体膜に起因する自励振動を起こすことがある．オイルウィップ，オイルワールがそれで，何十年も前には，オイルウィップで回転機がふっ飛ぶという大事故が起きたこともあるから，その対策も講じておかなくてはならない．

こういう諸点を考慮して開発された軸受を一つ，**図7.4**[74]にお目にかけてお

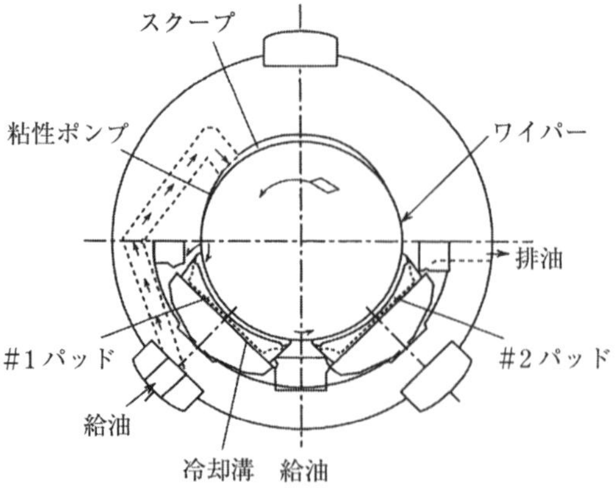

図7.4　2枚パッド軸受[74)]

こう．軸径535 mmという大きなもので，通常は下向きの静荷重を支えているために，上下非対称の構造をとっている．すなわち上半は基本的に円筒形だが，スクープと書いてある部分はすきまを拡げ，摩擦損失を低下させる工夫をしている．一方 下半には，ティルティングパッドを#1と#2の2枚配置してオイルウィップに対する安定性を上げたほか，パッドの裏金に熱伝導率の高い銅合金を用いると共に，パッドの背面に溝を設けて“粘性ポンプ”で潤滑油を強制的に流し，冷却効果を高めている[74)].

原理自体は単純なジャーナル軸受だが，なかなかどうして，デリケートなものである．

7.8　エンジン軸受について

一方 エンジン軸受では，話ががらりと変わる．

考えてみるまでもなく，自動車を走らせるパワーのすべてがクランクピン軸受を流れ，その反力を主軸受が支えているわけだから，表7.1のPV値でも分かるように，エンジン軸受は高負荷軸受の典型である．したがって流体潤滑を前提にしてはじめて成り立つ軸受なのだが，そこでは流体潤滑理論はどのように展開されているのだろうか．

これは第9章で詳しくお話しするが，流体潤滑理論そのものは流体潤滑の限界を予測することができない．ではあるけれど，表面の平滑な軸と軸受について解析を行い，想定される運転条件の下で流体膜の最小膜厚がどのくらいになるかを調べておけば，実物の表面粗さと比較して大体の見当をつけることが可能である．

まずピストンに加わる爆発力，ピストンやコンロッドの慣性力など，軸または軸受に作用する外力を求める．それは大きさ・方向とも時々刻々変化するものだから，前回列挙した仮定をそのまま使って，各瞬間における外力と釣り合う軸心の位置を計算する．こう書くと簡単なようだが，圧力の発生要因の一つにこの章の 7.5 節で述べたスクイーズ効果があるから，これがまた大変な計算になる．

そのようにして計算した，1.5 l，4 サイクル・ガソリンエンジンの，クランクピン軸受の軸心軌跡を一つ **図 7.5**[75] にお目にかけよう．軸径は 40 mm，半径すきま C は 14 μm で，縦・横軸とも C を基準に目盛ってある．軸受は上下に分かれていて，その継ぎ目のあたりですきまを大きくしてあるから，設計上軸心が移動できる範囲はシンバルを重ねたような形になる．その中で，4 サイクルエンジンだから軸の 2 回転中に，軸心は ● 印を結んだような軌跡を描いて動き回るという結果であって，エンジンの最高出力のあたりでは，最小膜厚はわずか 0.4〜0.6 μm になってしまう．

このような設計・運転条件においては，乱流への遷移も起こらないし，流体膜に起因する自励振動も考える必要がない．しかし温度上昇の影響は，いささか微妙である．運転条件や潤滑油によって変わるけれど，おおざっぱな話をすれば，温度が 20℃ 上昇すると潤滑油の粘度はほぼ半分になり，圧力が 50 MPa 上昇すると粘度は 2 倍近くになる．だから温度と圧力の影響はお互いにキャンセルし，どちらか一方だけ考えるよりは両方を無視してしまったほうが，現実に近い結果が得られるようだ．

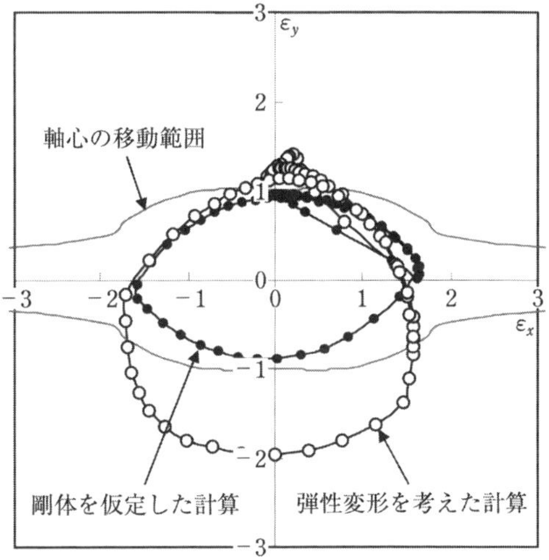

図 7.5　クランクピン軸受の軸心軌跡の例[75]

そういうわけで，話は Reynolds のおいた仮定のままで進むのだが，なにしろ面圧が高くかつコンロッドが軽量設計になっているから，軸受周りの弾性変形の影響が結構大きく，7.4 節の ⑩ 膜厚 h が x, z の関数として与えられるという仮定が使えなくなる．詳細は設計によって大幅に変わるけれど，図 7.5 の ● 印と同じ条件でコンロッドの弾性変形を考慮した計算例を同じ目盛でプロットすると ○ 印のようになり，軸心の移動範囲は弾性変形によって刻々変わるから描いてないが，軸心の軌跡は弾性変形を考慮しなかった ● 印の軌跡とかなり大きく変わっている．ただし軸受幅方向の中央断面の数値で比較すると，図では分からないけれど，最小膜厚自体はわずかに大きくなる程度の違いだが，それに近い膜厚の範囲がかなり広くなる．

なおエンジン軸受には，高い面圧の繰り返しに耐える強度が必要だし，起動・停止時の境界潤滑特性も大事だから，流体潤滑の解析に加えて，材料の開発にかなりの重点がおかれている．

第8章　弾性流体潤滑

8.1　弾性流体潤滑について

Reynoldsに始まった流体潤滑理論の展開としておそらくもっとも華々しかったのは，Dowson先生たちによる弾性流体潤滑理論であったろう．英語ではelastohydrodynamic lubrication，略称EHLが定着したのはご存じのとおりだが，1966年に出版された単行本[76]の表題は“Elasto-hydrodynamic Lubrication”と，elastohydrodynamicを1語にしないでダッシュでつないであるのが，歴史のひとこまとして興味深い．

一言でいうと，EHLとはころがり接触の流体潤滑である．タイヤと路面の接触などは別だけれど，機械要素のころがり接触部には鋼が使われることが多く，その接触部の圧力は通常GPaのオーダーになる．そのような高圧になると，接触部における固体面の弾性変形と流体として使われる潤滑油の粘度の上昇が流体膜の形成に大きな影響を及ぼし，剛体を等粘度の流体で潤滑した場合に比べてはるかに厚い流体膜が形成されるというのが，EHLの大きな特徴である．

そういう流体膜の最小膜厚の違いがよく分かるのがMoes線図[77]と呼ばれるもので，**図8.1**は筆者が少々書き直したものである．筆者の知る限りではMoes自身の論文ではなく，他人の論文に対する誌上討論の中で発表されたという，ちょっと珍しい経緯のものである．ちなみにMoesの発音は，チョコレート ムースなどと同じムースである．

この図は，2次元のころがり接触における流体膜の最小膜厚の変化を，3つの無次元数N_1，N_2，N_3を用いて両対数のチャートに示したものである．縦軸N_1を最小膜厚，横軸N_2を単位幅あたりの荷重，右の方に目盛ってあるパラメタN_3を流体の粘度-圧力係数を表す無次元数として，一定速度で荷重を増した場

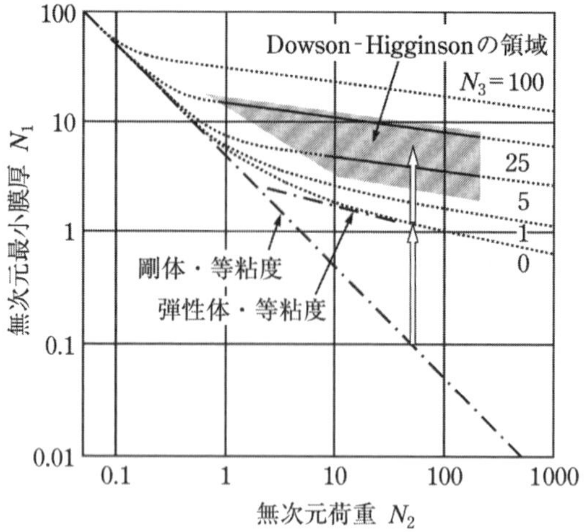

h_{min}：最小膜厚，R：2 面の等価半径，η_0：流体の常圧粘度，U'：2 面の平均速度，E'：2 つの固体の等価弾性係数，w：単位幅あたりの荷重，α：流体の粘度-圧力係数．$N_1 = (h_{min} / R) \cdot \{\eta_0 U' / (E'R)\}^{-1/2}$, $N_2 = \{w / (E'R)\} \cdot \{\eta_0 U' / (E'R)\}^{-1/2}$, $N_3 = (\alpha E') \cdot \{\eta_0 U' / (E'R)\}^{1/4}$.

図 8.1　最小膜厚の比較〔文献 77）にもとづいて作成〕

合の最小膜厚の変化として見るのが，いわばふつうの見方である．

まず 2 本の一点鎖線をご覧いただきたい．左上端から 45° 右下がりの直線が剛体・等粘度を仮定した解で，最小膜厚は単位幅あたりの荷重に反比例するという単純な結果である．その線の途中から分かれている一点鎖線が，等粘度のまま弾性変形のみを取り入れた解であり，剛体・等粘度の解に比べて勾配がずっと小さくなっている．

いま線図の左端から荷重を増やして行くと，荷重がうんと低いところでは流体膜の圧力も低いから，弾性変形も粘度の上昇もたいしたことはなく，最小膜厚は剛体・等粘度の解に沿って減少して行く．そこから分かれて行く点線の曲線群はいったん後回しにすると，荷重の増加につれて弾性変形の影響が現れ始め，無次元荷重 $N_2 = 1 \sim 10$ のあたりで弾性体・等粘度の解に乗り移る．弾性変形のみの影響も結構あって，$N_2 = 50$ あたりで比べると，最小膜厚は剛体・等粘度の解よりほぼ 1 桁大きくなっている．そこに圧力による粘度の上昇の影響を N_3 によって加味した結果がその上の曲線群であって，最小膜厚は弾性体・等粘度の解からさらに 1 桁近く増加するというわけだ.

8.2 Dowson-Higginson の理論

EHL は，トライボロジストなら誰でも知っている．というより，EHL の解析の詳細は知らないが，Dowson-Higginson の式，あるいは最初の発表後に加えられた小修正を意識して Dowson の修正式と呼ばれる，2 次元すなわち線接触の EHL の最小膜厚を与える式

$$h_{\min} / R = 2.65\, G^{0.54}\, U^{0.7}\, W^{-0.13} \tag{8.1}$$

なら知っているというのが正確なところだろう．以下 量記号は，$h_{\min}$ が最小膜厚，R が 2 面の等価半径であり，G, U, W はそれぞれ材料パラメタ，速度パラメタ，荷重パラメタと呼ばれ，図 8.1 にも顔を出している無次元数で，次のように定義されている.

$$G = \alpha E', \quad U = \eta_0 U' / (E' R), \quad W = w / (E' R)$$

ここで，α は流体の粘度-圧力係数，E' は二つの固体の等価弾性係数，η_0 は流体の常圧粘度，U' は 2 面の平均速度，w は単位幅あたりの荷重である.

これらのパラメタの典型的な値として，Dowson 先生たちは次のような例を挙げている[76]．鋼を鉱油で潤滑した場合：$G = 5\,000$，青銅を鉱油で潤滑した場合：$G = 2\,500$，等価半径 25.4 mm，周速 30 cm / s の ころがり接触部に粘度 1 Pa·s の潤滑油を用いた場合：$U = 10^{-11}$，材料が鋼で最大 Hertz 圧が 0.46 GPa の場合：$W = 3 \times 10^{-5}$，1.54 GPa の場合：$W = 3 \times 10^{-4}$.

式 (8.1) が広く使われているのは，何といってもその簡単さのためであるが，そこには Dowson 先生たちの，実用性への強い志向が読み取れる．いちいち数値計算をするとなれば， こうも気軽に EHL 理論を使うことはできなかったに違いない.

膜厚を求めるための基本式は，7.4 節の仮定 ⑧ を取り除いて圧力による粘度の変化を組み込んだ Reynolds 方程式と，局所的な弾性変形の式である．しかしそれらを連立して解こうとすると，通常の数値解法ではなかなかうまく収束してくれないらしい．そこで Dowson 先生たちは，部分部分でまともに解いたり逆問題として解いたり，手練手管を尽くして通常使われる領域における数値解を求め，その結果に適合するように近似式 (8.1) を作ったのである[76]．このよ

うな手法の然らしむるところ，近似式が十分な精度をもつ範囲は当然限られることになり，それが 図 8.1 に灰色で示した領域というわけだ．通常使われる領域を見定め，その領域で実用上十分な精度をもつ式を導いたところに，Dowson 先生たちのすごさがあると思う．

式 (8.1) の簡単さにはもう一つ，等価半径 R による接触面形状の一般化が，大きな役割を果たしていると思う．前章でお話ししたように，Reynolds の流体潤滑理論は慣性力も体積力も無視しているから，2 次元の流体膜の形状として問題になるのは，固体面の運動の方向 x にそった膜厚 h の変化だけである．だから，ころがり接触をする 2 つの面は両方とも曲率をもっているのがふつうだけれど，一方を平面に置き換え，他方を x 軸に沿った膜厚の変化 $h(x)$ が実物と近似的に等しくなるような等価半径 R をもった円筒で置き換えてしまう．実際には Reynolds 方程式の非線形性のために，h がその最小値に近いところだけ近似できれば十分であり，この置き換えによって，ころがり軸受であろうが歯車であろうがカムであろうが，ころがり接触部の形状をすべて R で表してしまったというのが，もう一つのすごいところである．

たとえば 7.8 節に紹介したエンジン軸受の例のように，弾性変形が大きな影響をもっている流体潤滑は他にもいろいろあるけれど，それぞれ独自に設計されているから等価半径のような一般化ができず，そのつど計算をしなくてはならない．粘度の変化の影響は無視できるとしても弾性流体潤滑ではあるはずなのだが，そういう事情もあって，EHL といえば ころがり接触の場合を指すのがふつうのようである．

なお，EHL 理論の展開がこれで終わっているわけでは無論なくて，数値解析も緩和法，Newton - Raphson 法，マルチレベル法へと発展してきている[78] ことを付け加えておこう．

8.3　EHL の特徴

いまや常識になっているというべきだろうが，典型的な 2 次元の EHL の圧力分布と膜厚分布は，**図 8.2** のようなものである．左が入口で，右が出口．上半の圧力分布は両端部を除いて Hertz 圧に等しくなっており，その部分ではちょうど Hertz 接触を少しだけ流体膜で浮かせたような形になっていて，図下半に示すとおり膜厚はほぼ一定である．これは Dowson-Higginson 以前から知られていたことで，事実そのような流体膜形状を仮定した Ertel-Grubin による EHL の解[79]も，いまなお利用されている．なお，図 8.2 は線形目盛だが，下半の膜厚分布の図は縦軸のスケールを横軸の 1 万倍ほどに拡大してあって，実際の膜厚分布はもっとずっと平べったい．

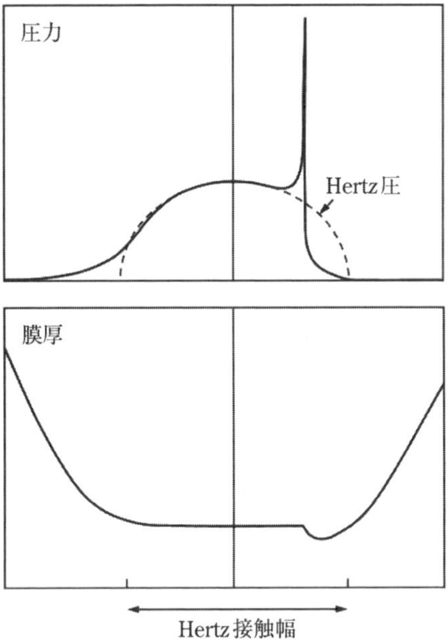

図 8.2 EHL の圧力分布と膜厚分布 ($G = 5000$, $U = 10^{-11}$, $W = 3 \times 10^{-5}$)

その部分を過ぎて出口近くになると，膜厚は急に減少して最小値をとり，圧力はそのくびれが始まるところで急上昇して，鋭いピークを作った後すとんと落ちる．このピークを，セカンダリーピークあるいは圧力スパイクと呼んでいる．

このような膜厚分布を光干渉法による実験で観察した例を，**図 8.3**[80] でご覧に入れておこう．図 8.2 と同様に左が入口で右が出口．この図だけ点接触なのは，線接触では線が並ぶだけで面白くないからなのだが，鎖線で示した断面の状況がほぼ線接触に近いと，こう考えていただきたい．馬蹄形——というより便座形といった方が良いように思うのだが——の黒ずんで見える部分が膜厚の一番小さくなっている

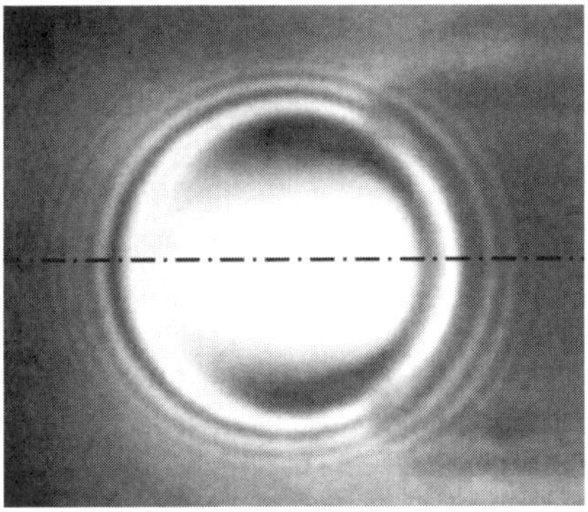
図 8.3 点接触 EHL の膜厚分布[80]

ところ，中央の白い部分が上述の膜厚がほぼ一定になっているところである．

ここで話を戻すが，図 8.1 で見た EHL の大きな特徴は，同図の左から右へ荷重を上げていっても，最小膜厚の減少が剛体・等粘度の解に比べてずっと小さく，高荷重では桁違いに厚い流体膜ができるということであった．それは 式 (8.1) における荷重パラメタの指数が -0.13 であり，剛体・等粘度の場合の 1/8 程度にすぎないことが示すところだが，いまお話しした膜厚分布を考えると，その理由が納得できるように思う．

それはこういうことだ．前章のジャーナル軸受の特性のところで，偏心率が大きくなるほど，すなわち最小膜厚が小さくなるほど発生圧力が高くなり，軸受が支持できる荷重が増加するというお話をした．それはある寸法の軸受についての話であって，もっと大きな軸受を使えば，最小膜厚を減らさずに支持荷重を増やすことが可能である．で，図 8.2 の下半はまさにその可能性を示しているのだ．現象が Hertz 接触に近いことを考えてもらえばいいのだが，荷重を増すと弾性変形によって高い圧力を発生する膜厚の小さな部分が広がり，いい加減な言い方だが軸受が大きくなってくれるようなもので，そのために最小膜厚の減少がわずかですんでいるのである．

荷重による最小膜厚の変化がわずかなら，そんなものは無視してしまえ，という近似式[81]もある．上と同じ記号を使って書くと

$$h_{\min} = 0.5\,(\eta_0 U' R)^{1/2} \tag{8.2}$$

というもので，歯車への適用を考えている．この式は無次元表示ではなく，単位は $h_{\min}$ が μm，η_0 が 10^{-3} Pa･s，U' が m/s，R が m である．

EHL のもう一つの特徴に，先ほど紹介した圧力スパイクの存在がある．なぜこんなものが現れるのか，一時話題になった．

筆者の解釈はこうである[82]．図 8.2 をもう一度見ていただきたいが，他のパラメタはそのまま，速度パラメタ U を幾桁も大きくして行くと，圧力スパイクはその出口側で圧力がほぼ 0 になるという特徴を保ったまま入口側に移動し，なだらかになって行くのである．$U = 10^{-9}$ 以上になると，圧力スパイクの位置は接触の中心線より入口側になって，Hertz 圧は姿を消してしまう．

この過程を逆にたどると，剛体・等粘度の条件から U を減少させて行くにつれ，流体膜の圧力のピークが次第に鋭くなるとともに，新たに Hertz 圧のピー

クが現れるのであって，圧力スパイクは剛体・等粘度の流体潤滑における圧力のピークの生き残りに他ならず，それが存在するのは当然のことなのだ．EHL ではじめて現れるピークはもう一つの，Hertz 圧に相当する部分であり，セカンダリー ピークの名前はむしろそちらに献上すべきだったと思う．

1984 年のリーズ・リヨン・シンポジウムで，たまたま Dowson 先生とお話しする機会があり，この思いつきをお話しした．“それはおもしろい説明ですね．第 1 のピークは簡単に説明のつくことだし…”．小考の後，先生はこう答えられた．

8.4 EHL のトラクション

次に，4.3 節で予告をした，EHL のトラクションの話をしよう．

わが国でハーフトロイダル CVT が乗用車で実用化されたことは，ご存じの向きも多いだろう．ハーフトロイダルというのは，図 4.9 [47] でご覧に入れた中空ドーナツの外側半分を食べてしまった形だが，その変速機の心臓部は **図 8.4** [83] のようになっている．入力ディスクからころがり-すべり接触部を介してパワーローラーへ，パワーローラーから同様に出力ディスクへ，パワーが流れる仕組みである．必要なトルクを伝達し，かつ必要な寿命をもたせるには，EHL の状態で使用することが必須である．

残念なことに，今回も——ということは過去にもあったことなのだが——トラクション ドライブの自動車の変速機への応用は一時のこととして終わってしまった． ところが今度はエネルギー節減のために ころがり接触部の摩擦抵抗が問題になり，逆にトラクション係数を下げたいという要求が出てきたから，世の中は面白い．そういう事情もあるので，トラクション ドライブ用に開発されたトラクション フルードも含め，以下では潤滑油と書く．

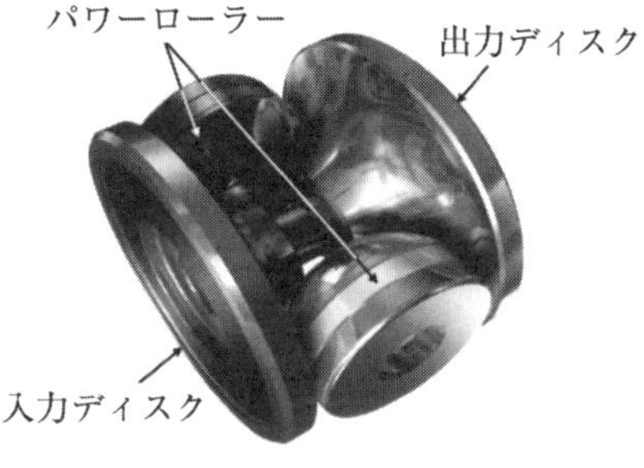

図 8.4 ハーフトロイダル CVT（写真提供：日本精工株式会社）[83]

では EHL におけるトラクションとはどのようなものだろうか．ここで点接触と線接触，内接と外接の違いはあるけれど，図 4.10 (a) を思い出していただこう．ころがり-すべり接触において，周速の高い方の円筒が低い方の円筒を引きずる力がトラクションであって，これは無潤滑であろうと流体潤滑であろうと同じである．そのときお話ししたように，すべり率を 0 から上昇させて行くと，図 4.8 のようにトラクション係数が次第に高くなるところは共通しているが，無潤滑に比べて EHL では最大値がせいぜい 0.1 ぐらいであること，すべり率が高くなると流体膜の せん断による温度上昇のために粘度が低下して，摩擦係数が再び減少して行くところが，特徴的な違いである．

温度上昇の話はひとまず後まわしにすることにして，まず，すべり率の上昇にともなって EHL のトラクション係数が 図 4.8 と同様に増加するのは，EHL の接触部 ――近似的だが Hertz 接触の範囲と考えていただきたい―― 内における接線力の分布が，図 4.7 と同様な形になるからである．すなわち，無潤滑の場合における表面下の せん断弾性変形に代わって EHL では流体膜の せん断弾性変形が生じ，無潤滑の場合に すべり摩擦の発生が弾性変形による接線力の限界を与えたのに対して，EHL の場合には粘性流動の開始が限界になるのである．一言でいえば，無潤滑における固着-すべりに，EHL における流体の粘弾性が対応しているわけだ．

その粘性流動を支配する粘度が，また問題である．EHL の最小膜厚は，圧力がそれほど高くない接触部の入口までの流れによって支配されるので，流体の粘度一定という 7.4 節の仮定 ⑧ を取り除き，圧力による粘度の変化を組み込んでおけばまあ良かった．ところがトラクションに関しては，接触部内における高い Hertz 圧の下で，10^4～$10^6\ \mathrm{s}^{-1}$ に達する高速の せん断を受ける流体の挙動が支配的になり，そこでは Newton 流体という仮定 ① が実情に合わなくなってしまう．すなわち，せん断速度をどんどん上げて行くと，それに比例して せん断応力が増加するというのが Newton 粘性なのだが，高圧ですでに粘度の高くなっている潤滑油は，ある せん断速度で息切れをしてしまい，せん断応力の増加が鈍ってしまうのだ．

そのような高圧・高せん断速度における潤滑油の非 Newton 粘性に対していくつものモデルが提案されており，固化するのだという主張もあるが，ここでは Eyring 粘性要素をもつ非線形 Maxwell モデルを使った，湘南工科大学の村木正芳君の解析[84]に沿ってお話ししよう.

Eyring 粘性というのは,せん断応力 τ と せん断速度 $\dot{\gamma}$ との関係を

$$\dot{\gamma} = \frac{\tau_0}{\eta_N} \sinh \frac{\tau}{\tau_0} \tag{8.3}$$

の形で表したもので,τ_0 は上述のように息切れをして せん断速度との比例関係から脱落する限界の せん断応力,η_N は比例関係にある範囲における粘度である.せん断応力が τ_0 よりずっと小さければ,式(8.3)は $\dot{\gamma} = \tau / \eta_N$,すなわち粘度が η_N である Newton 粘性の式になるから,本来 潤滑油は Eyring 粘性体であり,Newton 粘性はその低せん断応力域における近似だという考え方である.

ここまでの解析で,図 4.8 のような形の等温トラクション曲線が得られる.それをもとにして,次に接触部内における粘性せん断による発熱と 2 面への熱伝導による放散のバランスから,膜厚の方向に平均した流体膜の温度上昇を推定し,その影響が η_N に表れると仮定して算出したトラクション曲線の例を,**図 8.5**[85]にご覧に入れよう.SN-7, SA-3, SP-5 というのはそれぞれ脂環族,芳香族,脂肪族の化合物の例で,△,□,○ はそれらの実験データである.せん断速度の上昇と共に,それぞれのトラクション係数が弾性解にしたがって増加し,Eyring 粘性体の曲線に乗り移ったのち,温度上昇の影響により減少することによって,こういう形になるわけだ.

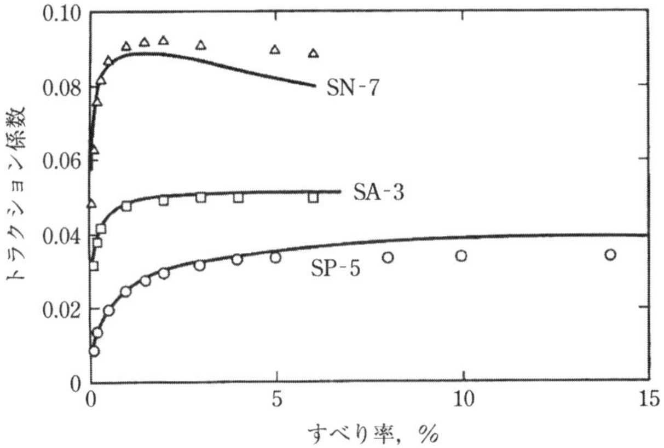

図 8.5 EHL のトラクション曲線[85]

第9章　潤滑領域の遷移について

9.1　Stribeck 曲線

この章では，流体潤滑と境界潤滑の間の潤滑領域の遷移について，その種々相をお話しすることにしたい．

まずおなじみの Stribeck 曲線から始めるが，それは**図9.1**のように，(潤滑剤の粘度)×(すべり速度)／(荷重) を横軸にとって摩擦係数の変化をプロットしたもので，この名前は当時ドレスデン工科大学の先生をしていた Stribeck の論文[86),87)]に由来する．その論文には，荷重，すべり速度，潤滑油の温度すなわち粘度を変えたときの，軸受の摩擦の測定結果が示されいるけれど，Stribeck 自身はこの横軸の変数を使ってはいない．後年 Hersey が，ジャーナル軸受の摩擦係数が (潤滑剤の粘度)×(すべり速度)／(荷重) という変数で整理できることを示したので，この変数には Hersey 数という名前がついており，日本では軸受特性数とも呼ばれている．

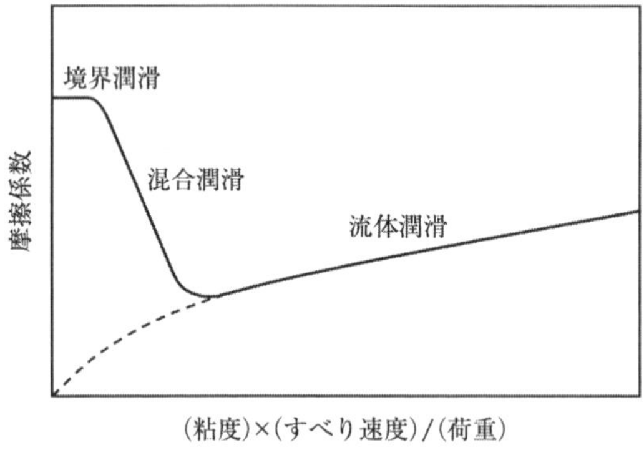

図9.1　Stribeck 曲線

このように Stribeck 曲線はもともと軸受の摩擦係数を表すものだったのだが，現在は摩擦面一般について，流体潤滑から境界潤滑への遷移にともなう摩擦係数の変化を示すものとして使われている．先刻ご承知の読者が多いだろうが，原点から出発する右上がりの曲線が流体潤滑における摩擦係数であって，右上がりであることは共通していても，摩擦面の設計によって違った形状をとる．

話を右上から始めて左に向かうが，流体潤滑状態にある摩擦面で Hersey 数を減少 ——つまり速度を低下させるか荷重を増加—— させて行くと摩擦係数が低下し，原点に向かうというのが流体潤滑理論の言うところである．ところが，Hersey 数の減少とともに流体膜の最小膜厚も減少するので，実際の摩擦面ではあるところから固体面どうしの接触が生じて，図のように摩擦係数が急増を始める．このへんが混合潤滑と呼ばれる領域で，さらに Hersey 数を減らすと流体潤滑効果が無視できるようになり，完全な境界潤滑になる．これが Stribeck 曲線のふつうの理解だろう．

混合潤滑領域では Hersey 数が減少すると固体接触部が増加し，その分担する荷重が増えるから，摩擦係数を Hersey 数と関係づけるのには意味があるかも知れないけれど，境界潤滑における摩擦係数は Hersey 数とは何の関係もないから，Stribeck 曲線は本来流体潤滑の領域でしか定量的な意味をもつものではない．

以下この章では，Hersey 数が小さくなって最小膜厚が固体面の表面粗さと同程度まで減少したときの流体潤滑の問題と，加工したままの摩擦面を早く流体潤滑状態にする“なじみ”についてお話ししたい．流体潤滑と混合潤滑の境目で，Stribeck 曲線が最小値をとるあたりの議論である．

9.2 流体潤滑の限界について

さてそのような固体接触の発生による流体潤滑の限界は，どのように考えられているのだろうか．

最小膜厚が表面粗さより小さくなると固体面どうしの接触が起こる… と，現象はおおよそ分かっていても，流体潤滑理論はそのへんを予測できないのだ．第 7, 8 章でお話ししたように，理論上ジャーナル軸受は偏心率が 1 に近づくほど流体膜で支持できる荷重が大きくなるし，2 次元の EHL の最小膜厚は単位幅当たりの荷重の −0.13 乗に比例することになっている．したがってこれらの理論からは，最小膜厚が無限に小さくなれば流体膜の圧力は無限に高くなり，それが支える荷重も無限に大きくなって，流体潤滑は常に可能だという結論しか出てこない．

ならば 流体潤滑の計算に表面の微細な形状，いわゆるマイクロトポグラフィーをそのまま計算に取り入れたらどうだろうか．Reynolds 方程式の適用は何も平滑な面に限られるわけではないから，この考えは論理的に見えるが，やっぱりだめなのだ．あるマイクロトポグラフィーを考慮して流体潤滑の計算をすると，そのスケールにおける最小膜厚が無限に小さくなれば，その部分でやはり流体膜の圧力は無限に大きくなる．じゃあ マイクロ・マイクロトポグラフィーを考えようか … と，どこまで行っても話は変わらないのである．

これは本質的にそうなのだ．すなわち，流体潤滑理論は流体膜の存在を前提にしているのであって，その前提が失われる場合については何も言ってはくれないのである．Reynolds が，流体潤滑理論の基礎式を “粘性流体の内部の運動方程式” だと書いた[67]のは，なかなか意味深長であった．

そういう高圧が発生すれば，表面の弾性変形・塑性変形が発生するはずだから，前章の EHL のように，それらを考慮することも理論上は可能だろう．しかし それが現実的な方法であるとは思えない．というのも，だいたい機械の摩擦面のマイクロトポグラフィーはランダムなものだし，使っているうちに摩耗や微視的な塑性変形によって変化することが多い．そんなものにいちいち付き合っていられるか，という事情があるのだ．

では どうするか．ふつうの方法は，まず摩擦面の表面粗さを無視し，平滑な円筒面などと仮定して Reynolds 方程式を解き，対象とする運転条件における最小膜厚を算出する．その厚さが摩擦面の表面粗さより十分大きければ，流体潤滑になるだろうと考えるのである．その “十分” が 2 倍なのか 3 倍なのか，そのへんは経験によるしかない．EHL の場合には膜厚比，すなわち最小膜厚と両面の自乗平均平方根粗さの合成値との比が 3 を超えると，ほぼ完全な流体潤滑になるという説が一般だが，ここにも “ほぼ” がつく．

そういうわけなので，流体潤滑の限界自体の話はやめ，まず膜厚が小さくなって表面粗さの影響が無視できなくなる場合の，流体潤滑の話をしよう．

9.3　統計的な取り扱い上の問題

第 3 章でお話しをした摩擦にしてもそうだが，だいたい技術上の問題には，統計的な ばらつきがつきものである．たとえば一つの部材の長さにしても，その端面には表面粗さがあるから，どこからどこまでを長さとするか，恣意性が残るはずなのだ… なんて話をすると，“何をいまさら”と思われるかも知れない．“ばらつきがあるなら その平均値を使えばいいじゃないか．それが常識というものだ”と．たしかに それが常識なのだが，常識では片づかない問題が時折発生する．流体潤滑に及ぼす表面粗さの問題が少々面倒くさいのも，そこに原因があるように思う．

まず簡単な例として，**図 9. 2** のような傾斜平面軸受を考えてみよう．ティルティングパッド・スラスト軸受とか，磁気ディスク装置の浮動ヘッドみたいな形状を想像していただけばいいだろう．

これまでの流体潤滑の説明で念頭においてきたのは，図 9.2 でいうと (a)，固体面の粗さを無視した，いわゆる平滑面であった．表面粗さがあったとしてもそれより流体膜がずっと厚ければ，でこぼこを幾何学的に平均した (a) のような平面を想定し，任意の位置における 2 面間の距離を膜厚にとれば話がすんだ．以下，そのような膜厚を“平均膜厚” $\bar{h}$ と呼ぼう．

次に，膜厚が表面粗さと同程度になった場合を考えよう．いま 一方の面に，図 9.2 の (b) と (c) のようなランダムなマイクロトポグラフィーを想定する．ランダムといっても，尾根と谷が運動の方向 x に対し (b) では 平行，(c) では直交しているとする．英語では (b) を longitudinal roughness，(c) を transverse roughness と呼んでおり，これらを“平行型の表面粗さ”，“直交型の表面粗さ”と仮称したのは青木先生と筆者[88] だが，どうやら“平行粗さ”，“直交粗さ”という用語が定着したらしい．

それはともかく，図 9.2 の (a) と，それと同じ平均膜厚をもつ (b)，(c) では，流体潤滑効果がどう変わるのだろうか．第 7 章で紹介した導出の過程から分か

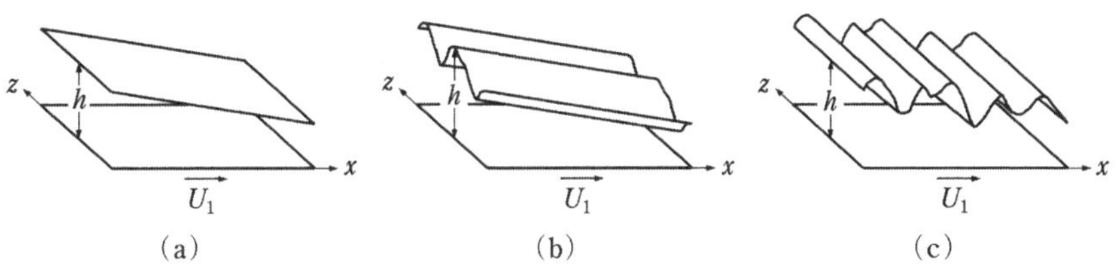

図 9. 2　3 つの傾斜平面軸受

るように，Reynolds 方程式はすきま内の流量の連続性を表している．それがはっきりするように x 方向と z 方向の流量に分け，図 9.2 の上面の速度 $U_2 = V = 0$ とすると，次のように書きなおせる．

$$\frac{\partial}{\partial x}\left(\frac{h^3}{\eta}\frac{\partial p}{\partial x} - 6U_1 h\right) + \frac{\partial}{\partial z}\left(\frac{h^3}{\eta}\frac{\partial p}{\partial z}\right) = 0 \tag{9.1}$$

記号は第7章と同じである．この式の両辺は膜厚 h と圧力 p の関数だが，(b) と (c) では h がランダムだから p もランダムな量になり，したがって流量もランダムに変動する．

ほしいのはそんな変動じゃないから，上式を x 方向，z 方向の流量の期待値間の関係と読み替え，圧力の期待値を求めようという考え[89),90)]が生まれたのは自然だろう．そこで問題になったのは，上式の流量を表す項がランダムな量どうしの積を含んでいることであって，積の期待値は期待値の積とは異なるから，物理的な意味を失わずにそれらを求めるのには工夫が必要になり，そこにこれらの研究のミソがあった．

こうして修正を加えた Reynolds 方程式で算出した傾斜平面軸受 (a)～(c) の支える荷重は，果たせるかな同一ではなく，(b)＜(a)＜(c) という順になった．発生圧力は膜厚が小さい方が高くなるわけだから，これは，固体面に粗さがある場合の流体潤滑にとっての“等価膜厚”，正確にいうと“すきまを流れる流量が等しいという意味で等価な平滑面の膜厚”が，幾何学的な平均値である平均膜厚とは異なることを意味していて，平行粗さの場合には平均膜厚より大きく，直交粗さの場合には小さくなるというわけだ．雑な言い方だが，この差は Reynolds 方程式が非線形であるために出てくるのである．

9.4 “平均流れモデル”について

次に流体潤滑の限界を超えて，固体接触が生じている場合をも計算しようという，Patir－Cheng の“平均流れモデル[91)]”を紹介しよう．

この研究には個人的な思い出がある．筆者は 40 歳を過ぎてからはじめて外国へ出かけたが，最初に参加したのが 1977 年 10 月，カンザスシティーで開かれたアメリカ潤滑学会・機械学会の会議であった．のちに有名になったこの論文はその会議で発表され，偶然だが筆者はその場に居合わせたのである．

閑話休題．このモデルには，4つ大事なポイントがあると思う．以下，前項と同じ傾斜平面軸受に適用した形で書くが，第1のポイントは，式 (9.1) に対応する修正 Reynolds 方程式を

$$\frac{\partial}{\partial x}\left(\frac{\phi_x \overline{h}^3}{\eta}\frac{\partial \overline{p}}{\partial x}\right)+\frac{\partial}{\partial z}\left(\frac{\phi_z \overline{h}^3}{\eta}\frac{\partial \overline{p}}{\partial z}\right)=6U_1\left(\frac{\partial \overline{h}}{\partial x}+\sigma\frac{\partial \phi_s}{\partial x}\right) \tag{9.2}$$

という確定論的な式で与えた点である．

ここで，$\overline{h}$ は前節で定義した平均膜厚，$\overline{p}$ は局所的な平均圧力で，ともに確定論的な量であり，ランダムなマイクロトポグラフィーの影響を表すパラメタとして，圧力流量係数 ϕ_x，ϕ_z，せん断流量係数 ϕ_s および自乗平均平方根粗さ σ を導入したのだ．流量係数というのは流れやすさを示すものだが，見方を変えれば，ϕ_x と ϕ_z が平均膜厚 $\overline{h}$ を等価膜厚に修正する係数になっていることが分かるだろう．

第2は，それら流量係数の求め方である．Cheng 先生たちは すきまを 図 9.2 みたいな微小直方体要素に分割し，固体表面にランダムなマイクロトポグラフィーを仮定した．その両端に圧力差を与え，あるいは両面に相対速度 U_1 を与えて，要素を横切って流れる流量を数値計算で求め，同じ平均膜厚をもつ平滑な要素における流量との比として，ϕ_x，ϕ_z，ϕ_s を求めたのだ．

第3は，粗さの方向性の取り扱いである．ここからは **図 9.3**[91] を参照していただきたいのだが，Cheng 先生たちは，平行粗さと直交粗さを両極端としてその間を連続的に表現するパラメタ γ を導入した．注目する流れの方向とそれに直角な方向の表面粗さ曲線上で，自己相関関数がそれぞれ距離 0 に対する値の半分になる距離の比というのがその定義だが，図 9.3 の右上にはめ込んだ絵で大体の感じはお分かりだろう．正確にいうと斜線部は接触点を表しているのだけれど，左右方向に圧力差を与えた場合の流れを示していて，$\gamma=1$ が等方性の粗さであり，γ が 1 より小さくなると直交粗さに，大きくなると平行粗さに近づく．この γ を 8 段階に変えてランダムなマイクロトポグラフィーを作り，それに対して得られた圧力流量係数を，平均膜厚 $\overline{h}$ と表面の自乗平均平方根粗さ σ の比に対してプロットしたのが，図 9.3 の本体である．

表面粗さ σ を一定とすると，平均膜厚が小さくなるほど γ の影響が顕著になるが，ここで見てほしいのは γ と流量係数の関係で，$\gamma \geqq 1$ の平行粗さに近い

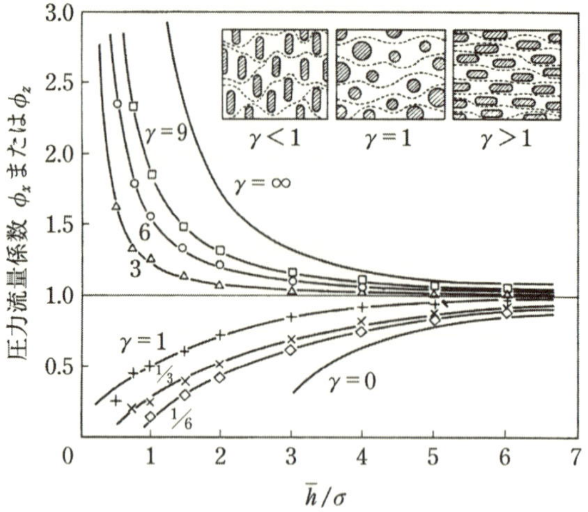

図 9.3　γ と圧力流量係数 [91)]

場合には平滑面より流れやすくなり，$\gamma \leqq 1$ の直交粗さに近い場合には流れにくくなることが分かる．前節の最後の解釈によれば，等価膜厚が平行粗さでは大きくなり，直交粗さでは小さくなるというわけだ．手順としては，軸受面の各部でこのような流量係数を求め，それを用いた 式 (9.2) を解けば，圧力分布が算出できることになる．

第4のポイントは，接触点が存在する混合潤滑への拡張である．先ほど膜厚が無限に小さくなると発生する圧力が無限に高くなるという話をしたが，そこをどうやって突破して接触点の存在する場合の計算を可能にしたのか．

答は，数値計算における膜厚の離散化にあった．計算上膜厚はある間隔で設定することになるから，無限小の膜厚は現れず，したがって圧力も無限大にはならない．また固体接触部との境界は，その境界を横切る流量を0とおくだけなのだが，けしからぬことに これは論文中に明記されておらず，Cheng 先生に聞いてやっと分かった．

この方法によっても，流体潤滑の限界を求められないことに変わりはないが，そこをするりと抜けて，固体接触が存在する場合の計算はできるようにしたわけである．何とまあ巧妙ではないか．

9.5　表面粗さによる流体潤滑

流体潤滑の限界からはちょっとそれるが，もう一つ，今度は表面粗さ自体によって流体潤滑効果が生ずる話を紹介しておこう．

これは大変古典的な問題である．動圧の発生を見つけたTowerは，1891年に平行なカラーの間の流体潤滑の実験を発表し，油溝を切っておけば，それが生じないはずの平行面でも流体潤滑効果が現れることを示した[92]のだ．その原因として，摩擦面の弾性変形だとか，熱くさび，粘性くさびなどというメカニズムが提案されたが，そこに表面粗さの役割が考えられたのである．簡単に言ってしまえば，マイクロトポグラフィーを多数の小さな軸受の集合体とみなすのであって，古くはメカニカルシールのカーボンの面を測定し，流体潤滑効果の可能性を論じた例[93]などがある．

そのような考え方にもとづいて，表面にいろんな形状の突起を仮定し，流体潤滑効果を計算してみようという研究が一時期はやったことがあり[88]，簡単な例として**図9.4**のように，平面上に切株みたいな円柱を並べたモデル[94]があった．静止している下面に切株が並び，切株のてっぺんと少しすきまを保って上面が矢印のように移動するところを考える．無限遠，実際には並んだ円柱の中間で圧力を0と仮定すると，灰色に塗った上流側ではプラスの圧力が，下流側ではそれと対称にマイナスの圧力が発生することになるから，支持する荷重はプラス・マイナス0になってしまう．突起の形状を多少変えても，流れに対して前後対称である限り，圧力分布の形が多少変わるだけで，プラス・マイナス0という結果に変わりはない．

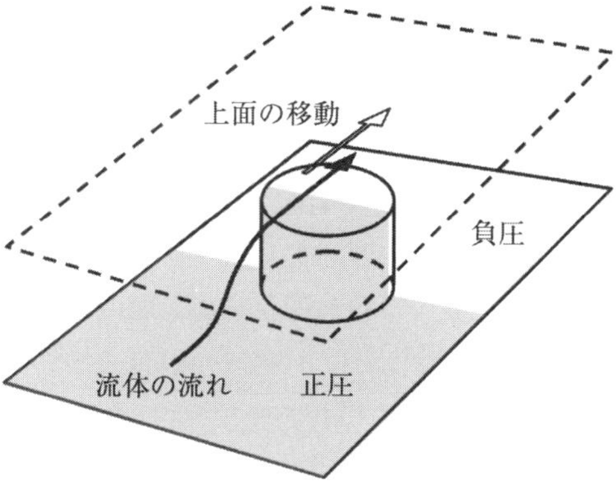

図9.4　円柱状の突起のモデル

そこでジャーナル軸受と同じように，マイナスの圧力のところでは何らかの要因で圧力が0になると考え，

Reysnolds 方程式の解を使わないことにすれば，流体潤滑効果が期待できることになる．ただし 図 9.4 のような突起が表面に並んでいるとすれば，外部から空気が入ってくるとは考えにくいから，マイナスの圧力を打ち消す要因は，潤滑油に溶けていた空気が出てきたり，あるいは潤滑油が気化したりしてできるキャビテーションなのである．

微小な加工法の発達によって，テクスチャリングが話題になっている[95),96)]が，それはこういう凹凸を意識的に作ろうという考えであり，その基本となるメカニズムはいま述べたようなものだと思われる．ただし，流体潤滑理論は現象のスケールとは無関係だけれど，キャビテーションの話になると，表面張力とキャビティーの曲率との関係で，テクスチュアの寸法が影響をもつ可能性があるのではないか．

ずいぶん昔の話だが，フィリップスの研究所で，20 年も回り続けているというヘリングボーンのジャーナル軸受を見たことがある．ヘリングボーンやスパイラルグルーブなど，前後非対称で溝が軸受の周囲とつながっているテクスチュアでは，溝に沿って流体を引き込もうとする効果などが生じるし，マイナスの圧力も容易に消えるから，また別の話になる．

9.6 “なじみ” について

次は “なじみ” の話．

なじみというのは，色っぽい言葉であったらしい．むかし花街があったころ，1 人の娼妓を相手に 3 晩続けて登楼し，“なじみ金” なるものを払うと “なじみ” になったという．共通する点があるのかも知れないが，本節は機械の摩擦面の話である．なお，境界潤滑状態で使われる摩擦面においても，摩擦過程において良好な境界潤滑性をもつ吸着膜や反応膜，いわゆるトライボフィルムが形成され，摩擦係数が低下することがあって，これも広義の なじみと考えていいだろうが，ここでは流体潤滑膜の形成による なじみに絞ってお話ししよう．

花街の例はともかく，何人かが集まってことを始めようとすると，しばらくはぎくしゃくするものである．ましてや 別々に加工された部品を組み立てる機械の摩擦面では，最初からなめらかに摺動できなくて当たり前，というべきだろう．特に高速・高負荷の摩擦面では，第 7 章の最初のところでお話ししたように，流体潤滑でなければとてももたない領域がある．ところが そういう摩擦面でも，加工したままの摩擦面では固体どうしの接触が避けられず，摩擦係数も予定した値より高くなることが多い．そこで，予備的な運転を行うことにより狙いどおりの流体潤滑状態を実現するという方法がとられ，そのような予備運転を なじみ運転，そこで起こる摩擦面の変化を なじみと呼んでいるのだ．英語にも名詞句の running in，動詞句の run in があって，なじみ，なじむと同じ意味で使われている．また現象の見方が違うけれど，形状の適合しやすさを意味する conformability という英語もあって，日本語では なじみ性と言っている．

そういう なじみの典型的な例を，まずお目にかけよう．摩擦面が両方とも金属である場合には，流体潤滑膜の形成状態を知るのに摩擦面間の電位差を測定する方法がある．潤滑油の比抵抗は金属の 10^{15}～10^{20} 倍，ほぼ完全な絶縁体だから，摩擦面間に電圧を加えておくと，流体潤滑状態にあれば印加電圧がそのまま摩擦面間の電位差になる．ところが そこに小さな接触点が 1 個でも存在すると，途端に 2 面間の抵抗は激減して電位差はほぼ 0 になる．ただしこういうオン・オフの変化に比べると，真実接触面積の大小による抵抗の変化は小さなものだから，中間の電位差の定量的な解釈はなかなかむずかしい．

図 9.5 は，自動車エンジンのクランクシャフトと軸受に 0.01° のミスアライメントを意図的に与えて組み付け，一定の静荷重の下で運転をしたときの電位差の記録[97]である．(a) が運転開始直後，(b) が 1 分，(c) が 30 分経過したときの記録だが，運転を始めたときにはほとんど常に存在していた接触点が 30 分後にはほぼ消え失せ，完全な流体潤滑に近い状態になっているこ

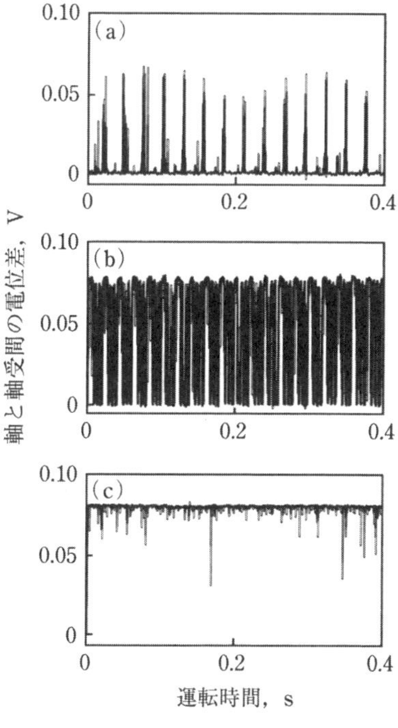

図 9.5　摩擦面間の電位差の変化[97]

とを示している．うまくいくとこんなふうに，3晩もかからずに なじみが完了するのだ．

9.7　なじみにおけるマイクロトポグラフィーの変化

9.1節でお話ししたように，流体潤滑状態になるかならないかは，流体膜の最小膜厚と摩擦面の表面粗さの関係できまる．図9.5の例は同一の運転条件における電位差の変化だから，そこで生じていた変化は，初期の表面粗さが運転によって小さくなったために流体潤滑状態が確立されたものと解釈される．そのような表面粗さの減少をもたらす要因として考えられるのは，塑性変形と摩耗の2つだが，実際の機械の摩擦面はさまざまだから，どちらの要因が支配的であるかは，材料，形状，運転条件などによって異なり，一般論がむずかしい．研究室レベルでの研究もあまり発表されていないので，摩耗による なじみを調べた，九州大学の杉村丈一君の大学院学生のときの仕事を，次に紹介させていただきたい．

まず実験の方だが，潤滑油中において炭素鋼どうしをすべらせ，マイクロトポグラフィーの変化を調べた．この場合には摩擦する両面の硬さがだいたい同じだから，表面粗さの変化はその両方に起こる．そこで 両面の表面粗さを一方の面にしわ寄せし，合成表面粗さ曲線を求めた．ていねいに言うと，表面粗さをもつ2つの面を，一方を平滑な面に，他方をその面との距離が変わらないようにして合成した表面粗さをもつ仮想的な面に置き換えたわけで，その仮想的な面の表面粗さ曲線が，**図9.6**[98] の合成表面粗さ曲線である．

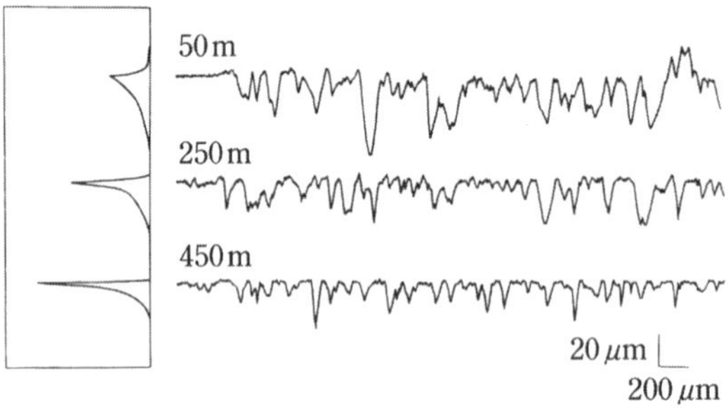

図9.6　表面粗さ曲線の変化[98]

その 合成表面粗さ曲線の すべり距離に対する変化が，図9.6の右側であって，各曲線の上方に相手の平滑面がくることになる．摩擦を続けていると表面粗さの値がだんだん小さくなって行くが，それは凹凸のてっぺんがならされてくるためで，これをトランケーションと呼んでいる．このような表面粗さ曲線の形態の変化を定量的に表したのが，左の枠の中の高さ分布の確率密度関数である．幾何学的な平均面を基準に，そこからどれだけ離れたところに現実の表面がどのくらい存在するかを示すもので，摩擦の進行にともなって高さの分布が狭まって尖り，トランケーションが進んでいることを表している．

次に，このような合成表面粗さ曲線の変化を摩耗の進行として解析した例が，**図9.7**[99] である．図9.6の左枠内に書いた高さ分布の確率密度関数を時計回りに90°回転したところで，今度は図の右側に相手の平滑面があるわけだ．図中の数値 t はすべり距離に相当する量で，摩擦の開始時 $t=0$ では正規分布を仮定している．そのような表面から，指数分布に従う粒径の摩耗粉が次々と取り去られることによる，高さの分布の変化をシミュレートしたもので，次第にトランケーションが進行する様子がご覧になれるだろう．定常状態を表す $t=\infty$ の分布は，$t=0$ における分布とは無関係に，摩耗粉粒径の分布に対応した分布になり，表面が真っ平らになるわけではない．もっとも実際には，なじみの進行にともなって摩耗粉の粒径分布が変わることがあるから，話はもう少しややこしくなる．

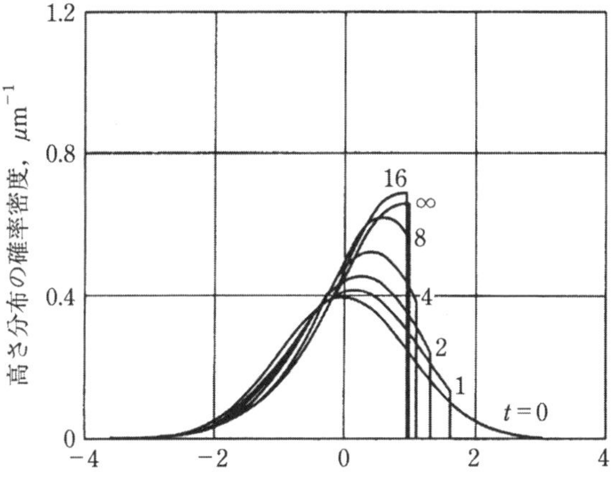

図9.7 高さ分布の変化[99]

9.8　なじみの技術論

ところで，塑性変形にしても摩耗にしても，摩擦面にとっては損傷の一種に他ならない．なじみがそれらによって生ずるとすれば，それは 本来避けたいもののはずである．にもかかわらず，実際の摩擦面ではあえて なじみを利用している場合が多い．何故か．

理由はいくつかあるように思う．まず，機械・部品には，形状誤差や組み立て誤差が必ず存在することである．第7章に紹介したエンジン軸受の例を思い出していただきたいが，何しろ摩擦面というのは 1 μm 以下の流体膜の存在がその性能を支配するという代物だから，軸や軸受の意図した円筒形からの ずれや，軸と軸受のわずかな傾き，すなわちミスアライメントが致命的になることがある．もう一つは摩擦面を取り巻く構造の弾性変形であって，たとえ無負荷の状態でミスアライメントがないように組み立てられていたとしても，荷重が加わることによってなにがしかのミスアライメントが生ずるのは避けられない．

いまの技術をもってすれば，形状誤差・組み立て誤差を許容範囲に抑えることは不可能ではなかろうし，弾性変形を十分小さくすべく構造の剛性を大きくすることも，理論上は可能だろう．しかし 加工や組み立てのコスト，構造の寸法・重量などを考えれば，とても現実的な方法とは思えない．そこで なじみに期待するのが，技術上ベストな解ということがあるわけだ．

とはいえ，なじみが摩擦面の損傷に依存する以上，なじみ運転というのは本質的に危険をはらむ過程である．塑性変形にしても摩耗にしても，なじみの段階ではさっさと進行してほしいけれど，実用に供された摩擦面は起動・停止のたびに境界潤滑状態あるいは混合潤滑状態を経ることが多いから，そこでどんどん変形・摩耗されては身がもたない．したがって，なじみ運転では適度の塑性変形あるいは摩耗を生じ，いったん なじみが完成すれば その後は変形・摩耗を生じないという，はなはだ人間の勝手な都合による なじみ性が，摩擦面に望まれることになる．そしてもう一つ，まかり間違っても焼付きなどを起こさずに 無事 なじみを完成させるという，なじみ運転のノウハウが必要になるはずだが，結構いい加減に条件が設定されていることが多いように思う．

9.9　なじみ性を向上させる方法

話を具体的にして，またエンジン軸受の例になるが，まったく違った手法によって なじみ性を向上させている例を，2 つ紹介したい.

その一つは，9.5 節でふれたテクスチャリングによる例[100]である．**図9.8**がその説明図だが，軸受の円周方向に細かな溝をつけたもので，マイクログルーブ軸受と名づけられている．左の図の A-A 断面を拡大したのが右の図で，ピッチ p は 0.2〜0.25 mm，深さ h は 2.5〜4.5 μm とあるから，そういう浅い溝が軸受幅の中に数十本から 100 本ほど並んでいる勘定になる．このような溝をつけてないふつうの軸受は， 軸方向にブローチで仕上げるのが通常の加工法で，その場合にも 1 μm 前後の直交粗さは存在する．それに対し マイクログルーブ軸受は， 円周方向のボーリング仕上げで 意図的に平行粗さをつけているわけだ.

9.3, 9.4 節に紹介した解析によれば，幾何学的な平均膜厚が等しい場合を比較すると，流体潤滑膜が支える荷重は直交粗さより平行粗さの方が小さいはずだから，その意味では損な選択なのだが，図 9.8 のような溝をつけておけば，溝と溝を隔てている尾根の部分が容易に変形・摩耗することは 想像に難くない．一定の荷重の下で段階的に軸の回転速度を下げ，流体膜の厚さを減少させた実験によると，速度を下げた途端に生ずる摩擦のピークの高さはふつうの軸受と同程度だが，再び摩擦が低下して安定するまでの時間は，マイクログルーブ軸受の方が数分の 1 になるという結果が得られている[100]．しかし 尾根の部分の変形・摩耗が進むにつれてふつうの軸受に近づいて行くから，だんだん変形・摩耗がしにくくなるという，狙いどおりの特性になっているわけだ.

もう一つは，オーバレイの改良という材料からのアプローチである．オーバ

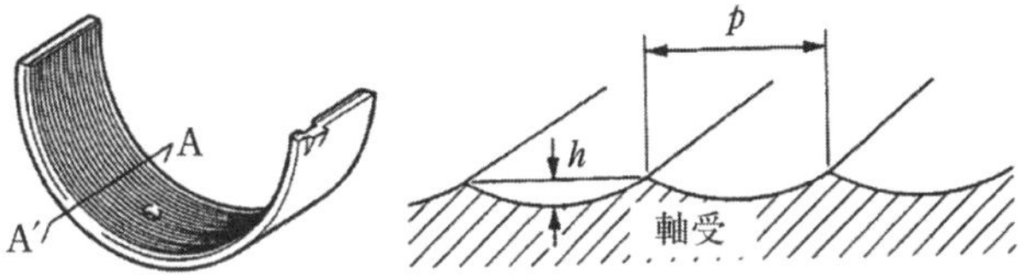

図9.8　マイクログルーブ軸受[100]

レイというのは，エンジン軸受のような高負荷軸受の，軸受合金層の上につける薄い被膜であって，その第1の目的は なじみであり，鉛，インジウムなどの軟質金属が使われてきたが，最近では固体潤滑剤を主としたオーバレイも使われている… というのが一般論.

ここで紹介するのは，軟質金属に硬質粒子を分散させたオーバレイ[101]である．マトリックスは鉛-スズ-インジウム合金で，平均粒径1 μmの窒化ケイ素粒子を懸濁させた電解液を用いて電気めっきを行い，厚さ約15 μmのオーバレイを作った．**図9.9**[101]がその断面の電子線マイクロアナライザーによる組成像であって，白く見えるのが窒化ケイ素の粒子であり，添加濃度は 1.5 vol % とある．各図の横幅は50 μm弱，窒化ケイ素粒子が上方で横に並んでいるあたりが表面で，下方の真っ黒な部分が軸受合金層である．この軸受を1.6 *l* のエンジンに組み込み，各種の耐久試験を実施した．図9.9 (a) が試験前，(b) が試験後の状態である.

こういう硬質粒子を分散したオーバレイは，粒子の微視的な切削作用によって相手の軸の表面をもなじませてやろうというのが開発のきっかけだったと思うが，今回の例では硬質粒子による分散強化を利用し，なじみ性や耐焼付き性を保持しながら耐摩耗性を向上させることに主眼があったようで，たしかに軸受の摩耗は窒化ケイ素の添加によって60 % ほど減少しているという.

で，なじみの話だが，これが少々微妙である．このオーバレイの開発を紹介した論文[101]は，試験前後でオーバレイ内における窒化ケイ素粒子の分散状態が，ほとんど変化していないと述べている．何分薄いオーバレイの中の話だか

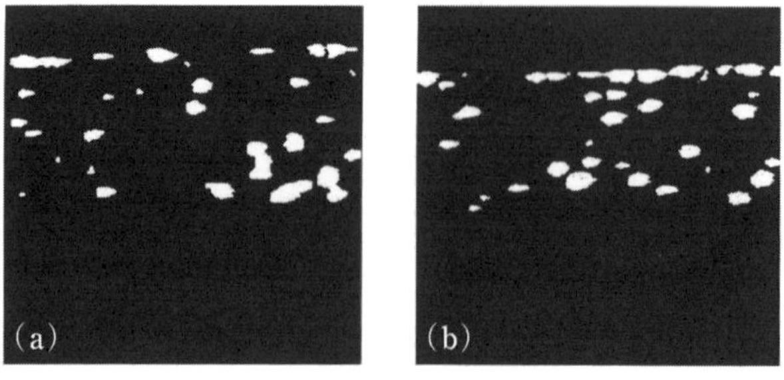

図9.9　粒子を分散させた軸受の断面[101]

ら，試験前後の分散状態に統計上の有意差を認めにくいという事情はあったろうが，図 9.9 を見ると，そうでない可能性もあったように思われるのだ．

オーバレイではないが，軸受合金として歴史のあるスズ基ホワイトメタルでは，アンチモンの添加量が多いとスズとの金属間化合物 SnSb が析出して，軟らかいマトリックス中に硬い方形晶が分散した構造になる．使っているうちに，その軟らかいマトリックスが表面に押し出されて選択的に摩耗して行き，表面付近では方形晶の濃度が増して，耐摩耗性が上がることが知られている．

筆者の想像だが，このオーバレイにも同様な現象が生じていたのではないか．運転を始めてしばらくは押し出された軟質金属の摩耗が比較的速く進み，やがて表面付近における窒化ケイ素粒子の濃度が増して摩耗の進行が抑制されるという，願ってもない特性が得られていたのかも知れない．うまく行った例だから，どっちでもいいけれど．

第 1 章で，正解は 1 つではないという話をしたが，まさにそのような例である．

第10章　境界潤滑を考える

10.1　Boundary Conditionsの謎

“境界潤滑” というのは，一種奇妙な名前である．境界というけれど，一体何と何の境界なのか，そういう疑問を抱くほうがむしろふつうだろう．

第 6 章の最後に，boundary lubrication という 言葉が 1922 年の Hardy らの 論文 68) ではじめて使われたことを紹介した．その論文で Hardy らは，固体面が接近したときには流体潤滑とは別種の潤滑状態が生じ，そこでは “Reynolds のいう boundary conditions が作用する” ようになって，摩擦は潤滑剤の物理的性質や固体境界の化学的性質にも依存すると書いていて，これが境界潤滑，boundary lubrication の最初の用例らしい．しかし “boundary conditions” というのは，分かったようで分からない．微分方程式を解く際の “境界条件” の意味でならよく使うけれど，それでは話がつながらない．筆者も気になっていたのだが，Reynolds の例の論文 67) を調べてみたところでは，どうやら Hardy らの引用に問題があったようだ．

Hardy らはこの部分をどこから引用したか書いてないし，Hardy が生きていたのは 1864～1934 年，Reynolds は 1842～1912 年だから，2 人が直接この話をした可能性もなくはない．しかし上記の論文からの引用だとすれば，該当するのは本文の最初のページにある次の記述しかないように思われる．そこには，それまで潤滑が科学的な扱いを受けてこなかったのは関与する物理的作用のあいまいさのせいであって，その作用というのは “現在 ほとんど知られていない種類の作用，すなわち boundary or surface actions of fluid である” と書いてあるのだ．

それなら話が分かる．この文の意味は “流体の界面あるいは表面の作用” だろうから，界面を表面と区別するなら“境界”は“液体と固体の界面”の意味だろう．であれば，“境界潤滑”より“界面潤滑”という訳のほうが紛れがなかったかも知れない．… あまり変わらないか．

10.2 Hardy らの実験

問題の論文[68)]は Hardy と Doubleday の共著で，その表題は“Boundary Lubrication — The Paraffin Series”となっている．3 種類のパラフィン系すなわち直鎖状脂肪族化合物の，炭化水素，アルコール，脂肪酸による摩擦係数の低減効果を測定したという研究である．パラフィン鎖の長さにもよるが，アルコールと脂肪酸は極性基をもっていて，油性剤として使われるものである．

その実験は，ガラス，鋼，ビスマスの平板の上に，同じ材料の球面スライダーを載せ，糸でスライダーを水平に引っ張って，すべり出したときの力とスライダーの重量の比として摩擦係数を求めるというものであった．この実験の特徴の一つは，対象とした化合物を基油に添加するという現在では一般的な方法ではなく，それら化合物だけの被膜を平面上に作って，空気中で摩擦をした点にある．おそらく，すでに Reynolds が発表していた流体潤滑効果を避けようとしたのだろうが，これが面倒なことになった．

用いた化合物は，種類によって違うけれども炭素数にして 1 から 24 にわたっていたから，常温で液体のものもあれば固体のものもあり，蒸気圧の高いものも低いものもある．そこで，液状のものについては平板の上に液滴を置いてその中で接触させたり，その液滴から表面拡散によって周囲に広がった“目に見えない”被膜のところで接触させたり，蒸気圧の高いものは蒸気を接触部に導いたりして被膜を作った．また固体の場合には，そのまま平板上に塗りつけたり，あるいはエーテルに溶かしておいて，塗布後エーテルを蒸発させて被膜を作ったりと大変な苦労をしていて，なかなか摩擦係数が安定しない場合もあったらしい．

そのへんのごちゃごちゃした話で，この論文も決して読みやすくはないが，得られた結果は貴重なものだった．すなわち 炭化水素，アルコール，脂肪酸のいずれにおいても，それぞれ摩擦係数 μ はパラフィン鎖が長い方が低くなり，分子量 M と $\mu = b - aM$ で表される直線関係にあることを示したのである．こ

こで定数 a は摩擦面材料には無関係で，用いた潤滑剤が炭化水素であるかアルコールであるか脂肪酸であるかによってきまり，b は摩擦面材料によってきまる．パラフィン鎖がもっと長くなると，摩擦係数がゼロあるいはマイナスになるのかという疑問は残るが，とにかくこのように明らかな規則性を見出したところに，この論文の歴史的な価値があると思う．

付け加えておくと，Hardy らは摩擦係数がスライダーの重量には無関係で，Coulomb の法則 ——Hardy らは Amontons の法則と呼んでいる—— が成り立っていると述べているが，その説明は10数年あまり後に発見される，真実接触の概念を待たなくてはならなかった．

そして30年近く後，Hardy らの考えの "増補改訂版" を示したのは Bowden, Tabor 両先生であった．両先生の著書 "The Friction and Lubrication of Solids" にある有名な図，**図10.1**[102] はご存じだろうが，Hardy らが論文を書いたときには Holm による真実接触の考えはまだ発表されていなかったから，Hardy らの頭にあったイメージは同図 (a) のようなものだったろうというのが，Bowden 先生らの推論である．

Hardy は摩擦の凝着説を唱えた人で，摩擦面を構成する2つの固体面の原子間に作用する引力を摩擦の原因と考えていたが，同様に引力は固体面と潤滑剤

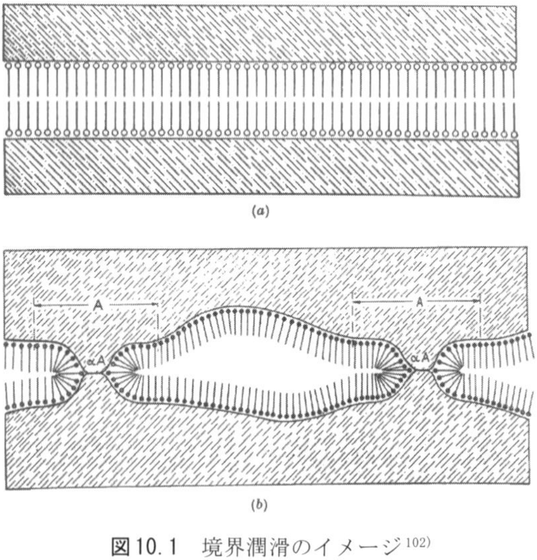

図10.1　境界潤滑のイメージ[102]

の分子の間にも働いて，配向した単分子吸着膜を作ると考えた．そこに接線力を加えると，配向構造はそのままで2つの単分子膜の間，この場合にはメチル基 CH_3 どうしの間ですべりが起こり，固体表面における力の非平衡が単分子膜の吸着によってやわらげられる分だけ，それらの原子間の引力が弱まって摩擦力が減少するというのが Hardy らの考えた境界潤滑作用であったようだ[68]．

さて，Bowden 先生らの増補改訂版境界潤滑論[102]の要点は，次の3つだと思う．以下ではその記述に倣い，固体には金属を想定する．

第1は，Holm による真実接触の概念の導入である．すなわち，摩擦面の接触は図10.1 (a) のようなものではなく，同図 (b) のように，荷重は摩擦面上に点在する接触点だけで支えられているというわけだ．なお図10.1 (b)の A は接触点の直径ではなく，真実接触面積を表している．

第2は，その真実接触部の状態が均一ではないという点である．“きわめて低い荷重の下でも金属面には摩耗が生じ”，“そのちぎられる深さは分子の寸法より大きい”こと，さらに表面を観察すると“金属の凝着と移着が認められる”ことから，潤滑剤の膜は真実接触部全体に介在しているわけではなく，その一部，図の αA では吸着膜が破れて，金属どうしの直接接触が生じていると考えた．

第3は，境界潤滑膜の実体である．Hardy らの書き方から察するに，彼らが考えた単分子膜は物理吸着によるものらしいが，脂肪酸などが金属面に化学吸着されると，金属石けんを作ってより良好な潤滑効果をもつだろうと考えた．この点については，10.5節以下で考えることにする．

10.3　境界潤滑における摩擦係数

3.4節において，凝着説では動摩擦の不可逆性を説明できず，摩擦面に存在する被膜の影響を考えなくてはならないのではないかという疑問を呈した．本節ではこの問題について考えることにするが，以下の議論は第3章でお話しした乾燥摩擦にも，Hardy が研究したパラフィン系の化合物で潤滑した場合にも，同様に当てはまるものである．

出発点は式 (3.2)，摩擦係数 μ が真実接触部のせん断強さ s_i と摩擦面である固体の塑性流動圧力 p_m との比で与えられるという式だが，便宜上新しく番号を振って再掲しておこう．

$$\mu = s_{\mathrm{i}} / p_{\mathrm{m}} \qquad (10.1)$$

早々と脇道にそれるが，乾燥摩擦の話ならまぁいいけれど，図 10.1 (b) を見ると“ちょっと待て”と言われる方があるかも知れない．真実接触部に塑性流動圧力 p_{m} が加わっているとすれば，その値は GPa のオーダーだろう．この図は，潤滑剤として Hardy が使ったパラフィン系の化合物を想定しているが，ぐにゃぐにゃした分子の膜は，たとえ図のように配列していたとしてもそんな圧力が支えられるのか．これは，言葉は悪いが 図 10.1 (b) の罪であって，第 3 章の 図 3.3 のところでお断りしたスケールのいい加減さが，この図についても言えるからである．すなわち，突起の寸法としては μm のオーダーを考えるのがふつうであるのに対し，そこに存在する境界潤滑膜が，たとえば C_{18} の飽和脂肪酸であるステアリン酸の単分子膜だとすれば，その厚さは nm のオーダーであって，両者にはざっと千倍の違いがある．単分子膜などは，まともに描けば描線の太さにも達しない．そんな薄い膜ならば，介在しようがしなかろうが，接触点が支えられる圧力には影響がないのである．

そこはそれでいいとすると，次は境界潤滑における s_{i} を，図 10.1 (b) をもとにして考えるとどうなるかという問題である．Bowden 先生らの答はあっけらかんとしたもので，図 10.1 (b) の真実接触部において固体どうしが直接接触している部分の割合を α，その部分の界面の せん断強さを s_{m}，境界潤滑膜が介在する部分の割合を $1-\alpha$，その部分の せん断強さを s_l として，比例配分

$$s_{\mathrm{i}} = \alpha s_{\mathrm{m}} + (1-\alpha) s_l \qquad (10.2)$$

で与えてしまえというわけだ．そうすると，境界潤滑における摩擦係数 μ は，

$$\mu = \{\alpha s_{\mathrm{m}} + (1-\alpha) s_l\} / p_{\mathrm{m}} \qquad (10.3)$$

ということになる．これが境界潤滑に関する Bowden の式と呼ばれるものである．油性剤をはじめ潤滑剤として用いられるものならば $s_{\mathrm{m}} \gg s_l$ と考えて良いだろうから，キーとなる因子は α である．

“なるほど．だけど ずいぶん単純な話だな”と言われるに違いない．たしかに単純な式だし，Bowden 先生らの時代以降もこのへんの議論からいっこうに進展していない．しかし，それには理由があるように思う．摩擦面の形状も組成も構造も分からずに摩擦係数を予測しろというのは無理難題だと 第 3 章に書

いたが，まさにそういうことなのだ．特定の摩擦面について，式 (10.3) の各パラメタの値がはっきりと分かるなどということはまず期待できないから，もっとソフィスティケートな式を導入しても実際上意味がないのであって，ならば単純な 式 (10.3) で間に合わせようというのが正直なところだろう．境界潤滑で摩擦係数を下げようと思ったら，とにかく α を小さくすることができ，s_l が小さい潤滑剤を使えというわけで，話がそのように定性的である限りにおいては，Bowden の式は有用だ… というのが，現在の一般的な考え方だろう．

だけど，この考え方はちょっと違うのではないか．

3.4 節で，摩擦の凝着説の説明図，図 3.2 の右半は静摩擦の説明だと書いたのを思い出していただきたい．すなわちそれは，接触点がすでに形成されている絵であって，話はそこから始まっていた．しかし そのときも述べたように，動摩擦というのは，2 面の接線方向の相対運動によって接触点が生成・破断する過程である． 微視的に考えれば，図 3.3 のモデルで説明したように，接触点をせん断するのに必要な力というのは 2 面の突起が離れて行くときに両面の原子間に働く引力である．しかし同じ引力は，突起が接近して接触点が生成するときにも働いているはずだから，この過程は前後対象であり，図 3.2 の右半から出発した議論は不可逆性の説明にはならないというのが，第 3 章での推論であった．

そういう目で 図 10.1 (b) を見ていただくと，境界潤滑においても同じ推論が可能であることが分かるだろう．ここから出発する議論は，境界潤滑における静摩擦を説明できたとしても，不可逆過程としての動摩擦の説明にはならないのである．

ここで，境界潤滑状態にある一方の摩擦面の，境界潤滑膜による被覆状態を考えてみよう．**図 10.2** はその概念図だが，Hardy のように空気中でコテコテの潤滑膜を作った場合は別だけれど，潤滑油中の摩擦面では脂肪族化合物などの潤滑剤分子

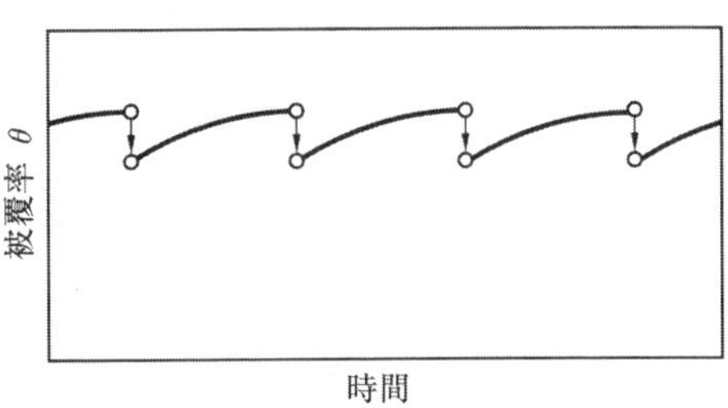

図 10.2　境界潤滑膜による被覆率の変化

の吸着によって被覆率 θ が上昇し，真実接触における破壊によって θ が低下するという過程を繰り返すと考えられる．そして接触点における固体どうしの接触部の割合 α は，接触点の形成直前における2面それぞれの被覆率と，その接触中における境界潤滑膜の破壊によってきまる… と，こう考えるのが常識的だろう．

境界潤滑状態の概念図 10.1 (b) に対して，先ほど引っ張り出した接触のミクロなモデル 図 3.3 に似たものを描いたのが，**図10.3** である．ここでは上下面の固体の原子がどちらも白い丸で描いてあり，灰色の丸が境界潤滑膜の分子のつもりである．お断りしておくが，この図のスケールのいい加減さは 図 10.1 (b) をはるかにしのぐものであって，実際には1つの接触点内に並んでいる原子数は数十万ないし数百万個といったところだろう．

まず 図 10.3 (a) が示すのは，境界潤滑膜が接触点に介在する場合であっても，その接触中に被覆率が変わらなければ過程は前後対称であり，動摩擦の不可逆性が説明できないのは 図 3.3 のモデルと同じだということである．では不可逆性はどうして現れるのだろうか．その原因は，着目する接触の前と後で，2面の原子間・分子間に働く引力が変化し，前後が非対称になることに求められる．境界潤滑の問題としては，図 10.3 (b) に示すように，着目する接触中に境界潤滑膜が部分的に破壊され，被覆率が低下すれば非対称性が現れる．Bowden の式に戻れば，動摩擦における摩擦力には，そのような被覆率の変化による固体どうしの直接接触割合の増加 $\Delta\alpha$ のみが寄与するのであって，摩擦係数は 式 (10.3) を小修正した

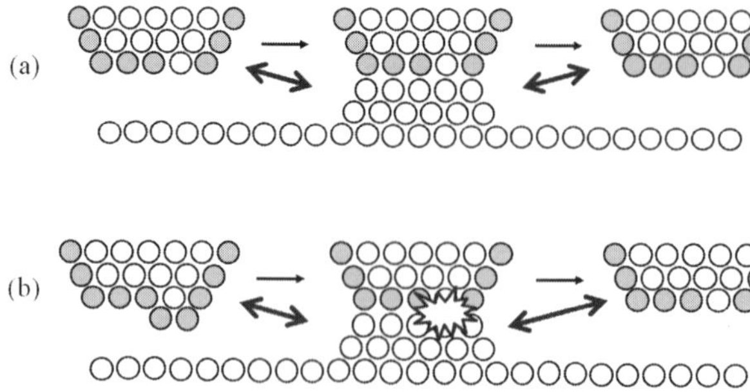

図10.3　境界潤滑膜と原子間の相互作用

$$\mu = \{\Delta\alpha s_{\rm m} + (1 - \Delta\alpha)\, s_l\} / p_{\rm m} \qquad (10.4)$$

によって与えられるのではないか，これが筆者の結論であり，第3章で提起した動摩擦の非可逆性の原因に関する一つの試論である．

10.4 油中における吸着について

“すべりあう物体の間に挟まれたものは何であっても，また いかに薄かろうと，その摩擦を軽減する”と，Leonardo da Vinci は言っているそうである[103]．潤滑のメカニズムが流体潤滑と境界潤滑しかないとすれば，本来 万物の境界潤滑膜を俎上に載せなくてはならないが，以下では 先ほど紹介した Hardy らが論じたような油性剤を潤滑油の基油に添加した場合を想定し，金属面に形成される境界潤滑膜を中心に考えることにしたい．なお，その場合にも金属面には酸化膜が存在するのがふつうだが，ここで紹介する研究ではその役割がほとんど意識されていないので，区別の必要な場合を除き，酸化膜を含めて金属面と書くことにする．

Hardy らの論文からは，形成された境界潤滑膜の性状についてはよく分からないけれど，とにかく空気中で作った被膜であった．だから 固体面上には被膜と空気しか存在しないはずで，Bowden 先生らもそのような状態を念頭において絵をお描きになったのかも知れない．しかし そういう被膜と，油中における被膜とはイメージがかなり違うのである．

図 10.4　油中の吸着膜のイメージ

図 10.4 は，岡部平八郎氏といっしょに本を書いたときに若き日の益子正文君が描いてくれた絵で，液相からの吸着の説明図である．下端が金属の表面，その上が液相で，白い分子に黒い分子が溶けているところである．吸着とは，“物体の界面において，その表面力のために濃度が周囲より上昇する現

象[104)]"であって，金属の表面に沿ったところだけ黒い分子の濃度が高くなっており，こういうものを吸着膜というわけだ．

ここで，化学屋流の理解が必要になる．図10.1なんかだと，単分子膜を作っている潤滑剤の分子は動きようがなさそうに見えるが，図10.4のように油中に置かれた表面では事情が違うことが分かるだろう．そもそも分子が吸着されるというのは，金属との界面付近の，その種の分子にとってポテンシャルの低い場所に飛び込むことなのだが，第5章の温度のところでお話ししたように，吸着された分子は絶対零度でない限り熱振動をしているから，ある確率でそこから離脱する．そういう吸着と離脱の動的なバランスで，吸着量あるいは前節で問題にした被覆率がきまる．吸着膜とはそういう動的なものなのだ．

ここで第5章の図5.6，原子間のポテンシャルの図を参照していただき，いささかいい加減だが横軸の左端を金属面と考え，曲線A + Bは金属Aと潤滑剤分子Bが別々に存在した場合のポテンシャル，曲線ABは潤滑剤分子が金属面と化学反応をした場合のポテンシャルと読み替える．そうすると，上に述べたポテンシャルの低い場所がQとPの2箇所あることになって，分子がQに落ち着いている状態を物理吸着，Pに落ち着いている状態を化学吸着と呼んでいる．鉄と飽和脂肪酸の例でいえば，Feと $CH_3(CH_2)_nCOOH$ としてそれぞれ存在している状態がA + B，鉄の表面で $Fe(CH_3(CH_2)_nCOO)_2$ のような金属石けんを作っている状態がABに相当し，後者のほうがより安定な状態というわけだ．これは単分子吸着膜の話であって，化学吸着をするのは単分子膜に限られるから，多分子層の吸着膜についてはそれまでに形成された吸着膜の表面を左端にとり，物理吸着に対するポテンシャルを考えればいいわけだ．

実際のポテンシャルは吸着するもの，されるものによって違うから，境界潤滑膜を形成する分子とそれを溶かしている基油，金属面の種類などによって吸着膜の形成状況もさまざまだが，一般に，平衡状態における被覆率は液体中の分子の濃度が高いほど高くなる．また温度が上がると，吸着される速度も上昇するが離脱する速度の上昇がそれを上回るから，平衡状態の被覆率が低くなり，ある温度以上ではほとんど0になってしまう．潤滑油に添加される脂肪酸などの油性剤では，その限界が百数十℃だというのが一つの泣きどころである．

10.5　境界潤滑膜の実体

では 実際の境界潤滑膜は，どういう吸着状態になっているのだろうか．

先ほど紹介した Bowden 先生らの増補改訂版境界潤滑論の要点の第 3，化学吸着されるとより良好な潤滑効果をもつという点については，**図 10.5** の実験結果などが一つの根拠になっている．この図は Bowden 先生らのデータ[102]を筆者が図にしたものだが，Hardy らとは逆に潤滑剤を 1 種類，パラフィン系の基油に先ほどの分子式で $n = 10$ の飽和脂肪酸であるラウリン酸を 1 % 加えたものだけにし，いろいろな同種金属間の摩擦における摩擦係数を，それぞれの金属のラウリン酸との反応性と比較した実験である．その結果も示唆に富んだもので， 縦軸の上にあるラウリン酸と反応しない金属 ――金属にガラスが入っているが， ま，そのへんは―― に比べ，右方にある反応した金属に対しては，ずっと大きな潤滑効果を示すというわけである．

といっても，物理吸着膜にだって潤滑効果がないとはいえない．第 3 章で乾燥摩擦の摩擦係数は測定によって ばらつきが大きいという話をしたが，それを承知で Rabinowicz の測定した摩擦係数[24]と，図 10.5 の反応しない金属の摩擦係数とを比べてみると，次のようになる．Ag : 0.50 → 0.55，Cr : 0.46 → 0.34，Al : 0.57 → 0.30，Ni : 0.50 → 0.28，Pt : 0.55 → 0.25．すなわち Ag を例外とし

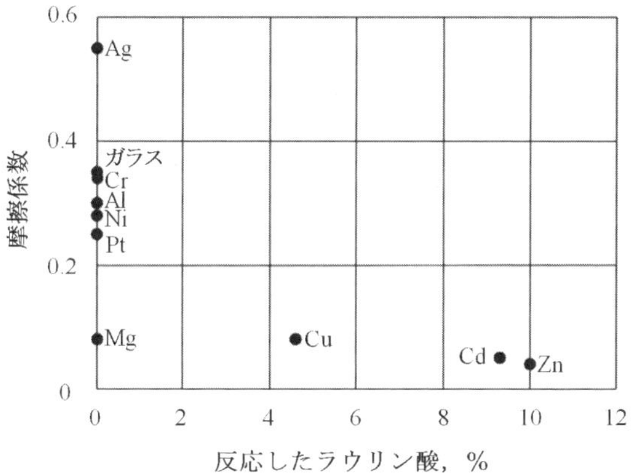

図 10.5　反応性と潤滑効果〔文献 102）の表を図にしたもの〕

て，他の金属に対してはラウリン酸の物理吸着膜による潤滑効果が表れているといえるだろう．もっとも図10.5の実験ではラウリン酸をパラフィン系の基油に混ぜて使っているから，パラフィン系基油 ──こちらも物理吸着はする── 自体の潤滑効果との区別はつかない．

Bowden先生らの本 “The Friction and Lubrication of Solids” からもう一つ，“ステアリン酸膜の摩耗” と称する実験結果，**図10.6**[105] を紹介しよう．Hardyらと同様に空気中で作成した境界潤滑膜に関する実験で，摩擦面はステンレス鋼の曲面と平面である．Langmuir-Blodgett法によって平面の方に単分子膜を1ないし53枚重ねて形成し，曲面で繰り返し摩擦を行って摩擦係数を測定した結果だが，ここで興味深いのは，図のキャプションにある “単分子膜も，何枚も重ねた膜と同一の摩擦低減効果がある” という点である．図の左端部に見られるように，何枚分子膜を重ねても摩擦係数は単分子膜の場合と変わらず，摩擦低減という意味での潤滑効果は単分子膜が担っているというわけだ．ただし，単分子膜の場合には摩擦の繰り返しによってすぐに摩擦係数が上昇するのに対し，分子膜の枚数が増えるほど，初期の低い摩擦係数が長く持続している．詳しく見ると縦軸は “平均摩擦係数” になっているから，摩擦係数の上昇は摩擦痕全体で一様に起こっているのではなく，高い摩擦係数を示す部分が局所的に現れて，その発生頻度が次第に増加したもののようである．

多分子層の膜といえば，AllenとDrauglisが紹介している旧ソ連のFuksの実

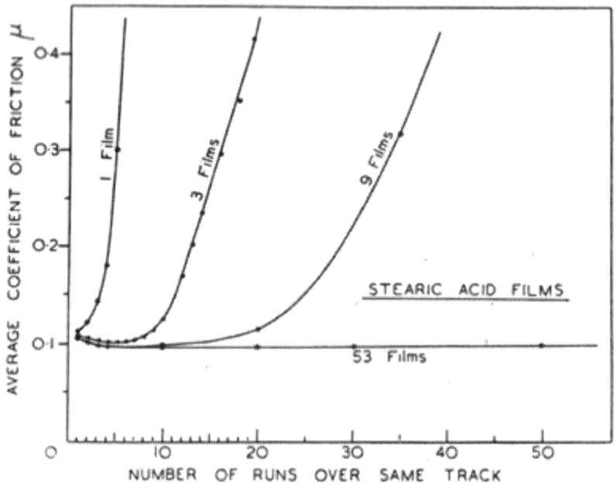

図10.6　境界潤滑膜の “摩耗”[105]

験[106] がよく知られている．鉱油系の基油にステアリン酸を 0.05 % 添加した実験では，鋼面に厚さ数百 nm の，ということは単分子膜が数百層も重なった多層膜が形成されたという結果が報告されており，Allen らはこれを ordered liquid と表現している．ただし そのときの測定圧力は 100 kPa のオーダーだから金属の接触点に比べればずっと低いし，またその圧力の 1/100 程度の せん断応力によって厚さが激減するようだから，存在したとしても多分子層の境界潤滑効果は，単分子膜の効果を大きく超えるものではないと言っていいだろう．

これらの実験結果から，次のような推論が可能だろう．一般に 化学吸着は物理吸着より安定だから接触点内において破壊されにくく，10.3 節の解釈によれば，$\Delta\alpha$ を小さく抑えることによって摩擦係数を下げる効果が大きい．しかし化学吸着されるのは第 1 層の分子だけであって，その上に分子膜が重なるとしてもそれらは物理吸着膜であり，化学吸着膜に比べて破壊されやすく，存在しても摩擦係数の低下への寄与は相対的に小さいのである．

10.6　境界潤滑膜の破壊

では，境界潤滑において摩擦を支配する境界潤滑膜の破壊は，どのようにして起こるのだろうか．この問題に関しては立ち入った研究がほとんどないようなのだが，微視的から巨視的まで，人によってイメージはさまざまであるようだ．

まずはクラシックなところから始めるが，前節に紹介した Bowden 先生の “ステアリン酸膜の摩耗”[105] という考えは巨視的な解釈と言えるだろう．事実同書の Plate XXI を見ると，摩擦係数が高くなった点では相当激しい摩耗を生じているのが分かる．

対照的にミクロな考え方として，あまり知られていないが Kingsbury のモデル[107] がある．第 6 章の 図 6.2 の流体潤滑の歴史に名を残す Albert Kingsbury とは別人だが，当人の言うところでは Kingsbury と名乗るのはすべて一族だそうである．**図 10.7** がその説明図で，図 10.3 に輪をかけていい加減な尺度の絵だが，丸いのが潤滑剤の分子で，下部の金属面に単分子層の吸着膜があり，そこへ相手面の突起 Q がすべってきたところである．Q がそのまますべってくると単分子膜に乗り上げてしまうが，先ほどお話ししたように，吸着されている分

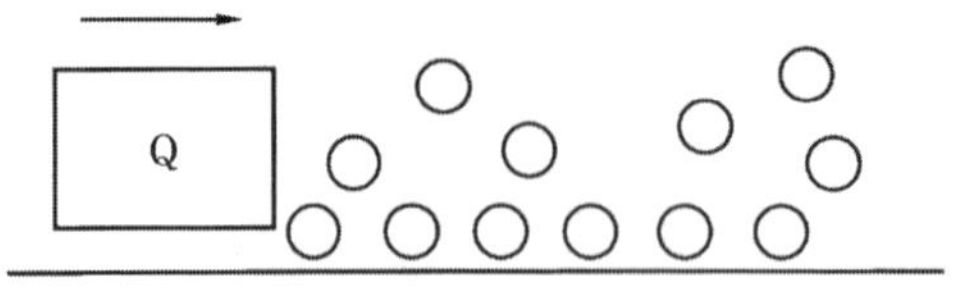

図 10.7　Kingsbury のモデル[107)]

子はある確率で離脱するから，Q は少し待っていれば——ということはすべり速度が低ければ——分子がどいたところへきて，金属どうしの直接接触が起こるというわけだ．このモデルは50年前のものだが，分子が1つ1つ抜けるとすれば，どうやって金属どうしが接触できるのか，額面通りに受け取るのはむずかしい．

ぐんと新しいところで，岩手大の森 誠之氏の絵[108)]がある．それを若干書き換えたのが**図10.8**の (c) で，"厳しい潤滑条件下で固体接触が起こると，表面の皮膜は力学的に除去され格子欠陥に富んだ金属の表面が露出する" という説明がついている．この図を利用させてもらって，図 10.8 に，境界潤滑膜の破壊として考えられる3態を示す．接触によって，潤滑剤の吸着膜のみが破壊される場合 (a)，酸化膜のところで破壊が起こる場合 (b)，そして森さんの絵のように，境界潤滑膜が酸化膜・下地金属もろとも力学的に破壊されるというモデル (c) である．

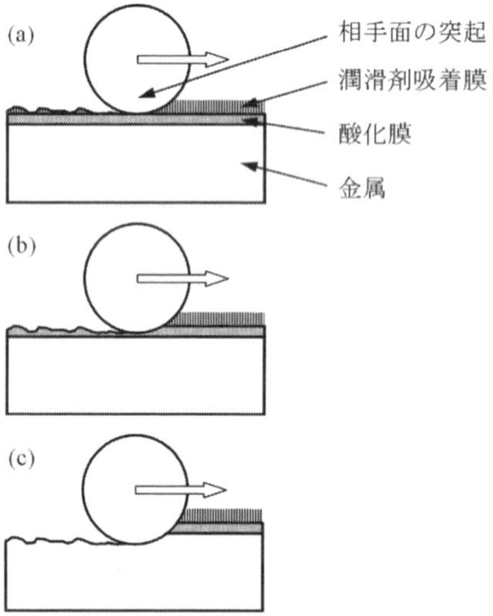

図 10.8　境界潤滑膜の破壊

これらの考え方は，どれが正しくてどれが間違っているとは言えず，摩擦面の条件によっていろいろなメカニズムがあり得るのかも知れない．しかし同じく境界潤滑膜の破壊と言っても，研究室の試験機で見られる現象と実際の機械の摩擦面で見られる現象とは，だいぶ違うように思う．いま紹介した研究でも，Bowden の実験における摩擦後の表面の写真[105)]には，図 10.8 の (c) のような現象が起こり，金属面が傷つけられているのが見られるが，これはいわゆる凝着摩耗をともなう破壊であって，実際の機械で起こったらその機械の寿命は著しく短いに違いない．したがって，長寿命の摩擦面においては (a)，境界潤滑膜が離脱してその下地，酸化膜あるいは金属面が部分的に顔を出すというのが，一般であるように思われる．

その場合には，被膜の機械的な破壊ではなく，Kingsbury のモデル [108] に近い現象が起こるのではないだろうか．すなわち，5.4 節でお話しした閃光温度の発生による潤滑剤分子の離脱が，境界潤滑膜の破壊の支配的な要因である場合が多いように思う．先ほど批判的なコメントをしたように，潤滑剤の分子が 1 個離脱したところで金属接触が生ずるというのは考えにくいけれども，小さいとは言っても接触点の寸法は原子の大きさよりはるかに大きいから，多数の潤滑剤分子が一斉に離脱して金属接触を生ずるというのは，現実味のあるストーリーであるように思う．

ただし，高温の発生 → 境界潤滑膜の離脱 → 不可逆的な摩擦の発生 → 高温の発生というのは堂々巡りであって，いつまでたっても話が終わらない… のではなく，この場合は話の始点が見つからない．そういうわけで未完成の考えであるが，あるいは初期に 図 10.8 の (c) のような破壊が起こって，そこで生じた温度上昇がその後の，あるいは他の接触点における境界潤滑膜の離脱の原因になる… というような連鎖が起こるのかも知れない．

10.7　破壊された境界潤滑膜の修復

ここまでが 図 10.2 で言うと下向きの矢印の部分であって，次に右上がりに被覆率が上昇して行く部分，すなわち接触点で破壊された境界潤滑膜の修復を考えよう．

一言で言えば それは 10.4 節でお話しした吸着によるのだが，吸着というのは研究の進んでいる分野であって，単分子層吸着の Langmuir モデル，多分子層吸着の BET モデルなどもそろっている．だから その過程を知るのは比較的簡単かと思っていたが，どうやらそうでもないらしい．

森さんの同じ記事 [108] によると，世の中の酸と塩基は，硬い酸，硬い塩基，軟らかい酸， 軟らかい塩基に分類できるという説 [109] があるらしい．この “硬い”，“軟らかい” は 酸･塩基の強弱とは無関係で，電荷が局在していて 分極率の低いものを“硬い”，電荷が広がっていて分極率の高いものを“軟らかい”と言う．

この分類の大事な点は，硬い酸は硬い塩基と親和性が高く，軟らかい酸は軟らかい塩基と親和性が高い，平たく言えば硬い酸は硬い塩基と，軟らかい酸は軟らかい塩基と反応しやすいというところにあって，英語の hard and soft acids and bases を縮め，これを HSAB 則と言う．われわれになじみの深い例を挙げると，極性化合物の金属面への化学吸着は一種の酸-塩基反応であって，金属の酸化物は硬い酸だから硬い塩基の脂肪酸やリン酸エステルなどが反応しやすく，金属の新生面は軟らかい酸だから軟らかい塩基である硫化アルキルなどが反応しやすいというわけだ[108]．

機械屋にはもう一つピンとこないのだが，ともかくそういう違いがあると，境界潤滑膜の修復も一筋縄では行かない．破壊には図 10.8 のようなバラエティーがあるから，露出した面のどの程度が金属自体であり，どの程度が酸化物であるかによって，潤滑剤分子の吸着速度が異なってくることになる．すなわち，膜の破壊がそれに続く膜の修復に影響を及ぼすのであって，静的な条件で得られた吸着に関する知見だけでは対応できないようである．

鋼の摩擦面において，摩耗が問題であるような相対的にマイルドな条件では，トリクレジルホスフェートなどのリン酸エステルが効き，焼付きが問題になるハードな ――という表現はこの際よくないが―― 条件になると硫化物が効果を発揮するという経験的によく知られた事実があるが，これも前者では露出するのが硬い酸の酸化物だから硬い塩基が反応しやすく，後者では新生面が出てくるから軟らかい塩基が反応しやすいという，HSAB 則で説明されるのかも知れない．

第 11 章　損傷名と用語について少々

11.1 “日常言語” と “学問用語”

摩擦面の損傷の話に入りたいと思うのだが，例によって まずその名称… というより，さまざまな呼び名について考えてみることにしよう．第 6 章のナントカ潤滑以上に，摩擦面の損傷については用語を整理しておく必要があると思うのだ．お断りしておくが，“整理” であって “統一” しようという意図はない．

早速回り道をさせていただくが，最初に紹介するのは，“日常言語” について語っている詩人の谷川俊太郎氏と和合亮一氏の対談[110] である．

谷川氏は “言語は基本的にひとつひとつを名づけて整理し秩序を与えるという機能がある” ことを前提とした上で，“日常生活の中でそういう一義的な言語を使っているからこそ，詩や小説のような多義的な，自由な言語の使い方を欲するというところがある”．けれども “社会が複雑かつ広大になっていくと，さまざまな決め事が必要となって，一義的な言語の領域がどうしても増えて” 行き，その結果 “テレビを見ても新聞を読んでも画一化された表現ばかり” になってしまい，“世界が貧しい決まり文句だけで回っていく” という悪循環に陥っていると指摘する．日常言語の世界では，ある人が使う言葉は “その人の現実の経験が定義するもの” であって，本来 それは多義的なものであり，谷川氏はまさにそういう日常言語で詩を書いていると言うのだ．それが谷川氏の詩の，大きな特徴になっているのだろう．ちなみに，谷川俊太郎における “私の歌” は何かという問いに，氏はこう答えている．“鉄腕アトムでしょうね”．

詩や小説という，芸術の世界ならそれでいいのかも知れないが，学術における言葉は一義的に定義された “学問用語” であるべきだ…，そう考える向きが多いのではないか．ところが 長谷川三千子さんという哲学の先生は，哲学においてすら“学問語と日常語のたたかい”があったと言う[111]．それを試みたのは，かの和辻哲郎先生であった．当時，というのは昭和初年のことだが，わが国における哲学はもっぱら学問用語で論じられていた．いわく“理性”であり，いわく“悟性(ごせい)”である．それらは一義的で明瞭な言葉ではあるが，日本人の日常言語から切り離されたものであって，掘り下げても何一つ出てこない．そこで 母語である日本語の日常言語がもつ底力を利用しようと考え，Descartes の“方法序説”にあるラテン語の有名なフレーズ，“Cogito, ergo sum”を俎に載せた．当時の定訳は，“我思惟す，故に我存在す”などというものであったらしい．

和辻氏はこう考えた．“思惟す”なんて言葉の代わりに，“思ひを寄せる”というときの愛慕の情，“思ひが叶ふ”というときの願望などの意味をも含む日常言語，“思ふ”を使うべきではないか．そして 上記のフレーズを，“私が思ふ，だから私がある”と訳しなおし，日常言語の底力によって哲学を深めようと試みたのだ．

それはいいのだが，この話にはオチがある[111]．和辻氏が原典だと理解していたラテン語は，もっぱら学問用語としての存在であったから，“cogito”が“思惟す”と訳されたのには必然性があった．ところが そこに和辻氏の誤解があったのだという．Descartes は“方法序説”を 最初フランス語で書き，この部分は“Je pense, donc je suis”となっていて，ここに使われている“penser”は，ちょうど日本語の“思ふ”と同じような広がりをもった言葉なのだそうである．すなわち このフレーズは，まず日常言語で書かれたのであって，その後 ラテン語に訳されたときに学問用語に化け，和辻氏はそれを元に戻したにすぎなかったのである．氏の考察は空振りに終わったというわけだ．

11.2　損傷に関する規格

少々長すぎるまくらだったが，そろそろ本題に入ろう．

読者各位は，摩擦面の損傷に関する JIS 規格があるのをご存じだろうか．規格をきめたからといって，別に損傷がそれを意識して発生するわけではないから，おそらくは用語の統一が目的なのだろう．代表的なトライボ要素として軸受を取り上げると，流体潤滑を前提とした すべり軸受については“滑り軸受 ― 金属製流体潤滑軸受に生じる損傷の外観及びその特徴 − 第 1 部：一般 (JIS B

1583-1)[112]"，ころがり軸受については"転がり軸受 — 損傷及び外観の変化に関する用語，特徴及び原因 (JIS B 1562)[113]"という規格がある．いずれも国際標準であるISO標準がもとになっていて，上記のJISはそれぞれISO 7146-1[114]，ISO 15243[115]に準拠している．筆者はあまり気に入らないのだが，どんなことをきめているのか，以下に損傷の呼び名に関連する部分を紹介しておこう．

いま簡単に呼び名といったが，その扱いは少々込み入っている．まずすべり軸受のJIS[112]には，"損傷の説明，原因及び特徴"という章があり，そこに示されている基本的な考え方は，"損傷の原因"によって"損傷の特徴"が現れ，その進展にしたがって"損傷の外観"が変化するというものである．原因はさておき，"損傷の特徴"と"損傷の外観"にはそれぞれ**表11.1**，**表11.2**のような用語が並んでいて，両者の関係がマトリックスで示してある．

一方，ころがり軸受のJIS[113]には**表11.3**のような"故障モードの分類"の表があり，さらにその規格の付属文書に，"頻度の高い損傷の特性"として**表11.4**のようなものが列挙され，原因との関係が，こちらもマトリックスで示してある．

表11.1　すべり軸受の損傷の特徴[112]

静的過負荷 動的過負荷 *
摩擦による摩耗 * 過熱
潤滑不足（スターベーション，枯渇潤滑）
コンタミネーション（粒子状物質，化学物質）* キャビテーション浸食
電食 水素の拡散
接合不良

* 軸受表面と軸受背面を含む

表11.2　すべり軸受の損傷の外観[112]

堆積 *
クリープ変形
温度サイクルによる変形
熱亀裂
疲労亀裂
材料脱離（接合部の剥離）
摩擦腐食
融解，焼付き
ポリシング，スコーリング
混合潤滑の痕跡，材料摩耗
青変，黒変
腐食
流体浸食
埋収した粒子，粒子移動痕，ワイヤーウールの生成
電気アーク痕
キャビテーション浸食

* 筆者注：deposition の訳

表 11.3　ころがり軸受の故障モード[113]

疲労	内部起点疲労	
	表面起点疲労	
摩耗	アブレシブ摩耗	
	凝着摩耗	
腐食	湿分腐食	
	摩擦腐食	フレッチング
		疑似ブリネル圧痕
電食	過大電圧による電食	
	電流もれによる電食	
塑性変形	過大荷重による塑性変形	
	異物による圧こん	
	取り扱いによる圧こん	
破壊およびき裂	強制破壊	
	疲労破壊	
	熱き裂	

こうして比べてみると，すべり軸受と ころがり軸受では発生する損傷がまるで違うことは当然だとしても，その呼び名の扱い方が異なっており，“特徴”と“外観”，“故障モード”と“特性”という相互関係もはっきりとは分からず，損傷を指す場合にどれを使おうというのかも判然としない．そんなことを考えるのは時間の無駄だから，以下ではそれらをひっくるめて，“損傷名”という言葉を使うことにする．

JISはISOに準拠しているし，ISOの標準も，その作成に日本からも加わってはいるけれど，議論のベースになっているのは日本語ではない．ではもともと母語である日本語で書かれた出版物では，損傷名はどうなっているだろうか．日本プラントメンテナンス協会が出版した“潤滑油分析による設備診断技術[116]”と，日本トライボロジー学会の編集による“トライボロジー故障例とその対策[117]”から一般的な損傷名を抜き出し，一応分類したものを，**表 11.5** にお目にかけよう．

表 11.4　ころがり軸受の損傷の特性[113]

摩耗	異常摩耗，こん跡、スコーリング，スミアリング，焼付きの兆候，スカッフィング，スクラッチング，フルーチング，ウォッシュボーディング，チャタリング，発熱による変色・溶融
疲労	ピッチング，スポーリング，フレーキング
腐食	腐食（さび），フレッチング，電食・フルーチング
破壊	破壊，保持器破壊，局部チッピング，局部スポーリング
変形	変形，圧痕，マーキング
き裂	熱き裂，熱処理き裂，研削き裂

表 11.5　潤滑油分析による設備診断技術[116]とトライボロジー故障例とその対策[117]に見られる損傷名

		すべり軸受	ころがり軸受	歯車	カム機構	ピストン／シリンダー
焼付き		焼付き 溶融 焼損	焼付き スミアリング かじり	スカッフィング スコーリング	スカッフィング	焼付き スカッフィング かじり
摩耗	アブレシブ摩耗	傷	アブレシブ摩耗 傷	アブレシブ摩耗 スクラッチング		アブレシブ摩耗
	凝着摩耗	摩耗 片摩耗 異常摩耗 かじり フレッチング	摩耗 フレッチング	正常摩耗 過大摩耗 フレッチング	摩耗 凝着摩耗 異常摩耗	凝着摩耗
	腐食摩耗			腐食摩耗	腐食摩耗	腐食摩耗
疲労	ころがり疲れ		フレーキング ピーリング	ピッチング ケースクラッシング スポーリング くもり	ピッチング ピーリング	
	疲労	疲労 熱疲労 はく離				
腐食		腐食	腐食 変色 さび			
浸食		キャビテーション・エロージョン				
電食		電食	電食			
変形			圧こん 梨地	ローリング リップリング		
破壊		き裂	き裂 割れ 欠け	き裂 折損		

ここで，すべり軸受と ころがり軸受の欄に注目していただきたい．すべり軸受の欄に並んでいるのは，JIS では “外観” に並んでいる損傷名がほとんどだが，ころがり軸受の欄では，“故障モード” と “特性” に挙げてある損傷名がまぜこぜに入っていること，それに加えて，いずれにも登場しない “きず”，“かじり”，同様な例として歯車の欄に “くもり” などという損傷名が入っていることが分かる．これらの出版物の編集過程から，日本の現場で使われている損傷名は 表

11.5に並んでいるようなものではないかと，筆者は推察している．

11.3　再び“日常言語”と“学問用語”

さて，このような状況をどう考えるべきだろうか．“基本的な用語さえ統一されていないというのは，この分野の後進性を示すものだ”と言う人もいれば，“そやかて，ずーっと こう呼んでまっせ”と，京都人よろしく 主張をする人もいるだろう．伝聞だが，かつて 日本潤滑学会がはじめて出した“潤滑用語解説集[63]”の編集委員会が，収録すべき用語に関して大もめにもめたというのも，用語の取り扱いのむずかしさを物語っている．

第6章のはじめにもふれたが，“トライボロジー辞典”の序文[62]に，筆者は“辞典であることを口実に，本書は用語の統一・制定を意図していない”と書いた．かつて曾田範宗先生がいわれた，“木村君，言葉というものは使う人のものなんだよ”という一言が刷り込まれていたのだが，曾田先生の考えは，先ほど紹介した谷川俊太郎氏の“ある人が使う言葉はその人の現実の経験が定義するもの”という考えと通底するものであったように思う．

ところで 先ほども述べたように，規格で使われている“特徴”と“外観”，“故障モード”と“特性”との関係がはっきりとは分からないのだけれども，損傷名がそれぞれ2つの系列に分けてあるのは，なかなか面白いところである．と言うのも，摩擦面の損傷名を 1 つのカテゴリーに入れてしまうのではなく，図11.1のような3つのカテゴリーに分けるべきではないかと 最近考えているのだ．

第1は，原理にもとづく学問用語としての損傷名で，これは一義的に定義しておかないと議論がもつれる．第2が規格の損傷名で，ISOやJISというのは工業分野の規格・標準だから 本来学術的な議論を拘束すべきものではないが，トライボロジーは工学の一分野だから，学問用語と規格用語との対応ははっきりしておく必要がある

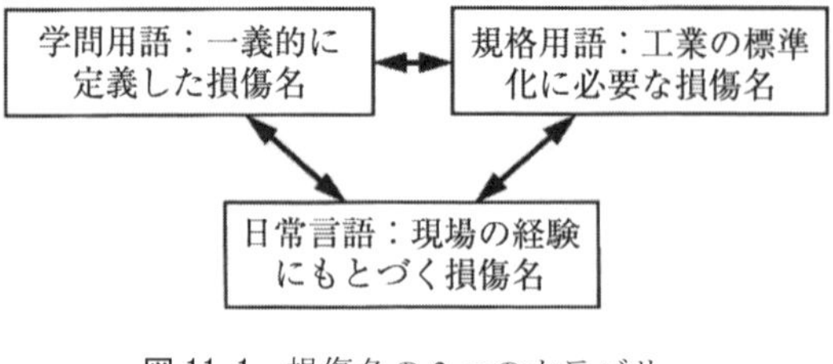

図11.1　損傷名の3つのカテゴリー

だろう．

それらとは別の第3のカテゴリーとして，日常言語としての損傷名を認識すべきだと思うのだ．“かじり”にしても“くもり”にしても，それぞれ現実の経験にもとづく日常言語である．そう言えばピッチング＝凹みができる，フレーキング＝薄片になる，スカッフィング＝すり減る，スコーリング＝傷がつくなども，日本では学問用語と受け取られているようだが，英語を母語とする人たちにとっては日常言語だったのだろう．

言いたいのはこういうことだ．表 11.5 では損傷名を一応分類しておいたけれど，あとでお話しするように，そうスパッと分類できるものではないように思うし，“かじり”や“くもり”などには，そう表現するのが適切であった理由があるのだろう．それを日常言語だからといって“あぁ，凝着摩耗か”，“ころがり疲れだな”などと学問用語に“翻訳”してしまうと，時として損傷の本質を見逃すことがあるのではないか．このようなところにも，母語である日本語の日常言語がもつ“底力”を活用すべきであって，それらを排除しても得るところはないように思う．

以下，損傷用語のお話をしたついでにもう少し脱線を続けて，トライボロジーの用語に関わるこぼれ話をいくつか，紹介させていただくことにしよう．お急ぎの読者は 11.8 節へどうぞ．

11.4 “凝着”について

潤滑用語解説集の編集委員会が大もめにもめた原因の一つが，トライボロジーにおいては基本中の基本というべき“凝着”であったという．

わが国ではじめてこの分野の用語集を作ろうというわけだから，英語の用語を参考にしたのは常識的であったろう．そこで関連する用語をアルファベット順に並べると，adhesion だとか adhesive wear なんて言葉は，はじめのほうに並ぶ．その adhesion の和訳が議論を巻き起こしたのだから，編集委員会はのっけからつまずいたわけだ．Adhesion に対応する日本語を調べてみると，凝着，固着，膠着，執着，接着，粘着，付着，癒着など，さまざまな言葉が見つかる．これらの中から，“凝着”を選ぶか“接着”を選ぶかで激論になったらしい．

編集委員会の議論に入る前に，この2つの語が一般にはどう受け取られているかを調べておこう．例として広辞苑[118] を開いてみると，“凝着”には物理の学術語・専門語の印がついていて，“異種の物質が接触したとき相互の分子間力によって互いにくっつくこと．付着”と定義されている．それに対し“接着”は“ひっつくこと．くっつくこと．また，くっつけること”と，こちらは定義とも言えない，まさに日常言語としての説明である．

さて 潤滑用語解説集の編集委員会では，機械系の委員と化学系の委員との対立があったという．まず 機械系の委員は“凝着”を選んだ．その理由として，当時 日本語で唯一の専門書であった曾田範宗先生の著書“摩擦と潤滑”に，乾燥摩擦の機構の一つである adhesion theory が凝着説という名で紹介された[35] ことが大きかったのだろう．曾田先生の頭には，上記のような物理用語としての定義があったのかも知れないが，その説明の中に，真実接触面で“いわゆる凝着（傍点筆者）が起って”などと書いておられるから，やや腰が引けていたようにも思われる．

それに対し化学系の委員は，“接着”を選んだ．その理由に，物理の用語は別として，化学用語には“接着”はあるが“凝着”はない，ということがあったのではないか. 新しい版からの推論なのだけれど，標準化学用語辞典[119] には“接着”のほうだけが載っていて，“接着剤と接着体の表面が界面の結合力により結合されている状態．界面の結合力は，両者の表面分子間の化学的相互作用と機械的結合による”と説明されている．接着の説明に接着剤と接着体から入るというのは，第 6 章のはじめに紹介したトライボロジー辞典の“潤滑”の説明[60] と同様だけれど， 現象としてはまさに“接着”であるという主張の根拠にはなるだろう．

で，結局“潤滑用語解説集[63]”はどうなったかというと，両方の項目があって，“凝着”を見ると“接着を見よ”と書いてあり，“接着”を見ると 今度は“解説 (37) を見よ”と，たらい回しにされる結果になったのである．その“解説 (37)”を要約すると，トライボロジーにおいて 従来 一般に凝着と呼ばれていた概念があって，それは固体と固体が接触し，あるいはすべり合う場合に，固体面間に直接の結合が生ずる現象を意味していた．その一方で，もっぱら接着剤を用いて固体どうしを意図的に結合させるという，操作あるいは工程を意味する狭義の“接着”という用語があるので， 潤滑用語解説集ではそれを広義に用いる，というものであった．

当時 日本潤滑学会の会長であった曾田先生の “序” にあるように，この用語集は “学会の名によって決してこの用語や解釈を押しつけるもの” ではないというのが出版の趣旨だったから，こういうところで折れ合ったわけだ．ただしその後，この意味ではもっぱら “凝着” が使われるようになり，先ほどの和辻氏ではないが，“接着” の主張は空振りに終わった．

ついでの話のついでに，おまけを 2 つ．まず，中国語では adhesion を “黏着” と書く．“黏” というのは見慣れない字だが，“粘” の正字である．もう 1 つは，4.4 節でちょっとふれたが，鉄道用語の adhesion で，これはアプト式のように歯車で駆動するラック方式と区別して，車輪とレールの摩擦で駆動する一般的な方式を指す呼び名であり，摩擦駆動と言いたくなるところだが，鉄道の人たちは “粘着” と訳している．

11.5 “ころがり” と “転がり”

漢字と仮名の使い分けは，いつも頭をひねるところである．いく昔か前までは，むずかしい漢字を使って教養をひけらかすという手もあったろうが，ワープロの時代になり，キーひとつで簡単に変換できるようになってからは，そんなことには誰も感心しなくなった半面，漢字を使う頻度が高くなったように思う．読む方にとっては，漢字が多すぎると紙面が黒くなり，お役所の文書みたいで読む意欲が減退するが，かと言って仮名がむやみに続くと，分かち書きでもしてもらわない限り，これまた読みにくいのはたしかである．そのへんのバランスの感覚がむずかしいが，人によって基準が違うのかも知れない．

“ころがり” と “転がり” の書き分けにもそういうところがあって… などと書くと，日本トライボロジー学会からお叱りを受けるかも知れない．先日も，同学会誌から依頼された友人の原稿を手伝う機会があったが，学術用語では “転がり” を使うことになっているから，そちらに統一しろという修正の指示を受けた．ことを荒立てるつもりもないから指示に従ったが，基準を一律に適用すると 時として喜劇が起こる．某学会で “エンジン” を “機関” と書くことにしたら，“ガソリンエンジン車” が “ガソリン機関車” になってしまったというお粗末だ．

本題に戻るが，何回か引用したトライボロジー辞典の編集委員会でも，“ころがり”にするか“転がり”にするか，その表記が問題になった．“転がり”を強く主張したのは“転がり軸受”会社の人たちで，自分たちの主要製品だからふだん使っている漢字表記にしたいと，これも一理ある主張である．“用語の標準化”を目指した学術用語集[120]を作ったときにもやはり同様の主張があって“転がり”になっていたから，先ほどの学会からの指示はそれが背景になっていたのだろう．

この本で，引用を除き“ころがり”を使っているのには，大学院学生時代の刷り込みがある．そのころ曾田範宗先生が，岩波書店から“軸受”を出版されたのだが，そこでは一貫して“ころがり”が使われていた[121]．先生のところへお伺いした折にその理由を伺ったところ，“やまとことばはなるべく平仮名で書きたいんだよ”というお返事だったのだ．もっとも，先生は刷り込みを意図しておられたとは思えず，こっちが勝手に刷り込まれてしまったわけだ．ちなみに，すべり軸受の会社には曾田先生の薫陶を受けた人が多いのか，トライボロジー辞典でも“すべり”は平仮名になっている．

ところで，“凝着”と同様，“転がり”という表記も日本独特のものらしい．まず“転”の正字は“轉”だが，これを“転”と略すのは日本の流儀で，中国の簡体字は“转”である．この字にも回転・ころがりという意味があるから使っても良さそうなものだが，中国では“滾”，簡体字で“滚”を使う．日本語では“水が滾々と湧き出る”などと使う字で，液体の流れのイメージがあるから少々勘が狂う．ちなみに，“ころがり軸受”は“滚动轴承”すなわち“滾動軸承”である．

ここでもおまけを一つ．“滚石”とは何かお分かりだろうか．答は**図 11.2**．

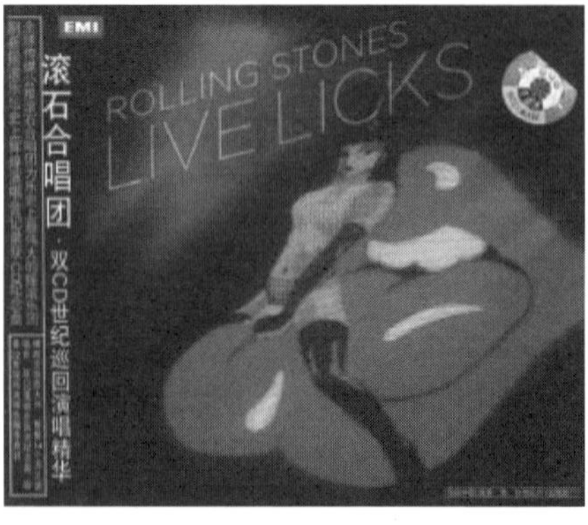

図 11.2　“滚石”の CD

11.6 “摺動”について

かなりオタクっぽい話が続くけれど，筆者の見るところ，名工大の中村 隆君も 結構 オタクであるらしい．

デンソーテクニカルレビューに中村君が寄稿した“しゅう動面潤滑機構と材料技術”という記事[122]に，次のような記述を見つけた．“題目にも使った「しゅう動」は「摺動」と書きたいところであるが トライボロジー辞典においては「しゅう動」と書くことになっている（傍点 筆者）”．これは困る．筆者はトライボロジー辞典の編集委員長として，序文に“本書は用語の統一・制定を意図していない”と書いたのだが，まぁそのへんには目くじらを立てないで，先に進もう．

中村君が指摘したのは，“摺動”の“摺”という漢字の音は“ショウ”であって“シュウ”ではないという点であって，先輩の某エンジニアが“摺動”を“シュウドウ”と呼んだために，広く“シュウドウ”という読みが定着してしまったというのだ．先輩は，旁の“習”の音に引きずられたのだろう．なお，ここで“音”というのは日本の漢和辞典に記載されているもので，現在の中国語の発音とは別物である．

いまさら 摺動は“ショウドウ”，浸漬は“シンシ”と読むのが正しいなどと言うのは無駄な抵抗であると，中村君は妙に常識的なフレーズで結んではいるけれど，よく読んでみると これはかなり厳しい批判である．“シュウドウ”が読み違えによるものならば，“摺動”と書いておけば問題はなかったはずなのだ．それを“しゅう動”と，わざわざ間違いが明らかになる項目名にしたのは誰だと，彼は言いたかったのだろう．

そこで少々調べてみたところ，もう一つ前の段階にも間違いがあったことが分かった．

“シュウドウ”と読むにしろ“ショウドウ”と読むにしろ，われわれトライボロジストはそれを，“こする”という意味で使っている．ところが手許の漢和辞典[123]によると，本来“摺”という漢字にはそういう意味はなかったのだ．すなわち“摺”の意味は，①やぶる，こわす，②たたむ，折りたたむ，③ひだ，しわ，④くじく，ひしぐというものであり，ちなみに中国で使われている“摺”の簡体字は，“折”である．

ところが 日本人の誰かが，この字と“搨”とを混同したのだという．“搨”という字の音は“トウ”，簡体字は“拓”であって，①斂＝おさめる，②おおう，頭にかぶる，③うつ，④うつす，しきうつしにする，⑤する，石刷りにする，碑や器物の文字を紙に写し取ること，また石刷りしたものという意味をもっている．この⑤の意味から，“摺動”へと話が続くわけだ．

ではなぜ，“摺”と“搨”との取り違えが起こったのだろうか．これは素人の推測だが，その誰かはこの2つの字を異体字と思ったのではないか．異体字というのは，音と字義は同じなのに形だけが異なっている漢字であって，その中に，字を形成するパーツは 同じで配置だけが異なるというグループがある．“裏”と“裡”，“峰”と“峯”などがよく知られた例だろう．“摺”と“搨”では旁のパーツが，同じではないが似ているので，異体字だと勘違いされてしまったのではないだろうか．

もっともこんなことを書いたからといって，中村君と同様――かどうか，筆者も常識的な人間だから，いまさら“シュウドウ”を“トウドウ”に改めようなどと主張するつもりはない．

11.7 “スカッフィング”と“スコーリング”

おしまいに，損傷名に戻って英語の話題を1つ．

スカッフィングとスコーリングは，カタストロフには至らない焼付きの呼び名としてよく使われる言葉である．トライボロジー辞典の記述[124]は歯車の損傷に偏っていて，スカッフィングは“歯車歯面などの すべり接触面に生じる固相凝着による局部的表面損傷（後略）”，スコーリングは“歯車歯面の接触部の局部的な過熱により油膜が破断して金属接触が起こり，歯面が融着して再び引きはがされるために歯面があれる損傷（後略）”と説明されている．後者のほうが説明は詳しいけれど，さてどう違うのだろうか．

これには英語と米語の違いがからんでいて，ちょっとややこしい．11.3節でふれたように，スカッフィング＝すり減る，スコーリング＝傷がつくという，いずれも日常言語が学問用語に直ったような用語だが，使われ方がイギリスとアメリカでほぼ逆なのだ．

このへんは，以前紹介したOECDの用語集が詳しい[125]．少し長いが引用すると，まずscuffingは，“固体摩擦面間の固相凝着の発生による，表面の局所的な溶融をともなわない局部的表面損傷”とあって，注記に“(1) イギリスでは局部的な固相凝着のみを指す．(2) アメリカではアブレシブ効果を含めることがある．(3) アメリカではスコーリングという語をときどきスカッフィングの同義語として使う”とある．一方scoringの説明は，“すべり方向に激しいスクラッチを形成すること”と簡単なもので，これにも“(1) スコーリングは局部的な固相凝着またはアブレージョンによって起こる．(2) アメリカではスカッフィングという語をときどきスコーリングの同義語として使う．(3) 損傷が小さいときはスクラッチングと呼ぶべきである”と，注記が3つついている．

この用語集の前書きを書いているのが，オランダのA. W. J. de GeeとイギリスのG. W. Roweであるところから考えると，断りなしに書いている部分はイギリス英語だと思われるから，その前提で読むとこういうことなのだろう．イギリスとアメリカでこれら2つが同義語として，つまりごっちゃに使われることもあるけれど，局所的な焼付きの発生に注目したときに，イギリス人はスカッフィング，アメリカ人はスコーリングと呼び，それに起因する傷を重視したときは逆に，イギリス人はスコーリング，アメリカ人はスカッフィングという言葉を使うのだ．

この違いを実感したことがある．日産にいた加納 眞君のお手伝いをして，カム・フォロワーの摩耗に関する英語の論文[126]を書いたとき，**図11.3**のよう

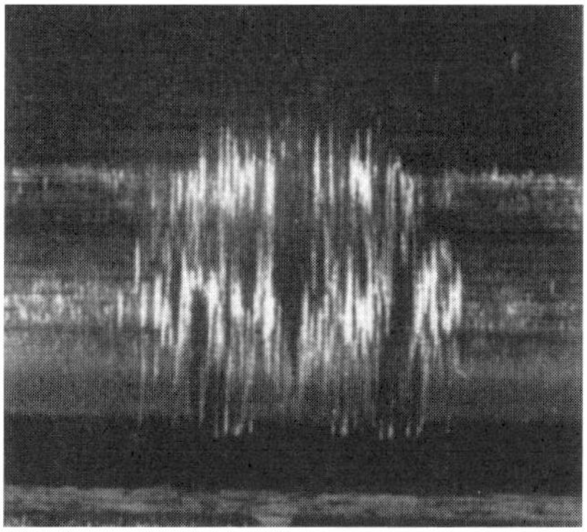

図11.3 カム・フォロワーの“スカッフィング”

なフォロワーの損傷を scuffing と書いたところ校閲委員からクレームがついたのだ．いわく，“著者らが scuffing と呼んでいる損傷は，scoring ではないのか”．

おいでなすったなと，早速返事を書いた．“校閲者はイギリスの方と思われるが，アメリカ流の用語ではこれを scuffing というのだ”．それで あっさりパス．

11.8 代表的な 3 種の損傷

さて 本筋に立ち戻り，損傷名の話を続けよう．

筆者は焼付き，摩耗，ころがり疲れの 3 つを，機械の摩擦面一般に見られる代表的な損傷と考えている．同じ摩擦面でこれらが別々に観察されることは滅多にないが，好例… といっては叱られるけれど，自動車エンジンのカム・フォロワーの珍しい観察例を紹介しよう．

かつて 自動車エンジンの動弁機構，具体的にいうとシリンダーの吸気弁と排気弁を作動させるカムとフォロワーの接触面は，トライボロジカルな損傷の巣といわれたものである．動弁機構の形式によって形状は異なるが，数 GPa という高い接触圧力の下での ころがり-すべり接触であって，タペットというカムで直接叩かれる部材の表面に生ずる焼付き，摩耗，あるいは ころがり疲れに，技術者は手を焼いたものである．一番シリアスな焼付きを避けようとすれば摩耗が増え，その対策を取ると 今度は早期に ころがり疲れが生ずるというように，これはもぐら叩きみたいな難題であったのだ．

図 11.4 は，あちこちで使わせてもらった何十年も前の写真で，実際にユーザ

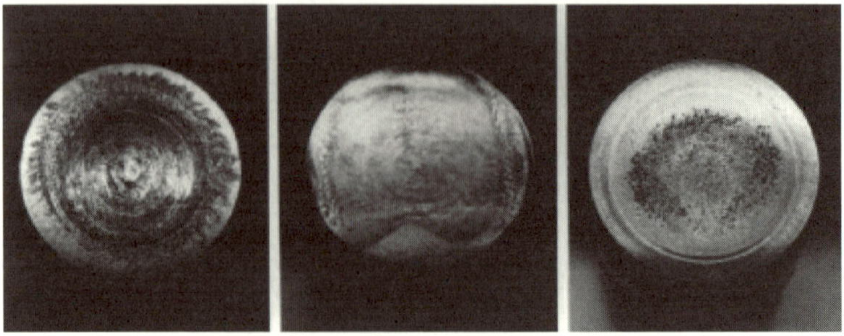

図 11.4　タペットの 3 種の損傷

一の車で生じたトラブルではなく，実験中に観察された例ではあるけれど，提供して下さった方を慮って出典は書かない．筆者は左から順に，焼付き，摩耗，ころがり疲れの例と考えているのだが，いずれも表面から材料が取り去られているから，これらを一括して摩耗と呼ぶ人もある．そして左の例を異常摩耗，真ん中を正常摩耗，右の例を まだら摩耗などといって区別するわけだが，これらは日常言語と呼ぶべきだろう．

焼付き，摩耗，ころがり疲れという損傷名は，論文の類にもふつうに使われているから，学問用語にもなっていると考えていいだろうが，まず例のトライボロジー辞典から，説明の主要部を抜き書きしておこう．

焼付き：潤滑された摩擦面において，温度上昇に伴って当初予期した良好な潤滑ができなくなり，固体接触が増加して接触面が激しく傷つけられる遷移現象[127]．

摩耗：摩擦による固体表面部分の逐次減量現象．普通は，2面から摩耗粉として脱落減量が行われるが…(後略)[128]．

転がり疲れ：転がり接触を繰り返すうちに，表面の一部に き裂が入ったり，はく離が生ずる損傷形態の総称 (後略)[129]．

なお，トライボロジストの名誉のために付け加えておくと，運転条件はますます過酷になり，摩擦面に求められる性能はますます高度になっているにもかかわらず，このような動弁系の損傷の話は 最近ほとんど聞かなくなった．そこに技術の進歩があったのであって，材料の面では鉄鋼をセラミックスに替えたり，設計の面ではローラー方式を採用したりすることによって，完璧にクリアーすることができたのである．

もっとも，それで動弁機構の問題がなくなったわけではない．この接触部における摩擦の低減が現在課題になっているのだ．エンジンの低速回転においては，エンジンの摩擦損失に占める動弁機構の割合が大きくなるから，その低減が大事になるというわけだが，それは別の話．

第12章　焼付きについて

12.1　焼付きの実例

さて焼付きの話だが，まず筆者が調査に加わった実例を1つ紹介しておきたい．

もう20年以上前の話だが，1988年10月19日の午前3時22分ごろ，貨車32両を牽いた高岡発小名木川行き上り貨物列車が上越線の敷島－渋川駅間を走行中に，突然列車後部からブレーキが作動した．運転士は非常ブレーキをかけ，発光信号を現示して停車したが，調べてみると前から22両目以降の貨車が見えなくなっていた．2両の貨車が脱線して，その前で分離してしまったのである．そこへ運悪く，貨車18両を牽いた塩浜発中条行きの下り貨物列車が進行してきた．その運転士は50 mほど手前で，脱線して下り線にはみ出している貨車を発見し，非常ブレーキをかけたが間に合わずに突っ込んでしまった．調査の結果によると，上り列車の貨車2両が脱線しており，下り列車の方は機関車と貨車9両が脱線，そのうち3両が転覆して斜面をころがり落ちていた．幸い人身の被害はなかったが，上越線は何日か不通になった．その事故の原因が，車軸の軸受の焼付きだったのである．

最初に脱線した貨車は，いまではほとんど姿を見なくなった，15トン積みの二軸有蓋車である．その車軸軸受というのは，**図12.1**にお目にかけるような鞍形の部分円弧軸受で，鉛青銅の台金の軸受面に鉛基ホワイトメタルを鋳込んであり，それがジャーナル，昔の用語で言うと軸頸の上に載って荷重を受けている．その部分全体が軸箱の中に収められていて，下方においたパッドに潤滑油をしみ込ませておき，ジャーナルと触れさせて潤滑を行うという素朴な仕組みである．かつて 流体潤滑による圧力の発生を発見したTowerが実験に使った

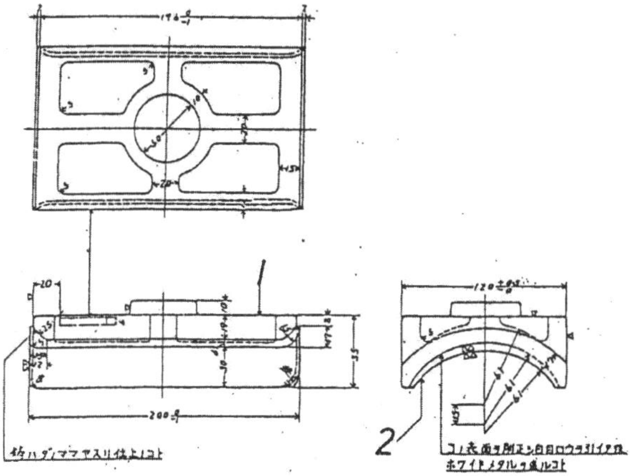

図 12. 1　二軸貨車用軸受

軸受も鉄道車両の車軸軸受だったが，それ以来 基本的な構造は変わっていない．

で，事故の原因となった軸受の哀れな姿が **図 12. 2** で，これは事故調査を手伝った筆者のスケッチだから，汚いのはご容赦いただきたい．図 12.1 の左上の図を裏返して軸側から見たところで，実際には破片間の すきまがもう少し大きく，軸受は台金もろともいくつにも砕けて飛び散ってしまって，半分も見つかっていない．

調査の結果推定されたプロセスはこうである．この軸受は，ホワイトメタルを鋳込みなおすというメンテナンスを受けて間がなかった．鋳込んだあと，軸との摩擦面は旋削加工で仕上げるのだが，仕上げた面の粗さが大きすぎ，9.6 節でお話ししたような“なじみ”が完了しないうちに本番の運転に入ったために流体潤滑がうまく行かず，摩擦係数が高くなって軸受温度が異常に上昇したらしい．その結果，ホワイトメタルばかりか台金の鉛青銅の一

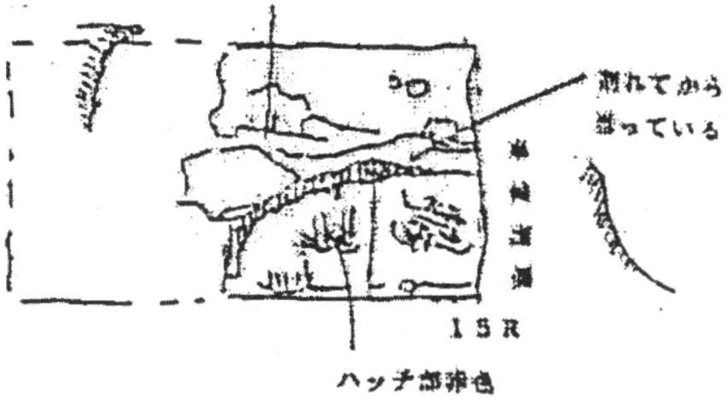

図 12. 2　焼付いた軸受の残骸

部まで溶けてしまった．

それだけなら，貨車の走行抵抗が大きくなって列車が分離するだけですんだかも知れないが，話はそこでは終わらなかった．問題の軸受で溶融した台金の成分がジャーナルの結晶粒界に侵入し，溶融金属脆性と呼ばれる脆化を起こしてクラックが急速に進展し，ジャーナルの部分で軸が折れてしまった．支えを失った車軸が脱線して下り線にはみ出したために，何両もが脱線転覆するという事故に発展したのである．

焼付きは英語で seizure というが，これは軸を捕まえてその回転を止めてしまうというニュアンスである．仮に機関車のモーターの軸受で焼付きが生じていたら，走行不能となって列車が停止するだけですんだろうが，貨物列車の 100 個以上ある軸受の 1 つが焼付いただけだと，強引に引きずられてしまい，脱線というカタストロフィックな事故にまで "進展" したというわけだ．

ここまで進展してしまったもう一つの理由に，発生したのが面接触の すべり摩擦面であったことが挙げられる．前章で紹介したスカッフィングも 図 11.4 の左端の写真も，共に焼付きの一形態ではあるのだが，カムとフォロワーの摩擦面は線接触の ころがり接触であるために，上の例のような惨状にまで発展することはまずない．

すなわち すべり摩擦では，少なくとも一方の面の同じ部分がずっと相手面と接触を続けているために温度がどんどん上がるし，面接触であればその大きな摩擦面全体に損傷が広がる可能性がある．それに対し線接触・点接触の ころがり接触では，接触中にある部分の温度が上昇しても回転に伴ってその部分が接触域を抜け出している間に冷却されること，さらに，凝着を生じたとしても両面が幾何学的に引き離されてしまうことなどの好条件がいろいろそろっているために，大規模に燃え広がる可能性が低いのである．

このように，問題となる摩擦面の機械全体の中での位置あるいは役割によって，面接触の すべりと線接触の ころがりというような幾何学的条件によって，そのほか摩擦面の材料や潤滑剤，発見された進展の段階の違いなどによって，焼付きはさまざまな様相を見せる．そして，かなり進展した状態で見つかると，火災の焼け跡を見るようなもので，一体どういう原因から発生したのか，そう簡単には突き止められないことが多い．

12.2 焼付きのメカニズム

そのように多様な様相を呈する現象ではあるけれど，前節で紹介したトライボロジー辞典の記述，"当初予期した良好な潤滑ができなくなり，… 接触面が激しく傷つけられる遷移現象[127]" だというのが，焼付きに共通する特徴であると筆者は考えている．問題が "遷移" なのだから，摩擦面がどのような状態になったら "焼付く" のか，あるいは "焼付いた" ことになるのかは，予期した潤滑状態のレベル次第なのであって，絶対的な尺度があるわけではない．そこで，これまで紹介してきた実例，すなわち油で潤滑をした金属の摩擦面における焼付きについて考えると，そのメカニズムは**図12.3**のようなものになる．

辞典の説明でもう一つ注目すべき点は，上記の遷移が "温度上昇に伴って" 生ずるという指摘である．筆者は焼付きのキーパラメタは温度上昇だと考えているので，図 12.3 の中央上部の温度上昇を出発点として，太線で書いたループを追って行くことにしよう．

流体潤滑領域での運転を予期していた摩擦面について，左向きに矢印をたどると，まず温度上昇によって潤滑油の粘度が低下する．第 9 章の Stribeck 曲線の横軸は (潤滑剤の粘度)×(すべり速度)／(荷重) だったから，摩擦面の運転条件が同曲線のうんと右の方であれば，粘度が下がれば摩擦係数が下がるだけ

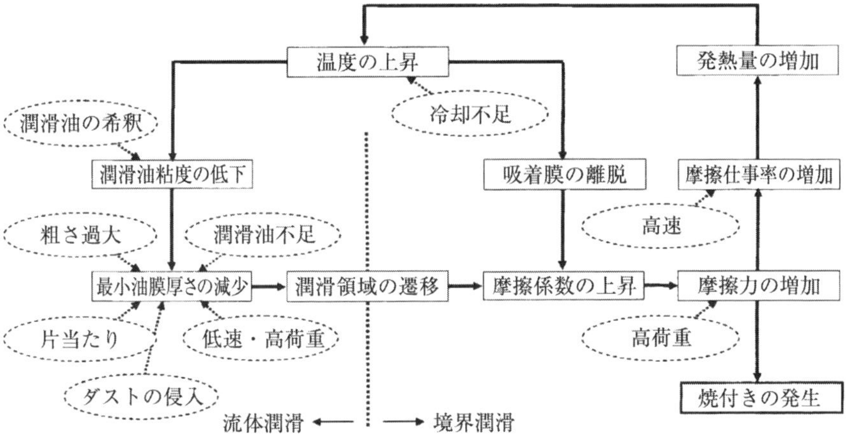

図 12.3 焼付きのメカニズム

でどうということはない．ところが 左の方で運転されていると，流体膜の最小膜厚が減少して混合潤滑の領域に入り，やがて境界潤滑へと潤滑領域の遷移が起こることになる．境界潤滑状態における摩擦係数は 一般に流体潤滑状態より高いから，予期せざる摩擦係数の上昇が起こることになるわけだ．

では，もともと境界潤滑状態で運転されている摩擦面はどうか．温度上昇から今度は右向きに矢印をたどることになるが，第10章に書いたように，温度が上昇すると境界潤滑効果を担っている潤滑剤分子の吸着膜が離脱しやすくなって，やはり摩擦係数が上昇することになる．

しかし，摩擦係数の上昇が終着点ではない．問題はそれによる摩擦力の，そして単位時間に熱に変換される力学的エネルギーすなわち摩擦仕事率の増加であって，その結果 発熱量が増加し，温度をさらに上昇させる．この，いわばポジティブ・フィードバックによって，現象がいまお話ししたループを勝手に回り出し，制御不能になるのが焼付きの本質なのである．“遷移現象” の前に “不安定な” と付けた方が，もっとはっきりするだろう．

ところで，先ほどは温度上昇を仮の出発点として説明をしたが，実際の摩擦面で焼付きのトリガーとなる事象はいろいろある．図 12.3 に破線の楕円で囲んだのがそれで，まず潤滑油が燃料油などで希釈されると粘度が低下する．次に，表面粗さが期待していたよりも大きかったり，潤滑油が十分に供給されなかったり，荷重がまともに加わらずに片当たりを生じたり，あるいは予定していたより速度が低い状態で大きな荷重が加わったり，ダストすなわち固形異物が摩擦面に侵入したりすると，実質上の流体膜の最小厚さが予期した値より小さくなって，部分的にせよ境界潤滑状態に遷移する可能性が高くなる．

さらに，摩擦係数は予定通りであったとしても，高荷重が加わると摩擦力は増加するし，摩擦力に変化がなくても，速度が上がれば摩擦仕事率が増加するから，それらも温度上昇につながる場合がある．それからもう一つ，冷却不足も要因に加えておかなくてはならない．

12.3　焼付きの防止について

焼付きは “不安定な遷移現象” だから，いったん現象が 図 12.3 のループを回り出してから止めるのはまず不可能である．対策は回り出させないことに尽きるのであって，キー パラメタである温度上昇の予測が必須になるわけだ.

その第 1 の要点は，まず摩擦面の設計の段階で “予期した良好な潤滑” が可能であるか否かを検討することである．運転条件すなわち荷重や速度，摩擦面からの熱放散，機械の周囲の温度などから運転中における摩擦面の温度を予測するのは，多くの場合むずかしい作業だが，たとえば 第 7 章の 図 7.1 などが手がかりになるし，それぞれの技術集団における伝承がものをいうことになる．その際に技術の進歩を視野に入れておく必要は無論あるが，この段階で無理と思われる設計をすると，よほどの僥倖に恵まれない限りうまく行かない.

第 2 は，第 9 章で述べた なじみの問題である．この章の最初に紹介した貨車の車軸軸受の焼付きの例で見てきたように，運転中における潤滑状態によって摩擦係数は大きく変わり，ループをたどって温度上昇に影響を及ぼすわけである．そこで 摩擦面の表面粗さやミスアライメントなどについて，設計・製造あるいはメンテナンスの段階がどこまで責任をもち，どこから先を なじみに委ねるかというのが大事な判断になるのだけれど，残念ながらあまり意識されていることがないように思う.

第 3 は，図 12.3 にトリガーとなる事象として挙げた，潤滑油の希釈，潤滑油の不足，ダストの侵入などへの対応である．燃料による潤滑油の希釈は，ピストンリングとシリンダーの出来・不出来 あるいは運転中の摩耗によるものであり，潤滑油の不足はシールの破損のほか，運転時に潤滑油に加わる遠心力による，摩擦部への供給不足などの例がある．またダストの種類は不特定多数だけれど，地表付近に存在する元素の割合を示す Clarke 数の 1 位が酸素，2 位がケイ素であることを考えると，ふつう考えるのはまずシリカということになるのだろう．これらの原因は考えている摩擦面以外にあることが多く，機械あるいは装置全体の設計において，摩擦面というものがどれほど狭い すきまのものであるかを認識してもらう必要があるだろう.

もう 1 つ，ループを切断するための有効な手段として，極圧剤の利用がある.

温度が上昇すると油性剤の吸着膜は離脱して役に立たなくなるが，それに代わって極圧剤が働けば摩擦係数を下げる効果を発揮し，図 12.3 の中央右よりの “境界潤滑膜の離脱” から “摩擦係数の上昇” へ行く線をぶった切ることができるというわけだ.

そういう外形的な働きはいいとしても，極圧剤の作用のメカニズムはそう簡単ではない．極圧剤として現在一般に使われているのは，硫化アルキルなどの硫黄化合物，リン酸エステルなどのリン化合物，チオリン酸塩などの有機金属化合物が代表的なものだろう．それらはある温度になると分解して金属面と反応し，生成物である金属の硫化物，金属リン酸塩が境界潤滑効果をもつというのが一般的な解釈で，いわば第5章のはじめにお話しした“虎の残した皮”の効果である．もっとも極圧剤の作用はこの他にもいろいろあるようで，リン系被膜が中間層として油性剤の吸着膜の形成を容易にする可能性や，リン酸鉄が流動して表面粗さを小さくし，部分的な流体潤滑効果をもたらすことが指摘されている[130),131)]ことを付け加えておこう．

第 13 章　ころがり疲れについて

13.1　ころがり疲れのメカニズム

話の段取りがあるので，次に ころがり疲れを取り上げる．

第 11 章で 3 つ挙げた摩擦面の代表的な損傷の中で， ころがり疲れはあまりポピュラーではないように思う．と言うのも，焼付きや摩耗がいろいろな摩擦面に生ずるのと対照的に，この損傷が発生するのは ころがり軸受，歯車，カムなど，ころがり接触をする機械要素に限られている．それらの要素では接触部に繰り返し高い圧力が加わるのがふつうで，それによって摩擦面あるいはその近傍に発生する疲れ破壊という特徴は共通していても，発生する要素やその材料でかなり趣を異にする．そこで この章では典型的な例として，ころがり軸受に生ずる ころがり疲れと軸受寿命についてお話しすることにしたい．

ころがり疲れのもう一つの特徴として，これは軸受の場合に限らないが，基本的なメカニズムが明確であることが挙げられるだろう．次章でお話しするように凝着摩耗のメカニズムに関していまだに諸説があるのと，これは対照的である．

簡単に言ってしまえば，そのメカニズムは 図 13.1のようなものである．軸受全体に加わる荷重，回転速度，潤滑状態などの巨視的摩擦条件の下で，転動体すなわち玉や ころと内外輪との間に接触点

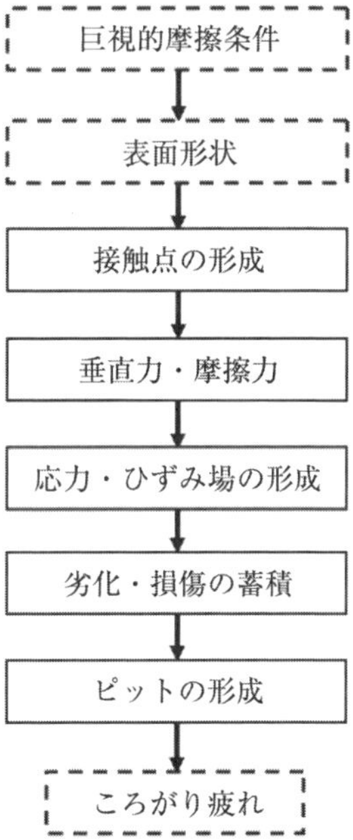

図 13.1　ころがり疲れのメカニズム

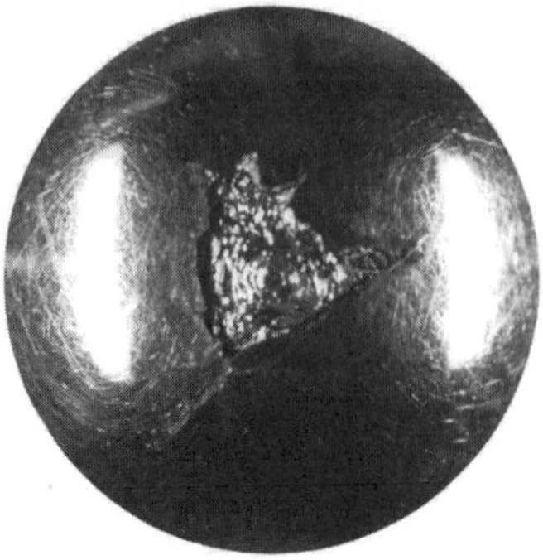

図13. 2　玉軸受の玉にできたピット

が形成される. 各転動体の接触点には, 荷重の加わり方と軸受内における位置によってきまる垂直力と, 弾性流体潤滑, 境界潤滑などの潤滑領域, さらに潤滑剤の種類などに依存する摩擦力が作用する.

接触点に作用するこれらの力によって, 摩擦面下に応力場・ひずみ場が形成されるが, 回転とともにそれが移動するから, ある点に存在する材料の身になってみれば, そのような応力と ひずみが繰り返されることになる. そのため 材料の金属学的な劣化・損傷が蓄積され, クラックが発生・進展して摩耗粉よりかなり大きいフレークが はく離し, 摩擦面にはピットすなわち穴ぼこができる.

玉に生じたピットの一例を, **図13. 2** にご覧に入れておこう. 楽屋話だが, 鋼球の写真を撮るのはなかなかむずかしい作業である. 幸か不幸か 図13.2 ではピットがあるから分からないが, 無傷の鋼球だと真ん中にカメラが写ってしまう.

閑話休題, こんなピットができると, 軸受の回転によってその部分が接触するたびに加振力が発生するから, 予期したスムーズな運転ができなくなる. これが軸受における ころがり疲れであり, そのような状態になるまでの累積回転数として ころがり軸受の寿命が定義されている. しかし, どのくらいの大きさのピットができたところで寿命と判断するかはあいまいで, 日本人は神経質だから早めに見限るという説もあるが, 軸受の全寿命に比べるとピットの成長は短時間で進むから, 事実上問題になっていないらしい. それぞれの型番の ころがり軸受について, 100 万回転の寿命を 90 % の確率で保証する荷重が基本動定格荷重と名づけられ, ISO の標準に準拠して ころがり軸受のカタログに載せてある. これが, 各型番の軸受の外形寸法の統一とともに, ころがり軸受にグローバルな互換性をもたせているわけだ.

13.2 ころがり軸受の寿命式について

では，ころがり接触部ではどのような応力が生ずるのだろうか．転動体と内外輪の溝との接触は線接触または点接触とみなせるから，接触部には楕円分布あるいは回転楕円体分布の Hertz 圧が加わることになる．

図 13.3[132] は，2 次元の Hertz 圧の下で生ずる応力を光弾性で調べた例で，元東京農工大の山本隆司君の若き日の仕事である．図の黒い縞模様は等色線と呼ばれ，最大せん断応力 τ_{max} の等高線なのだが，接触幅の中央の，表面から少し入った材料内部にピークが生じていることを示している．なお，接線方向の力が重なると等高線がいびつになり，摩擦係数が高くなるにつれてピークの位置が浅くなることが知られているが，以下 本節の議論には関係がない．

静的な接触における最大せん断応力 τ_{max} はこの位置で最大値をとるのだが，軸受の回転にしたがってこの応力場が材料内を移動して行くと，材料内の 1 点における接触面に平行な せん断応力 τ_{xy} は途中で符号を変えるので，τ_{xy} の変動幅の方が τ_{max} の最大値より大きくなる．それともう一つ，観察されるクラックに表面と平行なものが多いことから，$\pm\tau_{xy}$ の繰り返しによる疲れ破壊としてころがり軸受の寿命式を作ったのが Lundberg と Palmgren であることは，ご存じの向きが多いだろう[133]．材料には非金属介在物のような欠陥が必ずあるから，たまたまこのような高い せん断応力の繰り返しを受ける場所に存在した欠陥からクラックが発生・進展して，“内部起点型” の はく離により寿命に至ると

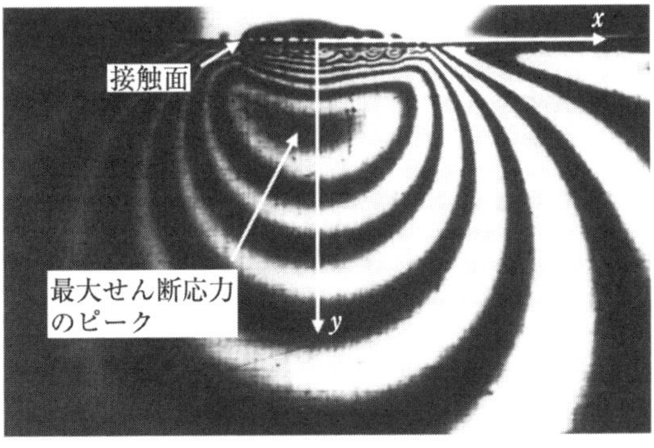

図 13.3　Hertz 接触部の光弾性写真[132]

いう理論を彼らは展開し，次のような寿命計算式を提案した．

$$L = \left(\frac{C}{P}\right)^p \qquad (13.1)$$

見かけ上とても単純な式で，機械屋ならばどこかで目にしているだろう．ここで，L は等価荷重 P が加わった軸受の，100万回転を単位とした寿命，C が先ほどお話しした基本動定格荷重，p は軸受の形式による定数で，玉軸受では3，ころ軸受では10/3とすることになっている．

このように話の筋は明確なのだが，現実の軸受では転動体と溝の直径差，すきまなどに微妙な違いがあり，さらに荷重の加わり方によって等価荷重 P をどう算定するかなどという問題もあるので，個々の例について実際に計算するのは楽な仕事ではない．機械試験所時代以来 この分野に関わってこられた故 岡本純三さんの，300ページに上る労作“ボールベアリング設計計算入門[134]”があることをつけ加えておきたい．

こう書いてくると，また“ちょっと待て”と言いたい読者があるかも知れない．“たしか点接触・線接触というのは見かけの接触ではなかったか．2面間に力が働くのは，真実接触点ではないのか”．

実はそのとおりなのだ．図13.3をていねいに見ると，接触面附近にごちゃごちゃした等色線がある．これはノイズではなく，表面の微視的な凹凸間の真実接触部に働く接触圧力による せん断応力の分布を示すものであって，場合によっては こちらのピークの方が，Hertz圧によるピークよりも高くなることがある．また ダストが混入した潤滑油を用いたときにも同様の応力分布を生ずることがあり，かつ固形異物の押し込みによって表面に欠陥を生ずる可能性もあるから，そのような条件では Lundberg-Palmgren の理論よりずっと浅いところ，あるいは表面でクラックが発生する可能性がある．そのような“表面起点型”の はく離によって，寿命に至る場合があるわけだ．そういう場合を含めるとすれば，寿命式はどうなるのだろうか．次節でこの問題を考えよう．

13.3　寿命修正係数について

なにしろ寿命式というのは，実際の機械に使われたときの ころがり軸受寿命を保証するわけだから，この問題への対応はきわめてプラグマティックに行われてきた.

Hertz 応力以外の因子が及ぼす影響を考慮した寿命式としては，ASME のころがり要素委員会による提案が最初のようで，それらの影響をすべて寿命修正係数として 式 (13.1) にぶちこみ，

$$L = DEFGH\left(\frac{C}{P}\right)^{p} \tag{13.2}$$

という形で表した[135]．ここで，D は内外輪・転動体の材料の種類による材料係数，E は真空脱ガスなどの処理の影響を表す材料処理係数，F は次に説明する潤滑係数，G は転動体の遠心力による接触圧力の増加を表す速度効果係数，H はミスアライメントによる片当たりの影響を表す取り付け誤差係数である．C という文字を基本動定格荷重に使ったので係数は D から始めるというあたり，いかにも大らかである．

前節の最後に書いた問題，すなわち真実接触部に働く接触圧力の影響は，潤滑係数 F として与えられている．すなわち 想定する運転条件において，転動体と内外輪の転走面との間に真実接触の発生が予想される場合にはその影響を考えなくてはならないが， 十分厚い EHL 膜が形成される場合には微小な接触点が発生しないから， Hertz 圧だけを考えれば良いという論理である．そこで 9.2 節でふれた膜厚比，すなわち EHL の最小膜厚と両面の自乗平均平方根粗さの合成値との比の出番になる．

ASME のころがり要素委員会は，Tallian と Skurka が別々に行った 2 つの実験結果[136),137)] を根拠に使った．それが 図 13.4[138)] の 2 本の曲線で，Tallian の結果は膜厚比 1 あたりから寿命

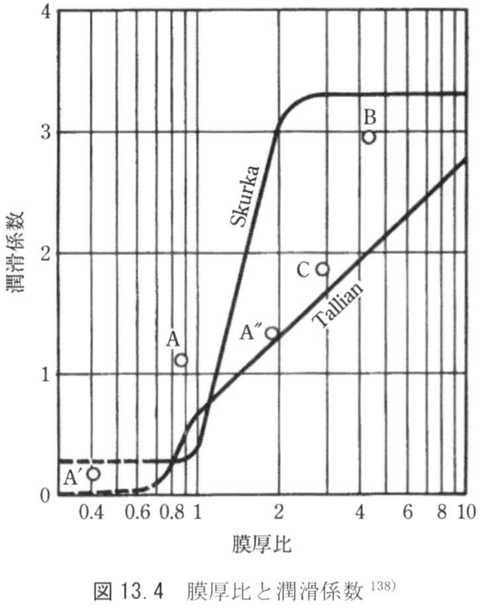

図 13.4 膜厚比と潤滑係数[138)]

が直線的に延びているのに対し，Skurkaの結果は混合潤滑領域と流体潤滑領域でそれぞれ寿命が一定値になっている．後者の方が理解しやすい結果だし，2つの結果は軸受も運転条件も違うのだが，ころがり要素委員会の提案は，潤滑係数 F として委細かまわず これら2つの結果の平均値をとってしまえというものであった．実にプラグマティックというか，アメリカ流の割り切り方である．なお 図13.4中の点A，A′，B，Cは，筆者が曾田研究室にいたときにとったデータ[138]であって，これはおまけ．

ご覧のように EHLの影響はとても大きく，接触点が生じていると思われる膜厚比の小さなところに比べ，1桁以上寿命が延びている．完全なEHL状態においては内部起点型の はく離で寿命がきまり，いわばこれがその材料の天寿であるのに対し，微視的な凹凸あるいはダストによる表面起点型の はく離は，防ごうとすれば防げる，病気による寿命だということができるだろう．

修正係数を並べる方式はその後も続き，いろいろ他の因子も取り入れた式が提案されているが，その例として日本精工におられた高田浩年さんたちの式[139]

$$L = a_1 a_2 a_3 a_4 a_5 \left(\frac{C}{P} \right)^p \tag{13.3}$$

を紹介しておこう．まず，a_1 は寿命を保証する確率に関する信頼度係数で，90 % が基準だが 99 % になると 1 / 5 程度になる．a_2 は軸受の設計，材料，製造工程などによる軸受特性係数，a_3 は弾性流体潤滑膜の形成状態などによる使用条件係数，a_4 は潤滑剤に混入した異物の影響を表す環境係数，a_5 は材料の疲れ強さを考慮した疲労限係数である．

13.4　ピーリングについて

ここまでお話ししてきた寿命計算式にのらないような寿命の短縮が，近年——といっても Lundberg - Palmgren の時代に比べての話だけれど—— 問題にされてきた．その1つはピーリングである．ピーリングというのは peel，すなわち果物などの皮をむくという意味だが，どうもこの損傷にははっきりしないところがある．

まず用語そのものが，第11章に紹介した ころがり軸受の損傷に関するJIS[113]には見当たらず，その規格の付属文書の “用語の定義” でようやく顔を出

図 13.5　ピーリングの例[141)]

す．その説明は“重度のフレーキング又はスポーリング”となっていて，“？”と思うけれど，注記に“表面の微小なスポーリングとして使用されることもある”と書いてあり，いま，少なくとも わが国でふつうに使われているのは，この注記の方の意味だろう．この点 トライボロジー辞典の記述“転がり接触の繰り返しによって表面が数 μm から 10 μm の深さで はく離する現象（後略）[140)]”の方が，いささか具体的すぎるけれど当たっているように思う．

その実物を見ていただくが，**図 13.5** はトライボロジー故障例とその対策に載っている，自動調心ころ軸受の内輪に生じた例である[141)]．ピーリングについてはその実体もよく分かっていないようだが，当時 NTN にいた徳田昌敏君たちが調べたところ[142)]によると，無数の小さな はく離が表面き裂で連結されていて“薄皮がはげたように”見えるのが特徴らしく，断面には浅い はく離や 凹みが観察されたが，それらの深さは先ほどの τ_{max} や τ_{xy} がピークをとる深さよりずっと小さい．再現試験では潤滑油の粘度が高くなるとピーリングの程度が低下するが，潤滑油の種類による影響も大きいようで，発生条件もはっきりしていないように思われる．

で，早々に切り上げてもう一つの話．

13.5　水素による早期はく離

もう一つは，水素の存在による，内部起点型ころがり疲れ寿命の顕著な短縮である．この早期はく離は 1980 年代の初めごろ，オルタネーターつまり自動車に搭載する交流発電機が小型高速化されたとき，その軸受に発見されたのが最初らしい．大問題なので軸受各社で研究が進められ，いろいろな仮説が発表されたが，早期はく離を招いたクラックのまわりに白色組織が見られること，ある種のグリースを使うと防止できることなどが分かり，2000年代に入って，水素が影響しているらしいことが確実と見られるようになったという．ちなみに白色組織というのは，一般に金属組織を顕微鏡で観察するには試料断面をエッチする… と言ってはいけないか，エッチングするのだが，そのとき腐食されないために白く見える相であって，残留炭化物が消失して結晶粒がナノメーターサイズまで微細化された組織である[143)]．

この問題については，トライボロジー会議 新潟2003-11から東京2004-5にかけて，その発生過程に関する研究が相次いで発表され，それを追っかけるのは若干スリリングであった．

まず最初は，協同油脂の遠藤敏明君たちの，軸受鋼球の ころがり疲れの研究[144)]である．ころがり四球試験機を用い，ポリアルファオレフィンで潤滑して空気中と水素ガス中で実験をしたところ，**図13.6** のような結果が得られたというわけだ．

図13.6はころがり軸受の寿命の整理によく使うWeibullプロットで，横軸が累積回転数，縦軸が累積破損割合であり，寿命がWeibull分布に従うとこのチャート上で直線になる．塗りつぶした印はころがり疲れ以外の損傷だそうだか

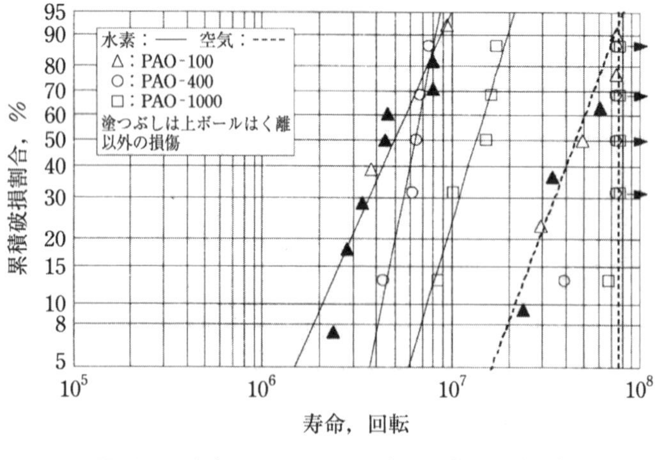

図13.6　水素によるころがり疲れ寿命の短縮[144)]

ら，白抜きの印だけに注目して同じ印の近似直線を比べてみると，実線で示してある水素中の寿命は，同じく破線で示してある空気中の寿命の 1/10 以下になっていることが分かる．そして水素中ではく離を生じた部分には，件の白色組織が認められている．

ところで，水素中ならいざ知らず，なぜ空気中で使われるオルタネーターなんかでそれが起こるのだろうか．そこで疑われたのが潤滑剤分子中の水素で，本当ならばただごとではない．そこで NTN の小原美香さんは，ステンレス鋼 440C のディスクに潤滑剤を塗り，真空槽の中で摩擦して，発生した気体を四重極質量分析計でつかまえることを試みた[145)]．潤滑剤のメーカーが寿命を調べ，軸受メーカーが潤滑剤を調べているのも不思議といえば不思議だが，それはともかく，潤滑に使ったのは，鉱油，ポリアルファオレフィン，エステル，エーテル，グリコール，パーフルオロポリエーテルの 6 種類で，有機溶剤で希釈した中へディスク試験片を浸し，約 0.4 μm の油膜をつけた．

それで摩擦をしたところ，出たのですよ，水素が．**図 13.7** がその結果の例で，質量電荷比 2 のイオンを電流値で測定し，水素の発生量を求めたところ，摩擦している間だけ水素が発生することが確かめられたのである．

だけどその水素は，鋼の中から出たんじゃないか，そう疑う人もいるだろう．小原さんはちゃんと手を打っていて，分子の中に水素をもたないパーフルオロ

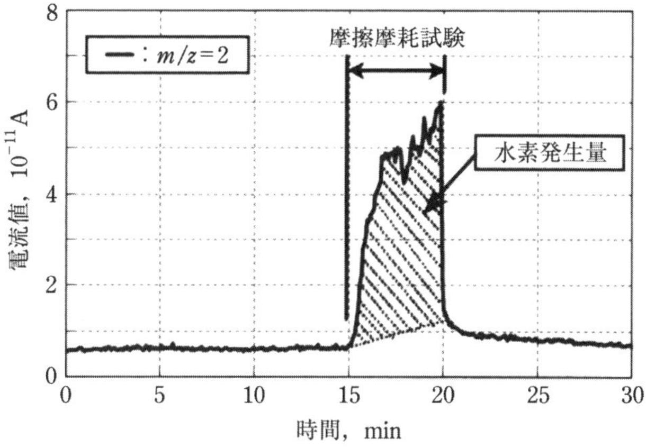

図 13.7　潤滑剤からの水素の発生[145)]

ポリエーテルを，潤滑剤のリストに加えたのだ．その場合の水素発生量の測定値は，完全に0ではないがきわめて小さく，それとの差でほかの潤滑剤からの発生が確認されたというわけである．

水素が発生するのは分かったけれど，では発生した水素が鋼の中へ簡単に侵入するものだろうか．それを調べたのも，小原さんたちのチームである[146)]．この実験には気密槽内においた3ボール・オン・ディスク試験機を用い，潤滑剤中で軸受鋼を摩擦した．潤滑剤としては，水-グリコール，鉱油，エーテル，ポリアルファオレフィン，エステルの5種類を使っている．まず鋼への水素の侵入量が大きくなる摩擦条件を調べておいて，その条件で20時間摩擦した後，ディスクを水素分析装置にかけて鋼の中の水素量を定量したところ，摩擦前のディスクを基準として，多いものでは1 ppm前後の水素が検出された．筆者の調べた限りでは，この1 ppmという水素量は水素脆性に関して十分問題になりうる値であって，これが寿命短縮の直接の原因になっているらしい．

どうやら現象は分かってきたようである．

13.6 ころがり疲れ寿命の延長

軸受会社にとって，軸受寿命の延長というのは永遠の課題であることはたしかだけれど，痛し痒しのところもあるのだろう．ユーザーの要求に応えて長寿命の軸受を提供するのは技術者の誇りだけれど，いつまでも壊れてくれないと売れ行きが落ちてしまうわけだ．ま，そんな心配はやめて，図13.1に示したメカニズムを参照しながら，ころがり疲れ寿命を延ばす技術をいくつか紹介しておこう．

まず，内部起点型の はく離について．一定の巨視的摩擦条件の下では，このはく離については表面形状と接触点の形成，したがって垂直力が与えられた条件になる．接触部の すべり率が小さければトラクション係数も低いから摩擦力の影響も無視すれば，応力・ひずみ場の形成もほぼ与えられたものと考えられる．したがって 技術開発の重点は，その条件の下での劣化・損傷の蓄積をいかにして遅らせるかに置かれている．

13.2節で紹介したように，内部起因形の はく離の始まりは，高い せん断応力を繰り返し受ける部分に存在する非金属介在物のところで発生するクラックである．それならば，元凶である材料内部の非金属介在物を減らせばいいわけで，そのためには材料中の酸素を減らしてやればいい．技術はそのように進み，真空脱ガス，真空アーク再溶解，エレクトロスラグ再溶解などが開発されて，1960 年代には 20 ppm 以上あった鋼中の酸素が，近年では 5 ppm 以下になっているという．

13.3 節の 図 13.4 が示唆するように，表面起点型の はく離による寿命は内部起点型よりずっと短いから，表面起点型の可能性がある場合には，まず EHL 状態を確保して微小な凹凸の接触を防ぐことを考えなくてはならない．図 13.1 でいうと これが接触点の形成に相当し，そのためには表面粗さの低下と，適切な粘度特性をもった潤滑油の選定がポイントになる．まず 転動体の表面粗さについて，何十年か前の人気番組 “クイズ面白ゼミナール” で ころがり軸受が取り上げられたことがあり，軸受の玉を地球の大きさまで拡大したとき，表面粗さはどのくらいかという問題で，奈良の大仏の高さ 16 m ぐらいしかないというのが正解だった．コストとの関連もあるが，表面粗さの方はほとんど限界まで小さくなっているように思われる．一方 潤滑油のほうは，厚い EHL 膜を作る油ならいくらでもあるが，粘度が高くなると軸受内での撹拌損失が大きくなるから，そのへんの兼ね合いで選ばれることになる．

もう一つ問題になるのが，ダストの噛み込みによる圧痕の発生であって，これはダストを介した接触点の形成の問題であり，前章の焼付きのところでもお話ししたが，高い Hertz 圧の下で接触を繰り返す ころがり軸受においてこの問題はいっそうクリティカルになる．対応としては，必要なメッシュのオイルフィルターやストレーナーの設置など，摩擦面外の手段によるのが一般的だが，材料による対応も試みられている．一，二の例を紹介すると，通常の軸受鋼 SUJ2 に比べてケイ素，マンガンの添加量を増やし，鋼中に析出させた窒化物で硬さを上げて圧痕の発生を抑制する方法[147]，同じく SUJ2 をベースにクロム，モリブデン，バナジウムを添加して合金炭化物を析出させ，硬さを保ったまま残留オーステナイトを増やすことにより，疲労組織の発生を遅らせる方法[148]など，いろいろ手はあるらしい．

水素による寿命の短縮への対応としては，水素の発生源が潤滑剤であるならば潤滑剤で鋼の表面に水素の透過を防ぐ被膜を作ってやろうという，水際作戦が展開されている．そこで さび止め剤に目を着け，グリースへの添加が効果を上げている例[149]がある．ただし 膜厚比の小さいところでは接触点でその被膜が壊されやすいので，有機金属塩の，いわゆる摩耗防止剤の併用が必要なようである．

第14章 摩耗の話

14.1 研究室と現場の距離

さて，摩耗の話をしよう．発生する機械要素が限られていた ころがり疲れと対照的に，摩耗というのは遍在する現象である．靴の底がすり減るのも摩耗だし，使い込んだ すりこぎを見ると，われわれは結構その摩耗粉を食べているんだなと思う． また一説によると， モグラの寿命は歯の摩耗できまるのだそうだ． そういう一般的な現象だから研究者も多く， 摩耗理論なるものも数多いが，不思議なことに，理論によって現実の摩耗問題を解決したという話は耳にした覚えがない．何故か？

摩耗というのは，トライボロジーの研究者にとって魅力的なテーマである．いま言ったとおり ごく一般的な現象だし，なんといってもデータが簡単にとれるのがたまらない．

研究者好みの実験方式に，**図14.1**のような，ピン・オン・ディスクというのがある．ディスクを回しておいてピンを押しつけ，ある時間すべらせた後でピンなりディスクなりの摩耗量を，寸法や重量減として測ればいい．摩擦の研究となると，ひずみ計だ，レコーダーだという話になるが，そんなものがなくても論文が書けるというわけである．試験片が簡単に作れ，いろいろな材料の摩耗を調べようというときにすこぶる便利だから，別にこの方式が悪いというつもりはないし，現に筆者もこの方式の試験機を使って，1人ならず博士を生産した経験がある．

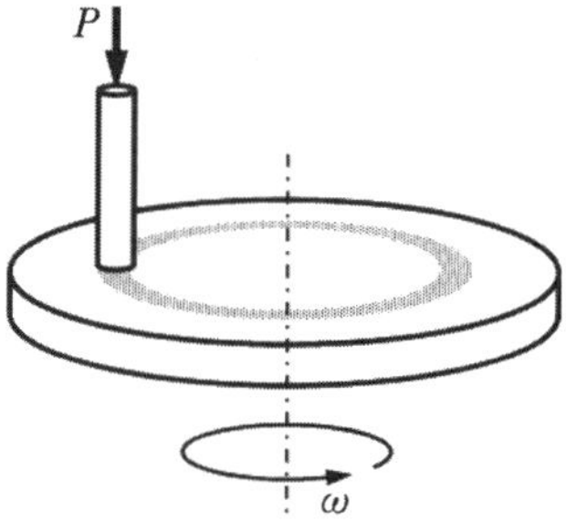

図14.1 ピン・オン・ディスク

問題は，摩耗の多様性にあるように思う．靴底の，すりこぎの，モグラの歯の，そして機械の摩耗が，同じ現象であるという保証はない．研究者がピン・オン・ディスク方式の実験で発生させた摩耗は，そのような条件におけるピンなりディスクなりの摩耗であって，それにもとづいた摩耗理論は，その実験は説明できても，実際の機械の摩擦面で手を焼いている摩耗にはなかなか当てはまらないのだ．“事件は会議室で起きてんじゃない，現場で起きてんだ！”というのは湾岸署の青島俊作君の名せりふだが，摩耗の研究も研究室からではなく，それが問題となっている現場からスタートしなくては意味がないと思う．

フェログラフィーという，使用中の潤滑油をサンプリングして摩耗粉を磁石で引っかけ，大きさにしたがって分別して観察する技術がある．原理上磁性体の摩耗粉しか引っかからないはずだが，機械の摩擦面には鉄系の材料が多いから，結構役に立っているようである．

機械に使われていた潤滑油から，その方法で採集した代表的な摩耗粉の例を，またかと思う読者もあるだろうが**図14.2**[150]にお目にかけよう．①の真ん中に見える削りかすのようなのがアブレシブ摩耗の摩耗粉，②のコーンフレークみたいなのが凝着摩耗の摩耗粉，③は腐食摩耗の生成物である．

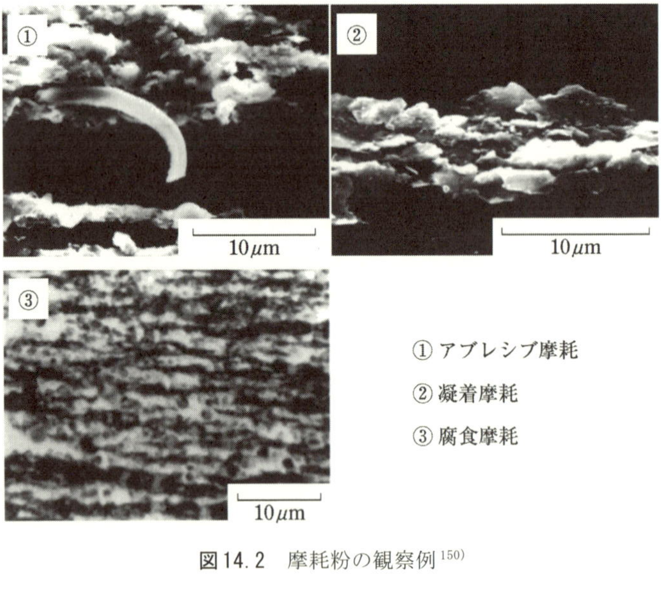

図14.2　摩耗粉の観察例[150]

トライボロジー辞典を見ると，アブレシブ摩耗は “すべり合う固体表面間において，硬い異物が介在したり，一方の面が硬くて粗い場合 あるいは 固体表面と粒子が高速で衝突する場合などに，主に 切削的に 固体表面が摩耗する現象[151]”，腐食摩耗は“雰囲気（気体または液体）と材料表面との化学反応が支配する摩耗[152]” と説明されている．それに対し凝着摩耗の説明は，“2固体間の真実接触面積を構成する凝着部分が，摩擦運動により せん断されることに起因して生ずる摩耗現象” とあり，“その生成機構は十分明らかではないが，摩耗現象の中の基本的な形態であって，常にあらゆる すべり摩耗現象の一部もしくは大部分を占める” と続けている[153]．どの摩耗形態が支配的かは問題にする摩擦面によりけりだが，以下では “基本的な形態” でありながら “その生成機構” についていまだに議論のある凝着摩耗を取り上げ，筆者の考えをお話しすることにしたい．アブレシブ摩耗と腐食摩耗については，次章でふれる．

14.2 “凝着摩耗” について

そもそも この “凝着摩耗” という用語が，混乱の原因だったように思う．摩耗というのは摩擦面から摩耗粉が取り去られる現象であり，凝着というのはくっつくという意味であって，まるで逆ではないか．

この命名は，摩擦の凝着説に由来する．摩擦を説明するのに，凹凸説のアンチテーゼとして凝着説が提案されたことは，第3章でお話しした．その展開のキーとなった 真実接触という 概念を導入したのは， シーメンスの Holm だった[7]が， 彼はそのついでに ――かどうかは定かでないけれど―― 摩耗のメカニズムを提唱したのだ[154]． 彼のモデル[155]を 図 3.3 と同様のスタイルに描きなおしたのが **図 14.3** だが，真実接触部において上の面の原子と下の面の原子が “出会う” たびにある数 Z の原子が取り去られる，それが摩耗なのだと Holm は考えた．筆者の知る限り，これが “凝着摩耗” の由来である．

この考えによって，Holm は次のような，実に簡単な式を導いた．

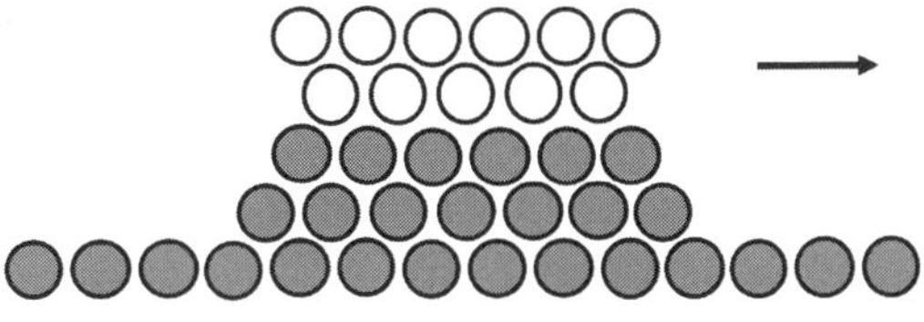

図 14.3　Holm の考えた凝着摩耗のモデル

$$W = Z\frac{Pl}{p_m} \tag{14.1}$$

W は距離 l だけすべる間に生じた摩耗体積で，P が垂直荷重，p_m は材料の塑性流動圧力である．摩擦面に加わる荷重が大きいほど，長くすべるほど摩耗量は大きくなり，硬い材料ほど摩耗しにくいというのは，正比例かどうかはともかく経験上納得できるものだったし，何しろ簡単な式だから，凝着摩耗の基本式として長く使われることになる．

その後“ある数の原子が取り去られる”というくだりは，凝着部から“ある確率で半球状の摩耗粉が取れる”と読み替えられた[156]が，式の形は変わっていない．いずれにしてもこの式は単に定量的な関係を示したものであって，摩耗粉がどうして取り去られるのかという凝着摩耗のメカニズムには立ち入っていない．そこでさまざまな“摩耗理論”が，多くの研究者から提案されることになったのである．

14.3　凝着摩耗の破壊論

先ほど引用したトライボロジー辞典の凝着摩耗の説明，“2固体間の真実接触面積を構成する凝着部分が，摩擦運動によりせん断されることに起因して生ずる摩耗”というのは，きわめて常識的なものだと思う．そこから出発して，実際の機械における摩耗粉，図14.2を念頭に，議論を進めてみよう．

Q 1：どんな摩耗粉が発生するのか？

A 1：薄片状の金属片である．

Q 2：金属の薄片はどうやって取れるのか？

A 2：固体が力を受けてこわれるのは，破壊以外にない．

Q 3：接触点に破壊が生ずるほどの力が働くのか？

A 3：1回の接触で破壊が生ずるとは限らない．摩擦面では接触が繰り返されるから，疲れ破壊と考えるのが至当である．

ちなみにここで疲れ破壊というのは，塑性変形の繰り返しによる，低サイクル疲労，塑性疲労などと呼ばれる疲れ破壊を含んでおり，そこには1回の力の作用で生ずる破壊も含まれる．

実を言うと，このような考え方は何も目新しいものではない．筆者もいろいろ調べたことがある[157]が，イスラエルのトライボロジスト，Rozeanu先生の説明図がなんとも印象的だった．**図14.4**[158]がそれで，摩擦面の突起が度重なる接触によってだんだん疲れて行き，劣化・損傷が蓄積して，やがて破壊して摩耗粉が発生するというわけだ．その一方で，当時のソ連の大御所Kraghelsky先生は，疲れ破壊の数式的表現を組み合わせて，きわめて形式的な理論式を導いている[159]．

図14.4 Rozeanuの説明図（模写）[158]

このような流れに棹をさして大々的なPRを繰り広げたのが，マサチューセッツ工科大学にいたSuhさんである．Suhさんは一種の摩耗の破壊論を“デラミネーション理論”と名づけ，彼のお弟子さん筋による一連の研究をまとめて雑誌Wearの特集号[160]を出し，さらに“Fundamentals of Tribology”と銘打った国際会議を開いた[161]．

そのデラミネーションの基本的な考えは，次のようなものであった．**図14.5**はSuhさんたちの論文をもとに筆者が作ったものだが，一方の摩擦面上を他方の摩擦面の突起がすべって行くところを考え，その接触部にはHertzの楕円分布をもつ垂直力と，それに摩擦係数をかけた摩擦力が働くと仮定する．材料は必ず硬質の介在物など，母相とは弾性係数を異にする第二相を含んでいるから，接触部に作用する垂直力・摩擦力によって，第二相と母相との界面にクラックが発生し，接触の繰り返しによってそのクラックが表面とほぼ並行に進展して，デラミネート，つまり薄層が引き離されるかたちで摩耗粉が発生するというわけだ．

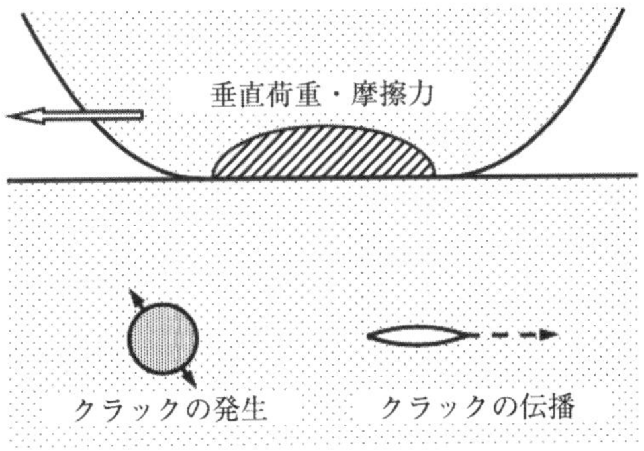

図14.5 デラミネーションのモデル

だから，クラックは材料の内部で発生するというのがSuhさんたちの主張だったが，これは若干限定しすぎであったように思う．最初の“一こすり”はともかく，一度摩耗粉が取れた摩擦面にはクラックがいくらでも残っているだろうから，それらの進展を考えるべきだろう．批判はほかにもいろいろあったけれど，ともかく具体的にモデルを作って摩耗の破壊論を展開したのはSuhさんたちの功績であり，デラミネーションというネーミングも成功して，一世を風靡したと言えるだろう．

ここまで読んで下さった方は，“あれ？ 前章の ころがり疲れの話と同じじゃないの？”と思われたかも知れない．それはご炯眼というべきであって，有り体にいえば Suh さんたちは ころがり疲れのメカニズムを摩耗理論に持ち込んだのだ．ディテールはともかく，これは合理的な手法だと思う．

図14.6をご覧いただきたい．(a) が前章でお目にかけた ころがり疲れのメカニズムであり，(b) が凝着摩擦の破壊論の基本的なメカニズムである．両者が異なるのは まず現象のスケールであって，(a) として表面基点の はく離を考えると，軸受の玉とか ころとか，人為的に与えた表面形状によってきまる接触点が形成され，その部分に繰り返し作用する垂直力によって疲れ破壊を生じ，ピットができたところで一巻の終わりになる．いわば巨視的かつ確定論的なストーリーであったのだ．ところが (b) の凝着摩耗においては，垂直力・摩擦力の

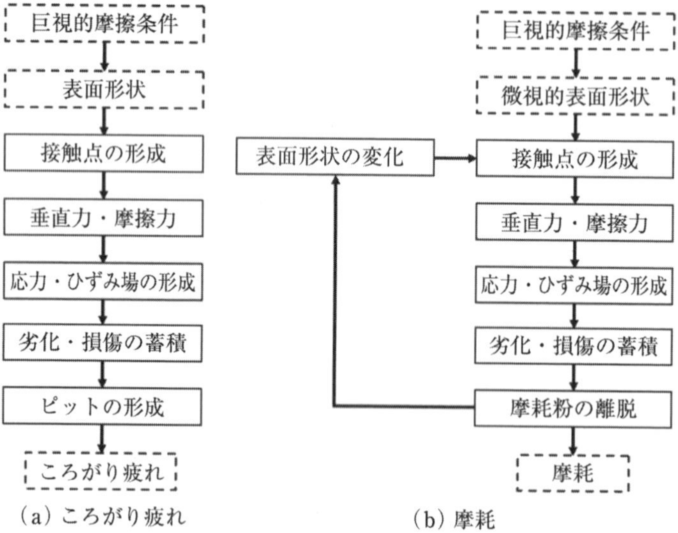

図14.6　ころがり疲れと摩耗のメカニズム

作用する接触点は，表面の微視的な形状，第 2 章でお話をしたマイクロトポグラフィーによってきまる．話はスタートから微視的かつ確率論的であるのだ．そのような接触点の周りに材料の劣化が生じ，損傷が蓄積され，クラックが発生・進展して摩耗粉が取れる，これが摩耗だというわけで，ここまでのストーリーは ころがり疲れと形式的には同じである．

ところがもう一つ，(a) との大きな違いがある．それは 図 14.6 の (b) に描いたフィードバック・ループの存在であって，摩耗粉が取り去られる段階で一巻の終わりとはならず，それによってマイクロトポグラフィーが変化した摩擦面において摩耗のプロセスは続くのだ．これが，ストーリーは分かっていてもなかなか計算に載らない最大の原因なのである．

こういうストーリーを，Rozeanu のモデルより多少リアルに描いたのが **図 14.7**[162] であって．小さな点々が材料の劣化を，縦の線は塑性流動を象徴的に表したつもりである．図では左から右へ，相手面によって繰り返し摩擦されると，(b) 格子欠陥の増加，結晶の破砕などの劣化が生じて塑性流動が進み，(c) やがてクラックが発生・進展して摩耗粉が分離し，(d) それによって表面のマイクロトポグラフィーが変わって… ダ・カーポというわけである．

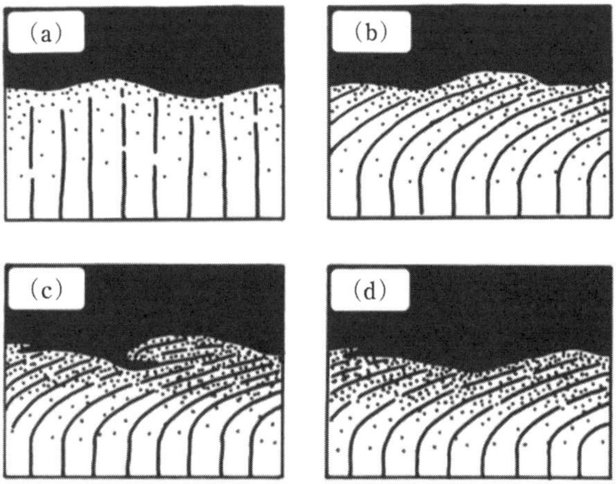

図 14.7　破壊論のモデル[162]

14.4　接触点の形状と破壊論

このような破壊論にもとづく解析を行う際に考えるのは，Suh さんのデラミネーション，図 14.5 にしても，筆者の概念図 14.7 にしても，すべり方向に平行に切った断面図である．そこから思いを巡らせ，流体潤滑理論における無限幅近似と同様に，すべりと垂直な方向，つまりこれらの図の紙面と垂直な方向には現象が変化しないという仮定をおいて，2 次元問題として解析するのが一般的であった．

考えてみれば，これは奇妙な仮定である．紙面と垂直に現象が変化しないということは，図 14.5 のような接触点が すべりと直交する方向に無限に伸びていることを意味している．以下 これを直交型接触点と仮に呼ぶが，真実接触を考える限りそんな接触点が実在するとは思えない．すべり接触を行う摩擦面の仕上げには，たしかに すべりと平行なものも直交するものも存在するが，いったん摩耗を生じたとすると，そこにできる傷は必ず すべり方向に平行であって，第 9 章の 図 9.2 (b) の平行粗さに近いマイクロトポグラフィーをもつ．摩耗を解析する際にはこのような事実を踏まえ，すべり方向に長く伸びた接触点 —— 以下これを平行型接触点と呼ぶ—— を考えるべきではないか．

もっとも 第 1 章に書いたように，設計科学における仮説は有効性だけで存在価値をもつものだから，いくら現実離れしていても直交型接触点の仮定から合理的な結果が導ければ，それはそれで意味のある仮定だったろう．しかし そうではなかった．破壊力学をこのような摩耗過程におけるクラックに適用すると，先端における応力拡大係数の計算値は，クラックの進展に必要な値よりはるかに小さいという結果しか出てこなかった[163] のである．

平行型接触点の仮定が，解析を著しく面倒にすることはたしかである．直交型接触点を仮定すれば，たとえば 図 14.5 のような断面を考えて 2 次元問題として解くことができるが，平行型接触点を考えると，すべり方向とともに すべりに垂直な方向にも現象が変化するから，どうしても 3 次元問題になってしまう．そもそも摩耗を生じている表面のマイクロトポグラフィーはランダムなものであり，接触点の形状・寸法は 1 個 1 個違うだろう．そんなものを相手にそこまで面倒な解析を行う意味があるのか，というのが，あるいは常識的な判断なのかも知れない．

ならば，やってみようじゃないかという筆者の研究[164),165)]を紹介させていただこう．もっとも筆者が独りでできる解析ではないから，東京商船大学（当時）にいた志摩政幸君の力を借りた仕事である．

線形弾性破壊力学による計算だが，モデルは **図14.8** のようなものである．軟鋼を想定した平行6面体の計算領域の上側が摩擦面で，灰色に塗ってあるのが長さ $l=100$ μm，幅 $2a=23.7$ μm の平行型接触点であって，そこには一定値2.5 GPaの圧力と，それに摩擦係数0.4をかけた接線応力が働き，x 方向に摩擦面上を移動するところを考える．その接触点の前端から f だけ離れた位置に，z 方向に幅 $2c$ の口を開いた x 方向に垂直なクラックがあって，左下に書いたように深さ d のところで直角に曲がって s だけ伸びている，“L型クラック”を仮定する．その水平部先端中央におけるモード

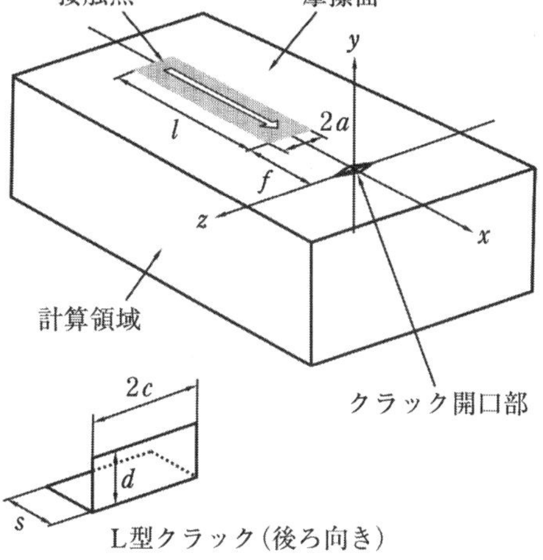

図14.8　平行型接触点による解析モデル

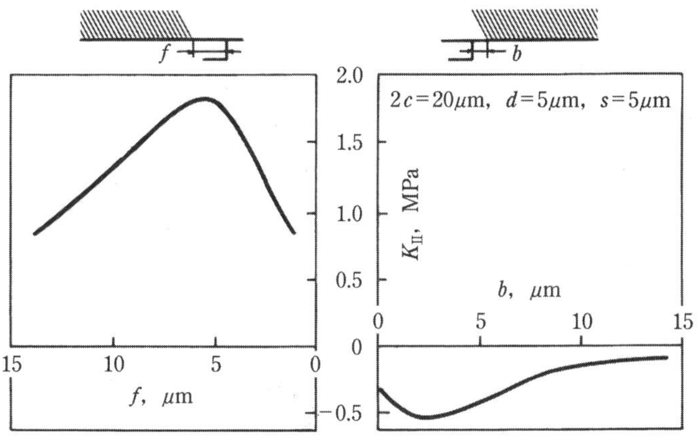

図14.9　平行型接触点による計算結果の例[165)]

II，面内せん断の応力拡大係数 K_{II} を，3 次元の有限要素法によって計算しようというわけだ．クラック表面の摩擦係数も，0.4 を仮定している．

図 14.9[165] が計算結果の例であって，接触点の移動にともなう K_{II} の変化を示している．同じ L 型クラックでも前向きより後ろ向きのほうが K_{II} の変化は大きく，接触点の前方に位置したときに最大値をとり，さらに後方において負の値になることが分かった．この例で言うと，1 回の接触における K_{II} の変化の幅は 2.3 MPa･m$^{-1/2}$ に達していて，軟鋼の場合に負荷の繰り返しによってクラックが進展する下限の K_{II} の値は 1.5 MPa･m$^{-1/2}$ あたりらしいから，平行型接触点ならば そのオーダーになるではないか，という結果である．

14.5　摩擦と摩耗

よく受ける質問の一つに，“摩擦係数と摩耗量とには相関があるのか” というのがある．専門外の人ばかりでなく，これは至極当たり前の疑問だろう．その答は，イエス・アンド・ノーである．以下に，金属の摩耗を想定して話を進める．

まず イエスのほうから…．ごくおおざっぱな話なら，摩擦係数が高い場合の方が摩耗量も大きいということができる．第 3 章に書いたように，摩擦係数の概略の範囲は，流体潤滑では 0.01 以下，境界潤滑の場合が 0.01～0.5，空気中・無潤滑では 0.3～0.8 程度と見ておけばいいだろう．一方 摩耗の大小を比摩耗量，すなわち単位垂直荷重・単位すべり距離あたりの摩耗体積で比較すると，流体潤滑が完全に行われていれば 0 であり，境界潤滑では 10^{-9}～10^{-5} mm^3/(N･m)，無潤滑では 10^{-7}～10^{-3} mm^3/(N･m) 程度であることが多いようだから，このような大分類で考えれば，摩擦と摩耗の大小関係はおおむね一致する．

定性的に考えるなら，これは合理的な話である．以下，流体潤滑の話は抜きにするが，摩耗が破壊によって生ずるものならば，接触点に作用する応力は重要な要因である．その応力は接触点に作用する垂直力と摩擦力できまるから，摩擦係数が高ければ 当然大きくなって，摩耗量が増加するはずなのだ．

あとは，だんだんノーに近い話になる．

その 1．2.5 節でふれたが，巨視的に観測される摩擦力は多数の微視的な接触点に働く摩擦力の総和であり，言い換えれば摩擦というのは接触点の状態の平均値が支配する現象である．それに対し摩耗粉を生成する破壊は，すべての接触点で同じように生ずるわけではなく，条件の厳しい接触点のみで発生する．すなわち摩耗は，平均値ではなくて極値が支配する現象なのである．したがって，摩擦係数が高いほうが摩耗が増えるという傾向はあるにせよ，平均値と違って極値はマイクロトポグラフィーの統計的な分布の形に依存するから，直接的な関係は見出しにくい．

その 2．たしかに破壊によって摩耗粉を生ずるには力が，したがってエネルギーが必要だが，それが摩擦によって費やされる力学的エネルギー全体に対してどの程度の割合なのか，という問題がある．おおざっぱな見当として，軟鋼の摩擦面で接触点附近の せん断破壊により，面積 2 μm × 2 μm，厚さ 0.1 μm の薄片状摩耗粉が生ずると仮定して試算すると，**図14.10**のような結果が得られる．グレーっぽい平行四辺形が，先ほどの摩擦係数と比摩耗量の概略の範囲を示したもので，境界潤滑でも無潤滑でもその割合はたかだか 1 % 程度にしかならない．摩耗粉生成のエネルギーがその程度なら，多少大きかろうが小さかろうが，摩擦にとってはごみみたいなものなのだ．

あとの 99 % 以上のエネルギーはどこへ行ったか．むろん，熱になって放散したのである．

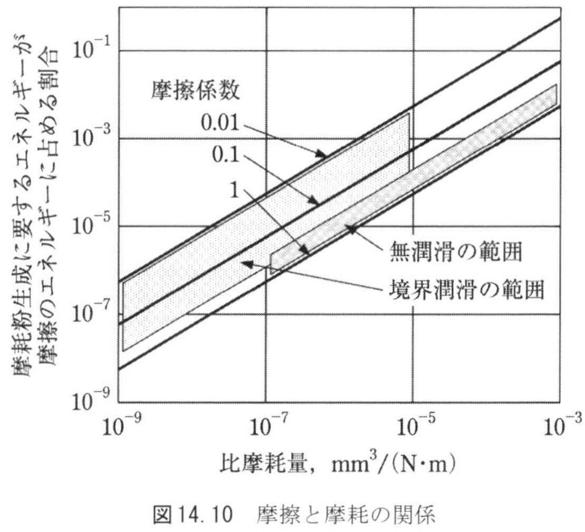

図14.10　摩擦と摩耗の関係

14.6　凝着摩耗の軽減

凝着摩耗の軽減は，いろいろな分野で直面している問題であり，さまざまな方法がとられている．この節を読んですぐ答が出る自信はさらさらないが，この章でお話ししてきた凝着摩耗のメカニズム，図 14.6 (b) と，前章までの記述を関連させて述べてみたい．

図 14.6 (b) で，荷重，すべり速度などの巨視的な摩擦条件が与えられたものとすると，まず問題になるのは摩擦面の微視的表面形状，マイクロトポグラフィーである．2.5 節で 図 2.4 を参照してお話ししたが，与えられた荷重の下で真実接触面積は近似的に一定であるとしても，小さな接触点が多数存在するのか大きな接触点が少数存在するのか，接触点の形成状態はマイクロトポグラフィーによって変わる．そして接触点の大きさによって，1 つの接触点に加わる垂直力 ――摩擦力は後回し―― がきまってくる．この文脈で考えると，流体潤滑というのは垂直力を摩擦面上に無限に分散した状態に相当する．

摩擦が接触点の平均値に支配されるのと違って摩耗は極値に支配される現象だから，大きな接触点に集中して作用する力，その力による応力・ひずみ場の形成，その繰り返しによる劣化・損傷の蓄積がクラックを進展させ，摩耗粉の離脱に至る過程を支配することになる．要するにマイクロトポグラフィーは，ここまでの過程のキー ファクターの一つになっているのである．摩耗を軽減するために，まず摩擦面を平滑にするのには ――接触点は表面粗さという振幅特性だけできまるわけではないけれど――，このような理由があるわけだ．

先ほど後回しにした接触点に働く摩擦力も，以降の応力・ひずみ場の形成に，そして劣化・損傷の蓄積に大きな影響を及ぼす．ここで 支配的な役割を果たすのは境界潤滑であり，適切な油性剤や極圧剤などの使用がポイントである．ただし 効果の大きい活性基あるいは活性物質を含む潤滑剤は， 次章でお話しするように摩擦面や周囲の構造を腐食することがあるし， それはまた，同じ応力・ひずみ場においても劣化・損傷の蓄積に違いを生ずる場合もあり，さらに視野を広げると環境負荷の問題もあるから， この "適切な" というのはなかなかデリケートである．

話が多少前後したが，"応力・ひずみ場" によってどのように劣化・損傷の蓄積が生ずるかは，摩擦面材料の問題である．Holm の 式 (14.1)，すなわち摩耗量が材料の硬さに反比例するという式が第 0 次近似としてでも使われてきたということは，材料の硬さと強さの間にある程度の相関があり，損傷 すなわちクラックの発生・進展に関係するということだろう．かつて JR が国鉄であった時代に，車両と線路を別の部局が管轄していたものだから，車輪とレール間で互いに摩耗するなら相手側にさせようと，競争して硬さを上げたという伝説がある．

そういうわけで，材料の強度を上げるというのは一つの方法である．しかし金属どうしだとすれば，第 18 章でお話しする compatibility の問題もあるし，材料によって境界潤滑の効果が異なる例は 第 10 章で見たとおりだから，せいぜい第 0 次近似と考えるべきだろう．

まあ このへんまでは，なんとか話ができるが，図 14.6 (b) のフィードバック・ループ，すなわち摩耗粉の離脱による表面形状の変化については，残念ながらお手上げである．そもそも，摩耗量を摩耗粉の大きさと数に分けて解析した例が少ないのだ．少ない例の一つを挙げると，元 産総研の田中章浩君が曾田研究室にいたころの仕事だが，真空中における銅とニッケルそれぞれの摩耗を調べた実験で，摩耗粉の大きさは接触点に作用する力によって，発生数は真空度によって変化するという結果を得ている [166]．真空度の違いは酸化膜の形成状況を通じて影響を及ぼしているはずだから，油性剤などの吸着膜も摩耗粉の発生数の方に関わるのではないかという推論も成り立つが，そこまでの一般化にはさすがに二の足を踏む．

そのようにして離脱した摩耗粉の大きさによって，表面形状の変化が生ずるのが摩耗の解析の厄介なところである．この部分に関する解析例 [99] を 第 9 章に紹介したが，どのような運転条件で どのような潤滑剤を使えば，定常状態として どのようなマイクロトポグラフィーが現れるのか，個別的な経験に頼らざるを得ないのが現状だと思う．はなはだしまりのないエンディングだけれども….

第15章 損傷のスペクトル

15.1 色の名前

これまでの3章で，典型的な摩擦面の損傷について話を進めてきたつもりだが，実際の損傷への対応として，少々違った見方が必要ではないかと最近思うようになった．この章では未完成ながら，そういう提案をしようと思う．

また，長いまくらから始めさせていただこう．虹は7色というけれど，よその国の人たちはどう思っているのだろうかと，いろいろ調べた人がいる．鈴木孝夫さんという言語社会学の先生で，その結果は次のようなものだった[167]．

日本ではいうまでもなく7色だが，中国，韓国，ベトナム，タイ，マレーシアの人たちも，同じように7色と考えているようだ．西欧の例でも，フランスは伝統的に中央集権の国だから，虹は7色ときまっているらしい．ところが英語国，イギリスとアメリカではいまひとつはっきりせず，科学的な分野では7色だが，民衆レベルでは6色というのがふつうらしい．ドイツも似たような事情で，科学的な分野は7色だが，民衆レベルでは5色になる．ロシアは国が広いせいかも知れないが，人により場合により，4色から7色とまちまちなのだそうだ．

色の話をもう一つ．精神医学者でもあり翻訳家でもある中井久夫さんの著書[168]からの孫引きだが，文化人類学者のBerlinと言語学者のKayが書いた，"Basic Color Terms: Their Universality and Evolution[169]"という本がかなり評判になったらしい．彼らは可視光のスペクトルを左右に展開して40に区分し，明暗を上下8段階に区分して，320枚のプレートを作った．そして20以上の言語について，それを母語とする人がプレートの色をなんと呼ぶかを調べたというのだが，興味深いのは，320枚のプレートのうち何枚のプレートに，それぞれの言語で色の名前がついているかという結果である．例示された結果の中ではトップもビリも中国であって，トップは広東語の 218 枚，ビリは中国の標準語である“普通話”の 20 枚であった．ちなみにアメリカ英語は 63 % とあるから 200 枚ちょっと，日本語は 91 枚すなわち 28 % だったという．

鈴木さんの調査も Berlin と Kay の調査も似たところがあるが，意味が微妙に違っている．両方とも連続したスペクトルを不連続な何色 ——“なんしょく”と読んでいただきたい—— かに切り分けているところまでは同じだが，鈴木さんの調べた虹が何色かというのは，その答が たとえば 7 色だったとすると，その 7 色以外の色の存在を認めないことになる．それに対して Berlin と Kay の結果は，名前をもつ色が連続スペクトルの中に離散的に存在していると解釈されるのだ．

連続的な変量を離散化するというのは，科学の有効な手法の一つには違いないが，本来 その変量が連続的なものであったということを忘れると，ときとして具合の悪いことがあるように思う．そして摩擦面の損傷に関する認識は，上の例でいうと 鈴木さんの調査に類するものだったけれど，Berlin と Kay の流儀で理解すべきではないだろうか．

第 11 章の 表 11.5 について，損傷名を一応分類したと書いたのはそういう理由からである．

15.2 摩耗のスペクトル

トライボロジーに話を戻すが，損傷一般について考える前に，摩耗を例にとって考えてみることにしよう．

前章で取り上げたアブレシブ摩耗，凝着摩耗，腐食摩耗の 3 つを，筆者は摩耗の基本形態と考えてきた．それは いまでもそう思っているのだが，それら 3 つの摩耗形態を，**図 15.1** の (a) のようにそれぞれ独立して存在していると考え，実際の機械の摩擦面で生じている摩耗をそのいずれかに分類して対応しようというのが，これまでの一般的な手法だったように思う．これは虹を何色かに切り分ける作業と比べられるだろうが，現実的ではなく，生産的でもなかったように思うのだ．

そうではなくて，現実は 図 15.1 の (b) のようなものではなかったか，とい

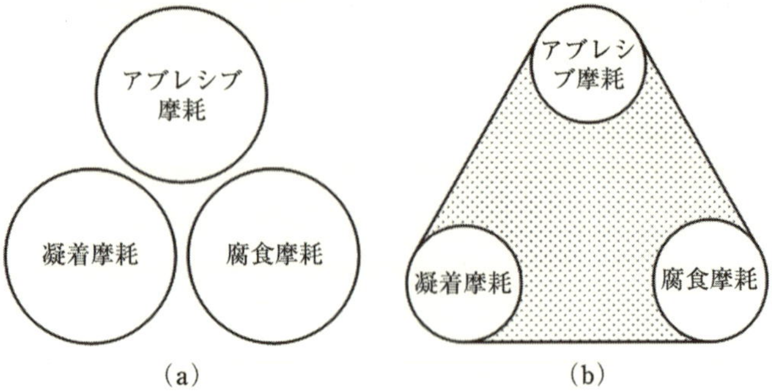

図 15.1　摩耗の基本形態とスペクトル

うのがこの節の論点である．実際の機械で生じている摩耗の形態は，たとえばこれら 3 つの基本形態を頂点としてその間に連続的に分布し，2 次元のスペクトルを作っているのではないか．もっとも，三角形である必要はないし，四角形であっても，あるいは立体的に四面体だとしてもかまわない．また すべてが連続的ではなくて，ところどころに切れ目があるかも知れないから，図 15.1 は一つの例として，トポロジカルにお考えいただきたい．個々の摩擦面における摩耗はそのスペクトルのどこかに位置するか，あるいは進行によってスペクトル上を移動するのであって，しかしながら Berlin と Kay の調査結果のように，われわれが名前をつけている摩耗形態は限られているという考え方だ．

スペクトルなどとは言わないまでも，似たような考えは以前からあった．たとえば 40 年ほど前，三菱石油の研究所長をしておられた豊口 満さんは，摩耗は 5 形態に分類されるとした上で，“実際の摩耗の状態は一つのタイプだけであることは稀で，いくつかの作用が相互に影響し合っている” と指摘されている[170]．

そういう目で見れば… という例を，2 つ紹介しておこう．一つは，**図 15. 2.** 東北大におられた萱場孝雄先生の研究で，軟鋼との摩擦におけるホワイトメタルの摩耗である[171]．図 15.2 は，軟鋼の表面粗さを最大高さ粗さで 0.1～6 μm に変化させた場合の摩耗量の変化で，すべり速度によって特性が変わっているけれど，下の 3 本の曲線は特徴的で，粗さ 6 μm では明らかにアブレシブ摩耗で摩耗量が大きいが，粗さを 1～2 μm まで減らすとその 1/5～1/25 程度まで減

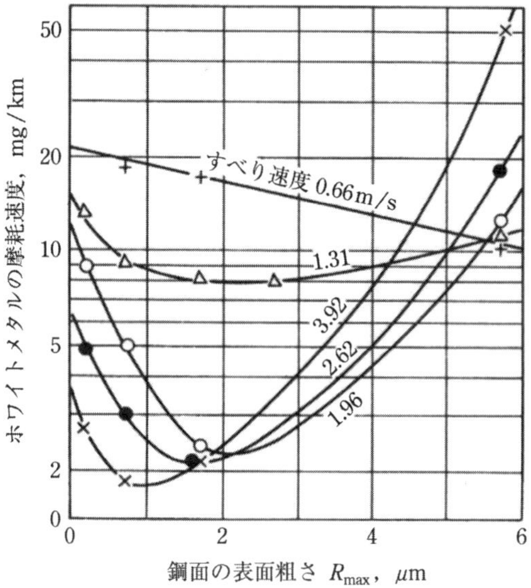

図 15.2　凝着摩耗とアブレシブ摩耗[171)]

少する．ところが粗さを 0.1 μm あたりまでさらに小さくすると逆に摩耗が増え，最小値の 1.5〜4 倍に増加しているのだ．この結果は，アブレシブ摩耗から凝着摩耗へ，摩耗形態の連続的な遷移が生じたものと理解すべきだろう．

もう一つは，エンジン油にいろいろな極圧剤を添加して四球式試験を行った，Larsen と Perry の古典的な研究[172)]である．**図 15.3** は彼らの図から 3 つの極圧剤を抜き出して書きなおしたもので，横軸に極圧剤中の活性元素であるリンまたは硫黄の濃度を対数尺で目盛り，その濃度による摩耗痕径の変化を示している．縦軸上にある 1 点が極圧剤を添加していない場合の摩耗痕径であり，濃度を上げて行くと境界潤滑効果によって摩耗痕径は急激に減少するが，高濃度になるとふたたび増加するという結果である．右方で摩耗痕径が増大するのは，鋼と活性元素との反応生成物の除去によるものであって，この図は凝着摩耗から腐食摩耗への連続的な遷移を示すものと理解される．

アブレシブ摩耗と腐食摩耗との間の遷移はいい例を知らないが，トライボロジーから少しずれるけれど，エロージョン・コロージョンと呼ばれる現象が，両者の中間的な形態に対応しているように思う．

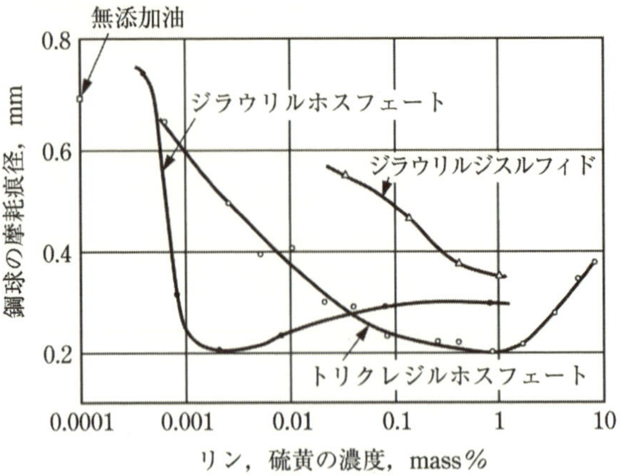

図 15.3　活性元素の濃度と摩耗〔文献 172）の図より筆者が抜粋〕

こんなことを考えていて，一つ思い当たったことがある．前章で，凝着摩耗のメカニズムに関してさまざまな摩耗理論が提案されたという話をした．筆者も破壊論をひっさげて参戦したのだが，凝着摩耗のメカニズムとしてどの理論が正しいか，なんていう議論自体，あまり意味がなかったんじゃないかと思うのだ．どの理論にしても，少なくともその研究者は，自分が実験した，たとえばピン・オン・ディスク試験における摩耗には一応の説明をつけたのだろう．と言うことは，その理論が主張する摩耗形態が，図 15.1 (b) のスペクトル上のどこかに存在するということである．第 11 章の用語の話で，日常言語を排除しても得るところはないと書いたが，摩耗理論についても同様に，そういう理論も一概に否定する必要はないように思う．要はその理論にもとづいて，実際の摩耗が軽減できればいいのだから….

15.3　損傷のスペクトル

ここからが本題なのだが，同じようなことが，さらに広く，摩擦面の損傷についても言えるのではないか．

細かな説明を繰り返す必要はないだろうが，摩耗の 3 つの基本形態と同様に，第 11 章でお話しした 3 つの損傷，すなわち焼付き，摩耗，ころがり疲れを典型的な損傷と考える．そうすると実際の機械の摩擦面に生ずる損傷は，**図 15.4**

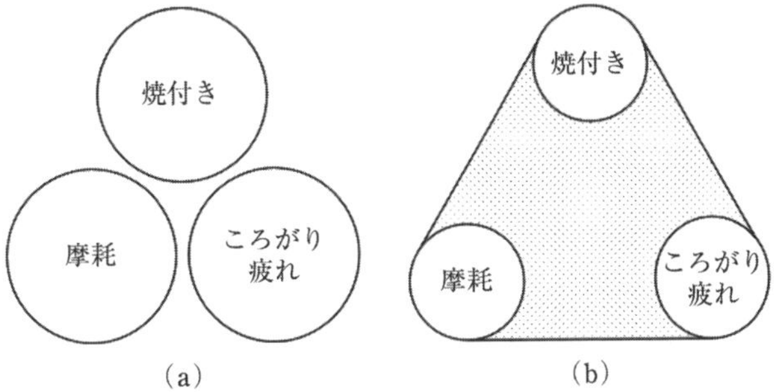

図 15.4 損傷のスペクトル

の (a) のようにそれらが“孤立して”存在しているのではなく，(b) のように，それら 3 つの損傷を頂点として分布し，摩耗と同様に連続したスペクトルを作っているのではないか．そして現実の損傷は，むろん 3 つの典型のいずれかである場合もあるが，スペクトルのどこか中間に位置するか，あるいは進行によってスペクトル上を移動することが多いように思うのだ．なお，摩耗のスペクトルと同様，この図の意味もトポロジカルなものである．

と言うわけで，以下にこの考え方で解釈できそうな実例をご紹介しよう．もっともそれぞれの引用元の著者は，多分こんなふうには考えておられなかったであろうが….

第 1 は焼付きの例である．第 12 章の 図 12.2 にはスケッチをお目にかけたが，それと同様にいかにも焼付きらしい焼付きの例を一つ，**図 15.5**[173] にご覧に入れよう．これは 自動車用エンジンのクランクピン軸受で発生した焼付きで，わざわざ“激しい焼付き”と書いてあるから，クランクシャフトが回転できなく

図 15.5 エンジン軸受の焼付き[173]

図 15.6　トランスミッション歯車の焼付き[174)]

なったに違いない．図 15.4 (b) のスペクトル上では，明らかに典型の 1 つである焼付きと考えられる．

ところが同じ焼付きではあっても，第 12 章でふれたたように，ころがり接触の場合には事情が違う．**図 15.6**[174)] は，自動車の変速機の歯車に生じた損傷で，発生原因は すべり軸受の焼付きと共通していても，いきなり回転が停止するなんてことはなかっただろう．ある程度進展するまでは むしろ“逐次減量現象[128)]”に近く，進展に伴って，図 15.4 (b) のスペクトル上で焼付きに移動するもののように思う．

第 2 は，ころがり疲れの例である．第 13 章の 図 13.2 でお目にかけた，玉軸受の玉に生じた ころがり疲れはフレーキングと呼ばれ，その部分が接触するたびに振動が発生して軸受として使用に耐えなくなるという，典型的な ころがり疲れの例であった．

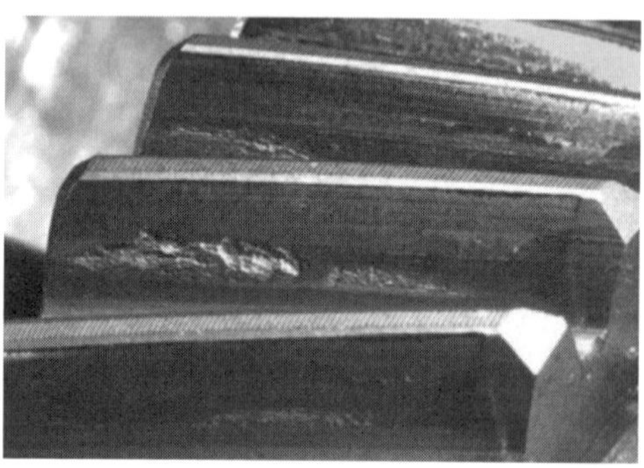

図 15.7　トランスミッション歯車の ころがり疲れ[174)]

それに対し 線接触における ころがり疲れは，かなり 様相を異にする．**図 15.7**[174)] も自動車の変速機の歯車に生じた損傷で，そのメカニズムは 第 13 章で説明した ころがり疲れと同様であり，歯車の場合はピッチングと呼ばれている．インボリュート歯車では，ピットが歯元と歯先との中央より少し歯元寄りのところに集中して発生することが知られているが，歯車にとっては 図 15.6 の例と同様に，ピットが成長し，あるいはその数が増えて，ある程度の面積を占めるに至るまでは，多少の不具合はあっても一応は運転が可能な場合が多い．第 11 章の 図 11.4 でお目にかけたタペットの ころがり疲れも，見かけは違うが同様の特徴をもつ損傷である．だからそれらは摩耗として取り扱われることがあるわけで，図 15.4 (b) のスペクトル上では，摩耗と ころがり疲れの中間に位置づけるべき損傷といえるだろう．

何回か引用した日本トライボロジー学会の“トライボロジー故障例とその対策[175]”はこういう考え方をとっていないけれど，同書の損傷例のいくつかを損傷のスペクトル上に位置づけるとすれば，たとえば 図15.8のようになるだろうか．

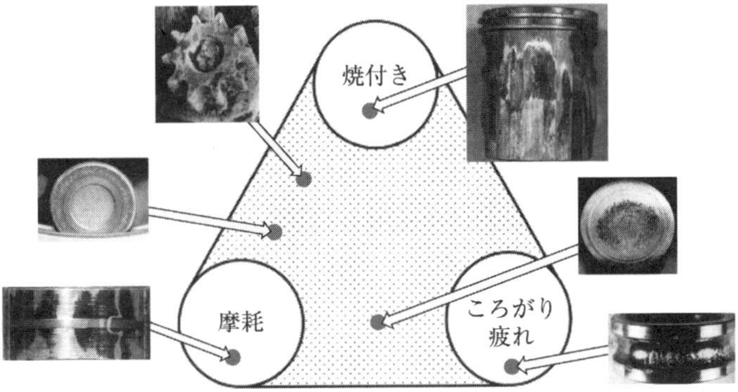

図 15.8 スペクトルへの位置づけ

15.4 なぜスペクトルを考えるのか

このような実例が示しているのは，図 15.4 (b) のようなスペクトルが連続的なものであるか不連続な点があるかはともかく，摩擦面の損傷はそのスペクトル上に分布していて，Berlin と Kay の調査結果のように，われわれはそのいくつかの部分に損傷名を与えているにすぎないということではないだろうか．これは単に解釈の問題ではなく，そのように理解することによって実際的なご利益が期待できると思うのだ．

一つは，そのようなものとして損傷を認識し，これまで研究者がピン・オン・ディスクなり四球式試験機なりで研究してきた損傷形態をスペクトル上に位置づけることによって，実際の機械の摩擦面における損傷の解決に，それらの研究成果をもっと活用できるように思うのだ．

それともう一つ，摩擦面の損傷問題の解決の自由度が増えるのではないか．それは摩擦面に典型的な3つの形態の損傷が発生した場合の，影響の違いである．それぞれの損傷形態についてお話ししたように，すべり軸受に焼付きが発生すると，場合によっては列車の脱線転覆という大事故にもなり得るし，ころがり軸受にころがり疲れが発生すると振動の原因になり，機械がスムーズに運転できなくなってしまう．そういう意味で，これらはカタストロフィックな損傷ということができる．それに対して“逐次減量現象”である摩耗は，靴底やすりこぎを思い出していただくまでもなく，ほとんどの場合それが発生してもあるところまでは実用に耐えるのである．

そのような違いがあるので，どうせ損傷が発生するなら摩耗にしたいという考えがある．鉄道のレールでころがり疲れが発生すると，車輪が通過するたびに車両に振動を起こすばかりでなく，やがてはレールが破断することもある．それを避けるために，意図的にある程度の摩耗が生ずるようにして，第13章でお話ししたせん断応力 τ_{xy} の大きくなる部分をずらせ，ころがり疲れ寿命を延ばしている例がある．図15.4 (a) のように考えると，ころがり疲れならころがり疲れという，一つの損傷形態としての対策をとることになるが，同図 (b) を考えれば，スペクトル上における損傷の位置を変更するという方法もとれるわけだ．第11章の図11.4，タペットの3つの損傷例は，まさに損傷のスペクトル上をさまよった，試行錯誤の軌跡と考えるべきものだろう．

第16章 トライボロジーの担い手

16.1 なぜ"STLE"なのか

前章までに，摩擦，潤滑，表面損傷と，トライボロジーの講義で話すようなテーマについて，一わたりお話をしてきた．あと少々，トライボロジーの別の面を考えてみたい．

この分野の日本の学会は"日本トライボロジー学会"というが，アメリカの学会は" Society of Tribologists and Lubrication Engineers "と称している．まずそういう話から….

日本トライボロジー学会が日本潤滑学会として誕生したことは，ご存じの方も多いだろう．英語名を Japan Society of Lubrication Engineers，略称 JSLE と称していたが，これは先輩である American Society of Lubrication Engineers，ASLE に倣ったものと思われる．わが国における先輩学会の日本機械学会が，英語では The Japan Society of Mechanical Engineers と名乗っていたから，定冠詞の有無を別にすれば，この英語名の採用に迷いはなかったに違いない．そして 1966 年にトライボロジーという言葉が生まれ，徐々に世界中に浸透したので，日本潤滑学会も改称をしようということになった．社団法人になっていたからお役所の手続きに思いのほか苦労したが，1992 年，めでたく日本トライボロジー学会，Japanese Society of Tribologists，略称 JAST と改称したのである．

"トライボロジー"の登場に，先輩の ASLE はどう対応したか．こちらもトライボロジー を学会名に取り入れることにして，会誌の表紙に **図16.1**[176]，"トライボロジーの木"を掲げてキャンペーンを展開し，日本潤滑学会に先だって 1987 年に学会名を変えた．ところが 採用した新名称は American Society of Tribologists ではなく， Society of Tribologists and Lubrication Engineers， 略称

図 16.1　トライボロジーの木[176]

STLE というものであった.

“American” を抜いたことは別としても，これは不思議な改称である．ご存じの Jost 報告はトライボロジーの提唱に際して，tribology を “相対運動を行いながら相互作用を及ぼしあう表面およびそれに関連する実際問題の科学技術” と定義した．この定義によれば，トライボロジーは “科学” ばかりでなく “実際問題の技術” を含んでおり，lubrication engineer はそれを担当する人たちであるはずなのに，なぜトライボロジストと分けて Lubrication Engineers を併記しなくてはならないのだろうか．なお，この “ lubrication engineer ” は，日本語の “潤滑技術者” とは少なからず意味が異なるので，以下では英語のまま書くことにする．

数年前に思い立って，イギリス人とアメリカ人の畏友 2 人に聞いてみた．イギリスのほうは，Jost 報告で誕生した国立トライボロジー・センターの初代所長 Bill Roberts さん，アメリカのほうは，大学の技術職員，まさに engineer から転じてノリア社を創立し，雑誌 Machinery Lubrication の編集長を務めていた Jim Fitch さんである．以下 自分の考えも交え，2 人からの返事をまとめてお話しする．

この問題は，アメリカの西部開拓史から考えなくてはならないらしい．大西洋岸に上陸した人たちがフロンティアを求めて，まずは馬車で，やがて大陸横断鉄道を敷設して，西部を開拓した歴史である．その成功を支えたのが，グリースガンやオイル缶をぶら下げた，ほかならぬ lubrication engineer であったのだ．そういうブルーカラーの人たちを基盤として，American Society of

Lubrication Engineers は設立されたもののようである．

Lubrication engineer の活躍は，アメリカ人の心に深く刻み込まれていたし，当然 彼らの誇りともなっていた．西部開拓の時代が終わって産業社会に入り，仕事の内容は高度化したが，実際に機械設備の潤滑を担当する practitioner として，lubrication engineer は誇りを持ち続けていた．

そういう人たちの集団に，大学や研究所から入ってきたのが，tribologist というホワイトカラーだったわけである．なにしろ ふんだんに石油が出たアメリカのことだから，摩擦摩耗，表面化学なんかは，油による潤滑の単なる“おまけ”でしかなく，この Society の主役は俺たちだと，lubrication engineer は考えていただろう．そこで 運営に当たっていた tribologist たちは，彼らが引いてしまっては大変だと考え，その妥協点として STLE という名称を採用したらしい．

しかし，いまだに lubrication engineer の腹の虫は治まっていないようだ．“ASLE はトライボロジストにハイジャックされたんだ”という言葉を，筆者は耳にしたことがある．“STLE はいろんな賞を出すけれど，科学上の業績に対するものばかりで，ブルーカラーの功績を顕彰する賞なんて 1 つもないじゃないか”．

もう一つ，“NIH シンドローム”も作用していたように思われる．略さずに書けば“ not invented here syndrome ”であって， 筆者はアメリカ人の性行として聞かされたのだけれど，“ここで”，すなわちアメリカで発明されたものでなければ使わないという，一種の拒否反応である．それを syndrome ＝症候群と名づけたのには悪意があるが，ともかくその症候の現れで，イギリスで発明されたトライボロジーという言葉をそのまま学会名称にはしたくないという気分も，幾分かはあったに違いない．

16.2 では日本潤滑学会は？

日本潤滑学会の設立の経緯は，ASLE とはまったくと言っていいほど違っていた．1955 年に配布されたその設立趣意書[177]は，“この方面の わが国の学問と技術とを大きく前進させ，またこの方面に関係ある研究者，技術者間の研鑽と親睦とに資したいと考えているしだいであります”と結ばれているが，設立世話人として呼びかけたのは， 初代会長を務められた永井雄三郎先生 以下 8

名，いずれも大学の先生であった．

ちなみに，先輩学会である日本機械学会の設立は，明治時代だったせいもあるのだろうが，何とも格式の高いものであった[178]．まず設立を呼びかけられたのが，のちの貴族院議員，眞野文二 東京帝国大学教授である．眞野先生はイギリス留学中に彼の国の機械学会 IMechE，すなわち The Institution of Mechanical Engineers の権威を目の当たりにして，“わが国にも権威ある機械学会が必要であることを痛感” され，“工学会の元老 19 名” を創立委員として 1897 年に “機械學會” を設立されたのだが，そのとき正員に推挙されたのは，“帝国大学工科大学機械科および東京高等工学校機械科の卒業生 53 名” であったという．日本潤滑学会も，その格式の高さは及ばぬにせよ，日本機械学会の顰（ひそ）みに倣おうとしたのだろう．

さて日本潤滑学会の話に戻って，その会員構成は，**図 16. 2**[177] のようなものであった．設立当初の構成は分からないが，1972 年の会員構成を見ると大学・学校・官公庁関係は 15 % 程度であり，残りの 85 % を企業関係が占めている．呼びかけられたのは大学の先生たちだったが，産業界からたくさんの人がそれに応じて下さったのだ．

その後 若干の変動はあるけれど，図 16.2 のようにこの特徴は大きくは変わっていない．日本潤滑学会・日本トライボロジー学会を通じ，産業界からの積極的な参加が得られているわけで，“関係ある研究者，技術者間の研鑽と親睦とに資したい” という設立の目的は，その意味では達成されていると言えるだろう．だから STLE に見られるような問題は，JSLE あるいは JAST には存在し

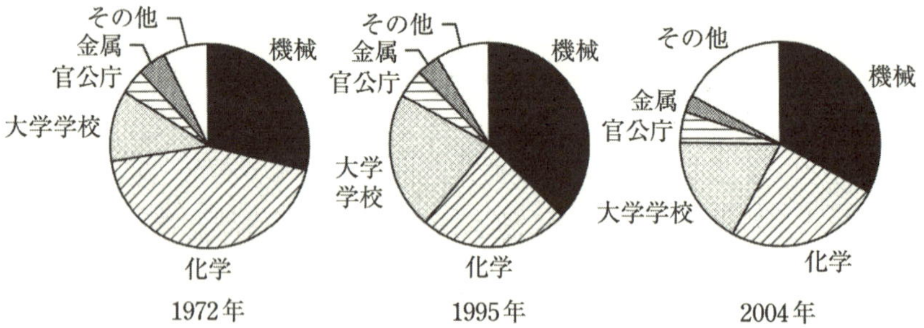

図 16. 2　JSLE / JAST の会員構成[177]

なかったのかと言うと，そうではない．やはり問題はあって，ただそのありように彼我の違いがあるのだと筆者は思う．

たしかに 産業界からたくさんの人が JSLE あるいは JAST に参加して下さっているけれど，そのほとんどは研究，設計，技術などの部門に籍をおく人たちであって，お一人 お一人に確認したわけではないが，practitioner としての lubrication engineer の参加はきわめて少数であるように思う．設立趣意書がいう “関係ある研究者，技術者” は，アメリカ流の分類で言えば tribologist であって，lubrication engineer は最初から想定されていなかったのだろう．考えてみれば，ALSE も STLE も “society” であるのに対し，JSLE，JAST は “学会” だから，それは当然の発想であったかも知れないが，トライボロジーの定義にある “実際問題の技術” については，不十分のそしりを免れない．STLE では，tribologist と lubrication engineer の軋轢が内部で生じているだけ，むしろ問題がはっきりと意識されているとも言えるのではないか．

16.3 企業におけるトライボロジスト

そのへんの話を具体的にするために，日本の企業でトライボロジーに関わる人たちの実態を見ることにしよう．

日本トライボロジー学会が日本潤滑学会と称していたころ，民間企業におけるトライボロジー活動に関する調査を行ったことがある[179)]．対象としたのは当時の日本潤滑学会の維持会員 173 社であって，民間企業における “トライボロジーの研究･開発体制がどのような状況にあるかを定量的に把握する” ことを目的としてアンケートを実施し，69 社から回答を得た．20 年以上前の調査だから相当古い話だが，その後こういう調査は行われていないようなので，この調査の結果から関連する 3 つの結果を紹介させていただこう．なおこのアンケートでは，“現在の日本潤滑学会の学会誌，研究発表などの内容に多少とも関連のある業務” を “トライボロジー関連業務” と定義し，tribologist と lubrication engineer を区別せずにトライボロジストと呼んでいるので，前節までの議論と混乱しないように，この調査でいうトライボロジストを，この節では tribologist + lubrication engineer，略して T+LE と書くことにする．

結果の 1 は，そもそも企業に何人ぐらい T+LE がいるのかという数字である．

表 16.1　各業種のトライボロジスト数[179)]

業種	人数
A 石油（元売）	1200
B 石油（元売以外）	270
C 添加剤，固体潤滑剤，化学一般	530
D 軸受，シール	11000
E 自動車，発動機	1700
F 重機械，電気機器，精密・工作機械，油圧	3610
G 材料	6100
その他*	1230

* 電力，ガス，鉄道，陸運，海運，航空，建設，食品

調査した業種ごとの人数は **表16.1** のようなもので，これをもとに日本全体の人数を推定すると，約 36000 人になる．

次は結果の 2. 所属部署を設計・開発・研究：D/R，製造・生産技術・保全：P/M，企画・管理：A，営業・販売：S の 4 つに分けて，どの部署にどの程度の割合でトライボロジストが配置されているかを調べた．結果は業種によってかなり異なり，表 16.1 の業種の分類で上から 3 つ，石油と添加剤，固体潤滑剤，化学一般においては，D/R と P/M がともに 1/3〜1/2 を占めているのに対し，自動車，発動機では D/R が 80 % 以上と圧倒的に多く，一方 機械関係と材料では P/M が 70〜80 % を占めていた．総計でいうと，材料関係の人数が多いため，P/M が約 70 %で大多数を占めているという結果になった．

結果の 3 は **図 16.3**. 各業種の企業に所属する T+LE が，それぞれ勤務時間のうちトライボロジー関連業務に充てている平均時間割合を 4 段階に分け，業種ごとにその人数の割合を調べた結果である．一番濃いグレー，時間割合にして 1〜3/4 という人たちはほとんど専業の，いわばフルタイムの T+LE であり，それ以外の人たちはパートタイムの T+LE と言っていいだろう．

ここでも業種による違いが大く，上から 4 つ，トライボロジーに直接関わる製品を作っている業種では，T+LE の 60〜80 % がフルタイムであるのに対し，下の 3 つ，製品の一部あるいは製造工程にトライボロジーが関わっている業種においては，フルタイムの T+LE は たかだか 20 % 程度に止まっている．上の 4 つの業種でフルタイムの T+LE が多いというのは常識的な結果だろうが，そ

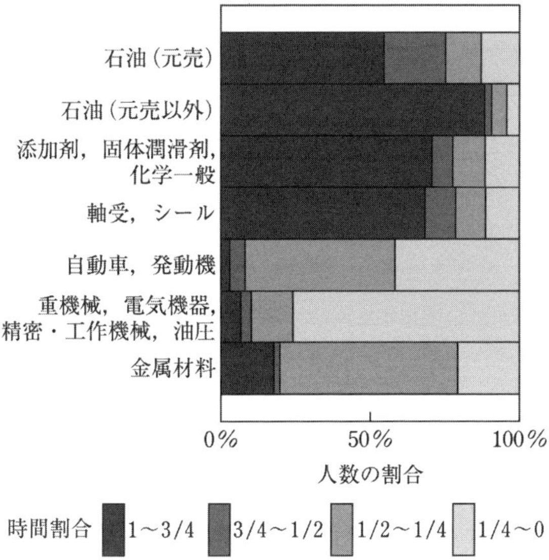

図 16. 3　企業のトライボロジストの専業率[179)]

れに対し 下 3 つの業種においては，ほとんどパートタイムの T+LE が，トライボロジー関連業務を担当しているのだ．ここでも業種ごとの人数を考慮して総計をとると，フルタイムの T+LE は約 30 % という結果が出る．残りの約 70 %，2/3 以上が，ここでいうパートタイムなのである．

この章の問題意識を持ってこれらのデータを眺めると，前節の最後に書いた問題の，日本あるいは JAST におけるありようが透けて見える．

まず結果の 1 によると，日本の企業の T+LE の総数は 36 000 人，これは東京マラソンの参加者数にほぼ等しい人数であって，決して少ないとは言えないだろう．次いで結果の 2．その人たちの所属部署は P/M が約 70 % というわけだから，lubrication engineer も多数いるのではないかと，この数字からは推定される．ところが結果の 3 によれば，T+LE の 2/3 以上の人たちはパートタイム，すなわちトライボロジー関連業務 “専業” ではないのであって，その傾向は P/M 関係の部署への配置が大半を占める機械関係と材料関係の企業で特に著しい．この結果の意味するところは，アメリカにおける誇り高き lubrication engineer のような存在が，日本では少数にとどまっているという事実だろう．

無論これは，日本の製造現場において，lubrication engineer の役割が大きくないという意味ではない．そうではなくて，潤滑技術そのものが設備担当技術の一部としてしか位置づけられていないのだ．

日本トライボロジー学会が設置したメンテナンスアクションプラン研究会の報告書[180]によると，たとえば技能士制度では，機械保全技能士と油圧装置調整技能士がトライボロジーに関係しているのだが，“いずれも機械を主体とした技能であり，潤滑管理についてはあくまで補足的な知識を求め”ているにすぎないのであり，“このような環境の下で，工場内の潤滑管理に携わる設備担当技術者は，各企業が独自に進める社内教育の一環として潤滑管理を学ぶ”のが現状なのである．筆者自身も運営に関わってきたから他人事ではないが，JSLE も JAST も lubrication engineer にほとんど目を向けてこなかったのには，こういう事情があったのだ．

そのへんをカバーして，“科学”としてのトライボロジーと lubrication engineer の架け橋を目指しているのが，“潤滑経済”誌であり，“月刊トライボロジー”誌なのだろう．先ほど紹介した Fitch さんも，“ Machinery Lubrication ”という，まさに lubrication engineer 向けの雑誌の日本語版をしばらく出していた．“使いやすい油庫への挑戦”なんていう超現場的な記事が並んでいる雑誌だったのだが，売れ行きがはかばかしくは伸びず，他の事情もあって休刊してしまった．専業の lubrication engineer が少数で，マーケットが限られているのも一つの原因だったように思う．

16.4　トライボロジーの資格制度

そういう状況ではあったけれど，1986 年に日本トライボロジー学会が設置したメンテナンス・トライボロジー研究会には，専業 lubrication engineer あるいは元 lubrication engineer に，何人も参加していただくことができた．と言うのも，この研究会の設置を呼びかけた張本人は筆者であって，そういう方たちの技術を伝承すべく，意識的に勧誘したのだ．

その活動をベースに，2002 年，先ほど紹介したメンテナンスアクションプラン研究会が玉川大学にいた似内昭夫君を主査として設置され，日本トライボロジー学会としてメンテナンスをどのように考えて行くか，具体的な方策を検討することになった．そこで最も重要と考えられたのが，メンテナンス・トライボロジーに関する資格の創設であり，その検討は同学会のISO委員会に引き継がれた．以下，“トライボロジスト”の記事[181]と似内君の解説[182]などをもとに紹介することにしよう．

時期にすると その少し前から，ISOが状態監視診断技術者の資格を世界共通のレベルで認証しようという作業を進めていた．その一つに，ISO 18436-2 に準拠した“機械状態監視診断技術者（振動）”があり，わが国では日本機械学会が運営主体となって2004年から資格認証試験を始めていた．

それに数年遅れて2008年，ISO 18436-4 Field Lubricant Analysisが発効した．これに準拠した“機械状態監視診断技術者（トライボロジー）”がスタートし，日本機械学会と日本トライボロジー学会との共同認証として，2009年から認証試験が実施されることになった．

先ほどふれた機械保全技能士と，これは似て非なる資格である．まず 機械保全技能士というのは，保全のジェネラリストを対象としたもので，厚生労働省が管轄する国家資格である．それに対し機械状態監視診断技術者（トライボロジー）の方は民間の資格であって，トライボロジーに関わる専門性の高いスペシャリスト，まさにlubrication engineerの作業品質を保証するものであり，何よりも国際資格であることが大きな特徴である．余計なことだが，この資格の名称についている“(トライボロジー)”をアメリカのlubrication engineerが見たら，カチンとくるに違いない．

もう一つ，トライボロジーに関連する国際資格があることを付け加えておくべきだろう．Fitchさんも諮問委員として関わっているThe International Council for Machinery Lubrication，通称 ICMLによる機械潤滑専門士などの資格である．ICMLというのは，この分野の資格認定制度を創設しようという有志が集まって2001年に設立したNPOで，先ほどふれたISO 18436-4の基礎となる指標を作ったパイオニアと言えるだろう．そのNPOが始めた民間の資格であって，日本を含め約70か国，7000人以上に資格を認定した実績があり，Fitchさんに言わせれば“こういうのこそが世界標準なのだ”というわけだ．現在はISO 18436-4 に整合した資格になっているが，機械状態監視診断技術者（トライボロジー）との調整はむずかしそうである．

16.5 ユーザー・オリエンテッド

Lubrication engineer と tribologist とを合わせると，日本の企業でトライボロジー関連業務専業に携わっている人が 36000 人ほどいるという推定を，先ほど紹介した．一方 図 16.2 から，日本トライボロジー学会の会員のうち 75 % が企業の人たちだとすると 1800 人ほどだから，36000 人の 5 % にしかならない．筆者も大学人であったから，トライボロジー活動というと学会を中心に考えてしまうけれど，学会がカバーしているのはそんなところなのである．

トライボロジーの "科学" に関しては，学会が中心的な役割を果たしていると言ってもいいだろう．しかし，その研究成果を実際の技術に利用している人たち ——以下，トライボロジーの "ユーザー" と呼ばせていただこう—— のほとんどは，学会の外で活動しているわけだ．筆者が助教授をしているころ，曽田範宗先生が "潤滑に関心のある人がみんな学会に来ていると思ってはいかんよ．学会の活動に関心がある人だけが参加しているんだ" と言われたのをいまでも覚えているが，日本潤滑学会の創設に関わられた先生は，学会がカバーできる限度を実感しておられたのだろう．

そういうユーザーから見ると，トライボロジーに関する本にはかったるいところがあったに違いない．まずそれらは，固体の表面，接触あたりから書き始めるのが定番になっているようで，何回も引用させていただいている曽田先生の本 [183] もそうだし，Bowden，Tabor 両先生の本 [184] もそうなっている．この 2 冊はモノグラフ，つまり研究集成のような性格だから別格かも知れないが，近いところでは，山本雄二，兼田楨宏両氏の本 [185] も村木正芳君の本 [186] も，大先生の顰みに倣っているというべきか… なんて他人事ではなく，"はじめに" でふれた岡部平八郎氏との共著による "トライボロジー概論" も似たような構成をとっていたし，本書もご多分にもれない．

それがそうなった最大の理由は，著者がトライボロジーの研究者であると，それが書きやすい順番だからだと思う．摩擦を論じようとすれば接触を考えなくてはならず，接触を論ずるには固体表面の性質が必要になる．そういう論理上の必然性によって，"じゃ，まず表面から書くか" ということになったのだろう．

筆者の希望を言えば，大学等の研究機関に所属するトライボロジストはもちろんのこと，企業のフルタイム・トライボロジストたる人たちは，やはりそういう構成の本を読んで，トライボロジカルな諸現象について基礎的な点は抑えておいてほしいと思う．ではあるけれど，企業のパートタイム・トライボロジストや，現場を担当する lubrication engineer にとってはどうだろうか．

企業のトライボロジストにしてみれば，たとえば自動車のエンジンとか計算機のハードディスクドライブとかの開発が本務であって，そこで避けて通れないトライボロジカルな問題だけを，手っ取り早く片づけたいわけだ．一方 lubrication engineer にしてみれば，老化した設備の潤滑管理がいままでどおりで良いのかとか，焼付いた減速機を明日までになんとかしたいとか，日々現実の問題を突きつけられているのである．そういう人たちは “トライボロジーのユーザー” なのであって，その身になってみれば “いまさら ‘表面とは何か’ なんて話を始められてもねえ… ” というのが正直なところだろう．もちろん，そういうところからトライボロジーに入っていただければ，筋のいいトライボロジストになられる確率は高いだろうが，“そこまではつきあえない” という事情もあるだろう．

そういう人たち向けの，“ユーザー・オリエンテッド・トライボロジー” というものが必要だと，筆者は以前から考えてきたので，以下 その構成について考えてみようと思う．言うまでもないことだが，構成は違ったにしても，各構成要素のトライボロジカルな内容に違いがあるわけではない．

16.6　ニーズとツール

第 1 章でもふれたが，まず実際のトライボロジカルな問題にはどういうものがあるのか，トライボロジーのニーズを再確認するところから始めたい．煎じ詰めれば，それは次の 3 つである．

第 1 は，摩擦の制御である．摩擦というのは運動エネルギーを熱エネルギーに変換する過程だから，エネルギー消費の節減という焦眉の問題への寄与は，現在トライボロジーが直面する最大の課題だろう．近年注目されている問題の 1 つに自動車の燃費の向上があり，フィンランドの Holmberg らの試算 [187] によれば，トライボロジーが進展し， その成果が 2020 年製の乗用車に反映されれば，現在使われている 2000 年製の乗用車に比べて摩擦損失が 70 % 低減でき，燃費に換算すると，全世界で年間 $147 \times 10^9 l$ の燃料が節減できるという．トライボロジーに期待される役割はすこぶる大きいのだ．

摩擦の制御と言うときには，まずはその低減が必要だと強調しておかないと誤解される恐れがある．いつか講義で，クラッチ，車輪と路面やレール，ブレーキのように，高い摩擦係数が必要な場合もある… という話をしたら，試験の答案に“トライボロジーは摩擦を大きくする技術である”なんて記述が現れて，大いに慌てたことがある．

第 2 は，摩擦面の損傷の防止ないし軽減である．摩擦の制御の大きな目的がエネルギーの節減だとすれば，こちらは資源の有効利用が一番の目的である．摩耗を例にとれば，摩耗粉の分量だけが無駄になるのではなく，摩耗を生じた部品，あるいは機械全体を取り替えなくてはならないという例も多いから，それだけの資源が無駄になるわけだ．

ここにも例外はある．あるところに“クラッチ，車輪，ブレーキのように，摩擦は役に立つことがあるが，摩耗が役に立つことはない”と書いたところ，名工大の中村 隆君に叱られた．“チョークで字が書けるのも摩耗の利用だし，研削や研磨加工はアブレシブ摩耗である．切削だって巨大な摩耗だろう．また自動車のタイヤも，適度に摩耗することによって紫外線で劣化したゴムを取り除き，摩擦係数を高く保つことができるのだ”と．たしかに“損傷”というからネガティブに響くが，同じ原理が役に立っていることもあるわけだ．そういえば，摩擦圧接だって焼付きの利用といえるだろう．

ニーズの第 3 は，環境への影響の軽減である．

2009 年の第 4 回 世界トライボロジー会議の冒頭に，国際トライボロジー評議会の Jost 会長の“グリーン・トライボロジー”と題する開会講演があった．その中で同氏が，“その主要な目的は，エネルギーと材料の節減および環境と生活の質の向上”であると述べておられたように，もともとトライボロジーはいま述べた第 1，第 2 のニーズに応えることを通じて，環境を維持・改善する基盤技術の一つである．しかし ここでいうニーズの第 3 はそういう一般論ではなく，騒音・振動，潤滑剤による汚染，摩擦面から飛び出した摩耗粉の影響など，摩擦面が周囲に及ぼす影響の軽減である．

交通の激しい道路の近くにお住まいの方ならば，タイヤの走行音やブレーキノイズなど，摩擦面からの騒音・振動は骨身にしみておられるだろう．潤滑剤による汚染は，2 ストロークの船外機，チェーンソー，あるいは建設機械や農業用トラクターにおける漏れなど，主として屋外で用いる機器で問題になることがある．また摩耗粉に関しては，自動車のスパイクタイヤによる路面とスパイク自体の摩耗粉の飛散が問題になり，“スパイクタイヤ粉じんの発生の防止に関する法律”ができてスタッドレスタイヤが取って代わったのを，覚えておられる方もあるだろう．また 全然違う話で，人工関節の摩擦面に使われるポリエチレンの摩耗粉を人体の細胞が取り込み，関節の周りの骨が溶けて人工関節がゆるんでしまうという問題があるそうで，高齢者としては気にかかる．

では，このようなトライボロジカルな問題の解決に使えるツールにはどのようなものがあるのか．1.3 節に，それは ludema，すなわち潤滑剤，設計，材料の 3 つしかないという話をした．これまでの章でもそれらの具体的な例についてふれてきたけれど，一歩下がって，トライボロジーにおいてはそれらをどのように考えるべきかを，次章以下でお話しすることにしたい．

その前に一つ，書いておきたいことがある．第 1 章でツールが 3 つしかないと書いたときに，“トライボロジカルな問題を摩擦面内で，つまりトライボロジカルに解決しようとするとき”という但し書きをつけた．問題がトライボロジカルであるからといって，なにも摩擦面内だけで解決しなくてもいいことがあるのだ．

では，摩擦面外の解決にはどういう方法があるのか．まず，どうしても問題が解決できないような製品なら作るのをやめてしまうという対応もあるだろうが，ま，それは措いておくとして，製品の原理をまったく変えてしまうという方法がある．アナログ時計をデジタル時計に変えるといった按配で，そもそも摩擦面をなくしてしまえばトライボロジカルな問題は起きようがない．

もう少し話を現実的にすると，摩擦面を一部にもつ，機械システム全体の設計を見なおすという方法がある．これまでお話ししてきたように，表面粗さにしても流体潤滑膜の厚さにしても，摩擦面ではとても小さな寸法が問題になり，そういう寸法に比べると，機械全体の弾性変形や熱変形の方がはるかに大きくなる場合が多い．ということは，機械の構造を少し変えるだけで摩擦面の状態ががらりと変わる可能性があるのだ．しかしながら機械の設計は，その機械の主たる性能を支配する部分から進められ，摩擦面のところは後回しというのが通例で，だからトライボロジストが要らぬ苦労をすることにもなるのだろう．もっとも，“じゃあ，トライボロジカルな性能からシステムの最適な構造を示せ”と言われたときにどう対応できるか，これも辛いところである．

次に，摩擦面の温度の問題がある．第12章で，焼付きが温度上昇に支配される現象だというお話をしたが，であれば機械全体を冷やしてやるという手がある．もっともらしく言えば，システムの熱設計による解決ということになるだろう．

それだけお断りをしておいて，では ludema の話．

第17章 摩擦面の設計について

17.1 “Bearing”の原理

Ludemaの順序を変えて，設計から始めさせていただく．

たとえば 自動車のエンジンブロックにしてもトランスミッションケースにしても，穴をあけて軸を突っ込んだだけでスムーズに回るものならば，トライボロジーの出番はなかっただろう．それがそうはいかないからトライボロジーという分野が必要になって，トライボロジストが苦労することになり，反面 その存在意義もあるわけだ．じゃあ 軸の貫通する部分にどういう細工をするかというのが，摩擦面の設計のそもそもの原点である．

日本語でベアリングといえば軸受のことだが，英語の “bearing” はもっと広く，OECDの用語集によれば “機構の他の部分に対して運動している部分を支え，ガイドするもの [188]” を意味しているらしい．そして，同じ用語集には bearing types という表 [189] があり，ナントカ bearing という名前が93個列挙してある．

それにいちいち付き合っている暇はないけれど，第7章に図7.1を引用した A Tribology Handbook の著者 Neale 氏は，3×3 と数あわせで無理をしているようにも見えるが，原理による分類として次の9種類を示している [190]．

① 面接触によるもの：(a) 固体潤滑軸受，(b) 流体潤滑すべり軸受，(c) 静電気・磁気軸受

② 線・点接触によるもの：(d) ころがり軸受，(e) ロッカーパッド，(f) ナイフエッジ

③ 弾性変形によるもの：(g) ゴムパッド，ゴムブシュ，(h) 弾性ヒンジ，(i) トーションバー

なるほど，そういうのまでbearingかと思われた方も多いだろう．

相対運動にはいろいろな態様があるから，全部の例がすべてに対応できるわけではなく，軸の回転のような連続した運動に使えるのは(a)～(d)に限られており，(e)以下は揺動にしか使えない．さらに(g)～(i)はトライボロジーとは関係がないが，たとえば(g)の例としては自動車のエンジンマウントなどへの適用があり，elastomeric bearingと呼ばれていて，これもbearingの仲間なのだ．ま，そう話を広げてもいられないので，以下では軸受を中心に(a)，(b)，(d)に限ってお話ししよう．

ある摩擦面にどの原理を用いるか，それが設計の出発点だが，これにはいくつかの視点がある．

第1は，図7.1にジャーナル軸受の例について示したような，その摩擦面が支持することのできる荷重と相対運動の速度の限界である．その説明と一部重複するが，軸受の強度による限界，材料・潤滑剤の使用可能な温度限界，摩耗の進行が一定値以下になる限界，ころがり疲れ寿命を一定値以上とする限界，流体膜の最小厚さを一定以上に保てる限界，軸自体の遠心力によって破壊する限界などがあり，それぞれのbearing typeによって，そのうちのいくつかを組み合わせて使用限界を見積もることになる．

第2の視点は，摩擦面の性能と特徴である．**表17.1**は，A Tribology Handbookにあるジャ

表17.1　各種軸受の性能と特徴

	軸心位置の精度	起動時の摩擦	運転中の摩擦	騒音	標準品の有無	潤滑のしやすさ
固体潤滑軸受	×	×	×	△	△	◎
含油軸受	○	△	○	◎	○	◎
ころがり軸受	○	◎	◎	○	◎	○
動圧すべり軸受	○	○	◎	◎	△	△
静圧すべり軸受	◎	◎	◎	◎	×	×

表17.2　各種軸受の使用環境への適応

	高温	低温	真空	高湿	塵埃	振動・衝撃
固体潤滑軸受	○	○	◎	△	○	○
含油軸受	×	△	△	○	△	○
ころがり軸受	△	○	△	△	△	△
動圧すべり軸受	○	○	△	○	△	○
静圧すべり軸受	○	○	×	○	○	◎

ーナル軸受とスラスト軸受の種々の性能と特徴の比較[191]をもとに，筆者がまとめたものである．都合のいい方から ◎，○，△，× の順だが，自動車エンジンの すべり軸受のように大量生産品であれば標準化されていなくてもかまわないし，静圧すべり軸受も装置さえ備えれば容易に潤滑できるから，△ や × であっても問題なく使える場合も多いことをお断りしておこう．

第 3 の視点として，いろいろな環境でその摩擦面が使えるかという比較[191]がある．それを同様にまとめたのが **表17.2**だが，たとえば 一口に高温といっても，第 5 章にお話ししたようにいろいろなレベルがあるし，また同じ原理の軸受でも材料や潤滑剤によって大きな違いがあるから，おおざっぱな目安と受け取っていただきたい．

17.2　ころがりとすべりの選択

ちょっと手を広げすぎたので，すべり軸受と ころがり軸受の選択にまつわる話題を少し．

また曾田範宗先生を引っ張り出すが，先生の著書 “軸受” の第 1 章に，ある講演記録として すべり軸受と ころがり軸受の比較が載っている[192]．それによれば，高速回転の可能性，軸受が支持できる荷重，軸受の寿命，極小軸受の可能性，軸受の剛性，摩擦，音響，これら 7 つの性能に関してはいずれも すべり軸受が優れており，高・低温性能においてかろうじて ころがり軸受が優位にある．にもかかわらず，“現実に ころがり軸受がますます用途を拡大しつつある” のは事実であり，その理由は，潤滑のしやすさ，交換のしやすさ，1 つの軸受で軸方向と軸に直角な方向の荷重を簡単に支えられることなど，“軸受性能とは別” の使いやすさにあるのであって，“要するに高かろう，良かろうの性能一点張りの議論では すべり軸受が優位，実用上の便利さでは ころがり軸受ということに落ち着く” と結ばれている．

このような特徴によって… とばかりは言えない事情もあるのだが，すべり軸受と ころがり軸受はおおよその “棲み分け” ができている．ただし それは必ずしも固定してはおらず，ときどき一方から他方へがらりと変わってしまうことがある．その例を 2 つ紹介しよう．

最初の例は，貨車の車軸軸受である．George Stephenson が鉄道を開業して以来，鉄道車両の車軸軸受はすべりときまったものだった．その発明からほぼ100年経って，ころがり軸受への転換があちこちで試みられるようになったのだが，日本で“ころがり軸受化”が本格的に進められたのは，戦後になってからのことである[193),194)]．

といっても半世紀以上前の話だから，読者の多くは車軸軸受にすべり軸受を使った電車，気動車，客車などはご存じないだろう．しかし貨車はみそっかすにされて，ころがり軸受の使用が始まったのは1966年のことであり，それからしばらくは第12章に紹介したような，すべり軸受の二軸貨車が幅をきかせていたから，目にされているかも知れない．

当時ころがり軸受メーカーで，こんな話を聞いたのを覚えている．“会社の窓から貨物列車を見ていて，この軸受を全部ころがり軸受に変えたらいくら儲かるか，なんて話をしてるんですよ”．ところがこの皮算用が実現したのだ．1980年代に入って，国鉄は貨物輸送の赤字を解消すべく，各駅で集荷した貨車を拾って操車場で組み替える方式から，拠点間の直行輸送方式に輸送形態を変えた．それに伴い二軸貨車はほとんど姿を消して，ボギー台車を履いたコンテナ車が主体となった．その台車の例を，**図17.1**[195)]にお目にかけよう．この車軸軸受はグリース密封形円すいころ軸受 rotating end cap tapered roller bearing，通称 RCT 軸受と呼ばれ，軸受のシールでグリースを密封する方式で，図17.1の例では軸受箱を省略しているから，軸の先端の回転が外からよく見える．一口にころがり軸受を使った車軸軸受といってもその形式にはいろいろ流儀があるが，新幹線も含め，RCT軸受は現在の売れ筋であるという[194)]．

その一方で，ころがり軸受からすべり軸受に転換したものがあるから面白い．その例はハードディスクドライブ，HDDであって，もっと大型であった時代以

図17.1　RCT軸受を使ったコンテナ車の台車[195)]

来，プラッター，つまりメモリーディスクの回転軸の軸受には，使い勝手の良さが買われて もっぱら ころがり軸受が使われていた．ところが 2000 年頃を境に，どっと動圧流体潤滑軸受に移行したのだ．**図 17. 2**[196] がその例で，奥が組み立てたもの，手前が分解したパーツである．

先ほどの例，鉄道車両の“ころがり軸受化”の理由としては，走行抵抗，とくに起動時の抵抗が小さいこと，焼付きをほとんど起こさず，生じたとしても 第 12 章にお話ししたような大事故には発展しないこと，メンテナンスが楽なことなどが挙げられている[193]．では HDD の軸受はどうなのか．こちらは用途の拡大が変化をもたらしたと言えるだろう．すなわち モバイル PC，ポータブルレコーダー，電子ブックリーダーなどの携帯型端末機器や，カーナビゲーションシステムなどの車載機器に主記憶装置としての用途が広がるにつれ，耐衝撃性の向上，消費電力の低減，長寿命，それに身近な機器として低騒音の要求がますますきびしくなった．そうすると，起動時の摩擦は ころがり軸受より大きいが運転時の摩擦が小さいこと，低騒音，中でも高周波騒音が生じないこと，衝撃に対して強いことなどがきめ手になり，表面の一部に油をはじく処理を施すなどのシール技術も開発されて，すべり軸受が席巻するようになったらしい．

これらの例は，なかなか示唆に富んでいる．同じような使用箇所でも，ニーズのシフト，使用条件の変化，製作精度の向上などによって，最適な bearing の原理さえ変わってしまうことがあるのだ．トライボロジストは，このへんまでをも視野に入れておかなければならないだろう．

図 17. 2　HDD のプラッター軸軸受（写真提供：NTN 株式会社）[196]

17.3　巨視的形状と微視的形状

さて bearing の原理がきまると，次なる作業は，摩擦面の巨視的形状と微視的形状の決定である．

以下の話は 第2章に関連するが，巨視的形状が支配するのは見かけの接触である．面接触が一番考えやすいが，見かけの接触面積がもつ意味は，与えられた運転条件の下での流体潤滑の可能性，摩擦面およびその周囲の強度と剛性，摩擦面の温度上昇の3つである．線接触と点接触，いわゆる Hertz 接触の場合には，ころがり軸受とか歯車とかの形態の違いで一概には言えないけれど，基本的な考え方は共通している．

運転条件として与えられる，摩擦面に加わる荷重，摩擦面の相対速度，潤滑剤の性質をそれぞれ一定として比較すると，見かけの接触面積が大きいほど厚い流体膜を形成しやすいし，軸受のハウジングのような摩擦面の周囲の構造も大きくでき，その強度・剛性を高くすることが可能である．また摩擦係数が同じなら，単位面積あたりの発熱量が小さくなることも加わって，摩擦面から周囲への熱流束が小さくなるから，温度上昇は小さくなるはずである．というわけで，見かけの接触面積は大きいにこしたことはないのである．ところが，その摩擦面を一部にもつ機械システム全体を設計する立場からは，なるべく摩擦面を小さくしたいというのがふつうで，むずかしい妥協点を探ることになるわけだ．

もっとも，摩擦面が大きくなることによって生ずる問題もないではない．一つは 次にお話しする微視的形状の話になるが，面が大きくなれば，同じ精度，同じ表面粗さに加工するのはむずかしくなる．もう一つは熱変形で，これは温度上昇とからむ話だが，大きいものほど不均一な熱膨張による変形は大きくなるから，それを見込んでおかなくてはならない．

もう一方の微視的形状というのは，何度も取り上げたマイクロトポグラフィーである．そしてこの問題は，流体潤滑の可能性と，それが不十分あるいは不可能な場合の真実接触点の形成，この2つに分けて考える必要がある．

接触点の方からお話しすると，見かけの接触面に一定の荷重が加わり，摩擦係数が一定であるとき，力が 第2章の 図2.4の (a) のように少数の大きな接触点に集中して作用するか，(b) のように多数の小さな接触点に分散して作用するかという問題である．接触点の局所的な温度は (a) の方が高くなるし，摩耗などの表面損傷も (a) の方が生じやすいから，(b) のような状態になるマイクロトポグラフィーが望ましいというわけだ．これは 2.3 節でふれたように，表面粗さという振幅特性だけではきまらず，マイクロトポグラフィーの周波数特性も考慮しなくてはならない．

一方 流体潤滑の可能性は，第 9 章でお話ししたように，理論上期待される流体膜の最小膜厚と表面粗さとの大小関係できまるから，流体潤滑が期待できる摩擦面では表面粗さを小さくするというのが常識である．ところが 最小膜厚と表面粗さが同程度になると，マイクロトポグラフィーの方向性の影響が現れ，幾何学的な平均膜厚が同じでも平行粗さより直交粗さのほうが発生圧力が高くなって，流体潤滑の可能性が大きくなる．

この効果を利用した例に，HL すなわち high lubrication 軸受と称する円筒ころ軸受がある．ふつうの円筒ころ軸受の ころの転走面は超仕上げで R_{max} = 0.2 μm 程度に仕上げてあり，ほぼ平行粗さになっているのだが，バレル研磨により等方性の粗さにすることによって，ころがり疲れ寿命を延ばすことができたという[197]．バレル研磨で加工した表面は，直径 10 μm 程度の穴がぽつぽつあいた形になっていて，R_{max} は 1 μm 程度だから超仕上げ面よりはずっと大きい．にもかかわらず粗さが等方性になっているために，平行粗さの超仕上げ面よりも大きな流体潤滑効果が得られたというわけだ．

もう一つ，意図的に平行粗さを採用した摩擦面に，9.9 節で紹介したマイクログルーブ軸受[100]がある．こちらは なじみ性の向上など，狙った主目的は他にあったようだが，流体潤滑効果に関しては，必要な圧力を発生させながら軸受内の潤滑油の流量を増やして冷却効果を上げ，温度上昇を抑えるのに成功している．

9.5 節でテクスチャリングにふれたが，上に紹介したのはその先行事例といえるだろう．これらの例に限ったことではないが，どのような加工法によってもマイクロトポグラフィーは存在し，表面粗さは 0 にはならない．ならば その形状を最適にしようというのが，テクスチャリングの基本的な考え方なのだと思う．

第18章　摩擦面の材料について

18.1　摩擦面材料の置かれる環境

まずは**表18.1**[198]をご覧いただきたい.

四分の一世紀ほど昔になるが，ある雑誌に“トライボロジーと材料”という記事を書いたことがある．そのまくらに使ったのがこの表で，軟らかい方は紙から硬い方は宝石まで，摩擦面の材料にはこんなバラエティーがあることを知ってほしかったのだ.

いま読み返してみると，皮革製平ベルトなどはほとんど見なくなったし，発がん性のあるアスベストは使われなくなったが，ダイヤモンドライクカーボン，DLCなどが新しく戦列に加わり，そのバラエティーはさらに広がっている．では，なぜこのように多様な材料が摩擦面に使われているのか，今回はその基本的な点について，筆者の考えをお話ししたい.

表18.1　摩擦面材料のバラエティー[198]

材料	用途の例
紙	湿式クラッチ
ゴム	オイルシール
皮革	平ベルト
アスベスト	ブレーキ
プラスチックス	無潤滑軸受
カーボン	ブラシ
木材	床
非鉄金属	すべり軸受
鉄鋼	ころがり軸受
コンクリート	道路
セラミックス	メカニカルシール
宝石	時計用軸受

構造材料でも同様だが，摩擦面の材料についてもそれが置かれる環境と，それに対応して材料のもつべき性質を考えるというのが，材料選択の基本だろう．相互に関係はあるが，筆者はそれらを力学的環境・性質，化学的環境・性質，熱的環境・性質の3つに大別すると考えやすいと思う.

まずは環境から.

第1の力学的環境としては，摩擦面に作用する力の空間分布と時間分布を考えることになる．まず見かけの接触を考え，垂直荷重のみを取り上げるが，摩擦力はそれに摩擦係数を乗じたものだから 分布としては同様になる．実際に加わる力の大きさは機械要素や運転条件によって千差万別だけれども，面接触と，線・点接触すなわち Hertz 接触との間には大きな違いがあるので，ここでは面接触の例として すべり軸受を，Hertz 接触の例として ころがり軸受の転走面やカム・フォロワー，歯車などを中心に話を進める．

まず空間分布について，ジャーナル軸受の最大面圧が数 MPa から 100 MPa のオーダーであるのに対し， ころがり軸受，カム・フォロワー，歯車などの Hertz 接触における面圧は 1 GPa ないし数 GPa というのがふつうで， 両者には 2 桁から 3 桁の開きがある．さらにその圧力が，ジャーナル軸受では軸のほぼ半円周に分布するのに対し， Hertz 接触では接触する物体の寸法よりはるかに小さい部分に集中しているという違いがある．ちなみに，うんと小さい摩擦面，ハードディスクドライブ，HDD の例を見ると，ヘッドの面積は 1 mm^2 にも足りず，その面積で平均した面圧は 0.04 MPa 程度でしかない．しかし，流体潤滑膜を薄くしてヘッドの浮上量を小さくすべく，いろいろ工夫をしたテクスチュアがつけてあるから，最大値は数 MPa に達するという．

次は 力の時間分布である．これは 一方の摩擦面上のある 1 点に身を置いて考えたとき，その点に加わる力の大きさが時間とともにどう変動するか，という問題である．すべり軸受でも，火力発電設備の軸受のように一定の圧力が ずーっと加わっている静荷重軸受もあれば，エンジン軸受のように 1 秒間に数千回，最大値からキャビティーの負圧による引張力まで変動する動荷重軸受もある．一方 ころがり軸受の転動体には，軸受の負荷圏内でのみ，さらに静荷重軸受であっても自転のほぼ半周に 1 回，GPa のオーダーの圧力が作用するわけだ．このように “たまに大きな力が加わる” という接触の間欠性が，カム・フォロワー，歯車などを含め，多くの Hertz 接触に見られる特徴である．

ここまでは見かけの接触の話で，流体潤滑ならそれでいいわけだが，混合潤滑あるいは境界潤滑の状態では，マイクロトポグラフィーによってきまる真実接触点に作用する力を考えなくてはならない．その際の力の空間分布，すなわち着力点については，第 2 章の 図 2.4 を再度思い出していただけばいいだろう．

力学的環境の話が長くなったが，第 2 の化学的環境というのは，超高真空から大気中，潤滑剤，とくに反応性の高い添加剤や劣化生成物の存在など——おっと忘れるところだった．相手の摩擦面も含めて——，摩擦面が接する環境の化学的組成である．それらは 材料の表面に吸着膜を作ったり，逆にはぎ取ったり，表面と反応したり溶け合ったりすることによって，摩擦面材料の機械的性質を変化させる要因と考えるべきものである．

第3の熱的環境についても，温度の空間分布と時間分布を考えなくてはならない．第5章で詳しくお話ししたように，トライボロジーにおいて問題になるのは熱源，すなわち摩擦面の温度であって，この問題は先ほどお話しした力学的環境の議論とほぼパラレルに，見かけの接触に対応して摩擦面の平均温度を，真実接触に対応して閃光温度を考えることになる．

18.2　摩擦面材料に必要な性質

次に これら3つの環境の，それぞれに対応すべき材料の性質を考えよう．

第1は力学的性質である．前節のはじめに“構造材料でも同様”と書いたが，摩擦面材料には“同様”ではあっても“同じ”ではない特徴がある．すなわち構造材料の場合には，環境をストレスと読み替え，それに対して必要な強さと剛性を考えるのが機械屋の常識だろう．ところが摩擦面材料の場合には，矛盾するようだが 強さと並んで弱さが必要になる場合がしばしばあるのだ．

強さの方は構造材料と同じで，摩擦面が荷重によって形を崩したり，破壊してしまったりしては困るから，ここは力学的環境に対応する強度が必要になる．次いで，加わる力が変動する場合には所定の寿命をもつために疲れ強さが必要になり，さらに耐摩耗性をもつために，硬さ，破壊靭性などが必要になる．

では，なぜ弱さが必要になるのか．それには主な理由が2つある．一つは摩擦に関する問題で，第3章と 第10章でお話ししたことだが，乾燥摩擦を含めた境界潤滑状態における摩擦係数は，接触部の せん断強さ s_i と軟らかい方の摩擦面の塑性流動圧力 p_m との比 s_i/p_m で与えられることになっている．したがって固体どうしが直接接触している場合には，ともかく s_i が小さい方が低摩擦になるはずである．もう一つの理由は，第9章でお話しした“なじみ性”である．塑性変形あるいは摩耗によって運転初期のミスアライメントの影響を小さく抑え，流体潤滑に移行させるというのが一般的な なじみであったから，塑性変形

による なじみを容易にするためにも，塑性流動圧力 p_m は低い方が望ましいわけだ．

第 2 が化学的性質だが，化学的な安定性が求められる構造材料と違って，これも 2 面性をもっている．実際の摩擦面は常に運転されているとは限らないから，休止時にどんどん腐食されてしまっては使いものにならないし，また運転中に腐食摩耗が進んでも困るから，化学的にある程度安定であることは無論 必要である．

しかしそうは言い切れない点があるのだ．それは境界潤滑効果に関してであって， 第 10 章と 第 12 章でお話ししたように，油性剤にしても極圧剤にしても，摩擦面との化学反応によって被膜を作るものがあるわけだから，摩擦面の側にも潤滑剤と反応する“不安定さ”が必要になるわけで， これらのバランスが問題になる．

もう一つ，これを化学的性質に含めては材料屋さんに叱られそうだが，第 3 章の最後にふれた，両摩擦面材料の適合性の問題がある．先ほどお話しした接触部の せん断強さ s_i は，同種金属間の摩擦ならその金属の せん断強さになるが，異種金属の接触部では 2 面の金属の適合性が高いほど大きくなるはずで，その結果 摩擦係数が増大することになる．それはまた，潤滑がうまく行かなくなって摩擦が増大することによる焼付きにも，適合性が影響を及ぼすことになるわけだ．

この適合性にもいろいろ基準があるようだが，金属間の“溶け合いやすさ”をランク

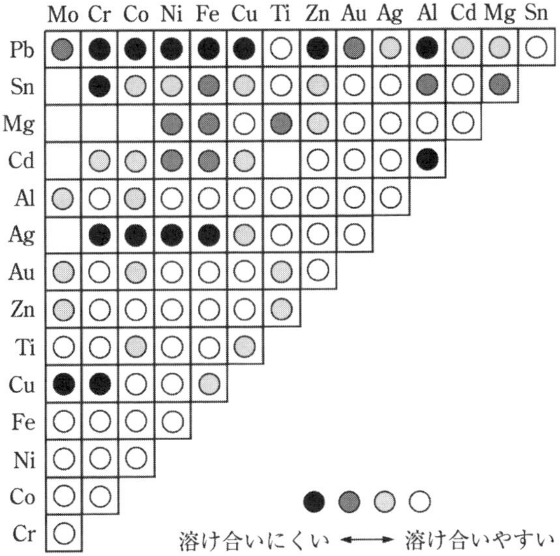

図 18.1　金属の溶け合いやすさ〔文献 199〕の図を一部省略〕

付けした，筆者お気に入りの Rabinowicz の図[199]の一部を，**図18.1**にご覧に入れよう．これは鉄道の運賃表のように金属を縦横に並べ，液相で溶け合わず，固溶体も 0.1 % 未満という“溶け合わない組み合わせ”●から，液相で溶け合い，1 % 以上の固溶体を作る“溶け合いやすい組み合わせ”○までを4段階で示したものである．図の原題は金属の compatibility つまり適合性で，自分で書きながらいつも引っかかるのだが，摩擦面材料としては逆に適合性の悪いほう，すなわち溶け合いにくいほうが相性がいいことになる．そういう目でこの図を見ると，たとえばすべり軸受の材料には鉄と“黒っぽい”組み合わせのものが多く，さすがに経験知は大したものだと思う．

第3の熱的性質については第5章に書いたとおりであって，まず材料が焦げたり分解したり溶けたり，著しく性質を変えたりする限界として，発火点，融点，変態温度，熱処理温度などがある．また温度上昇に関係する熱伝導率も大事な性質だし，次にお話しするコーティングでは母材との熱膨張率の違いが内部応力の発生と関連して問題になる．

18.3　表面改質・非改質

お話ししてきたような複雑な“環境”に対応すべく，こちらも一筋縄では行かない“性質”を備えた材料を選び，あるいは開発しなくてはならない．そのために有効な方法が，コーティングなどを含めた広義の表面改質である．どうも3つに分けるのが好きなようだが，ここでも表面に弱さを与える改質，さらに強くする改質，それから改質しない材料の順に，代表的な例を考えよう．

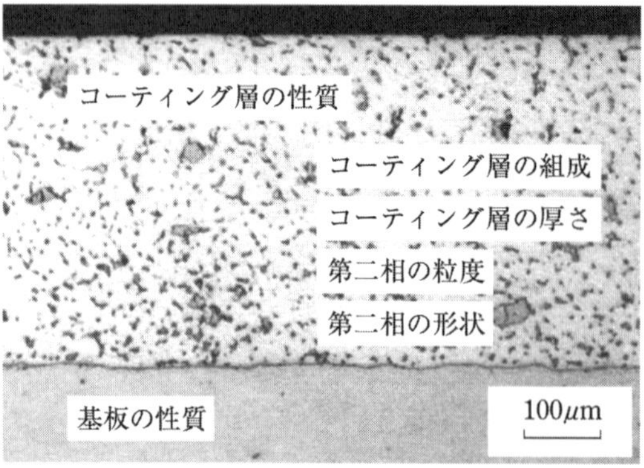

図18.2　エンジン軸受の断面の例（上が摩擦面）

表面に弱さを与える改質の代表に，軟質コーティングがある．その例として自動車のエンジン軸受を取り上げると，たとえば**図18.2**

の例では，鋼の基板上に，銅合金やアルミニウム合金などの軟質金属に固体潤滑剤などの第二相を分散させた，ライニングと呼ばれる層を載せている．ライニングをコーティングと言うと違和感を覚える人があるかも知れないが，巨視的に見れば まさにコーティングの好例である．さらにその上にもう一層，第9章の 図 9.9 に例をご覧に入れたような，オーバレイと呼ばれる層をコーティングしたものも多い．

このように複雑な構造をとる理由は，前述した矛盾する性質を兼ね備えるために，材料設計のパラメタを増やすことにあるのだと筆者は理解している．すなわち 基板の性質に加えて，図の中に列挙したような，コーティング層の性質を制御し得るパラメタを増やし，それらの制御によって，求められるトライボロジカルな性質をもつ基板とコーティングの組み合わせを作り出すというのが，このような材料設計の狙いだと思う．

軟質コーティングによる摩擦の低減のメカニズムは，10.3 節でお話しした境界潤滑のメカニズムと，本質的に同じである．第 10 章では，境界潤滑膜が十分薄ければ，介在しようがしなかろうが 接触点が支えられる圧力には影響がないという話をした．その論理を敷衍（ふえん）すると，コーティング層が十分薄ければ，第 3 章で述べた真実接触面積を与える式 $A_r = P/p_m$ において p_m は基材の塑性流動圧力に等しいと考えていいから，軟質コーティングの小さな せん断強さ s_i と基材の大きな塑性流動圧力 p_m との比として，低い摩擦係数 $\mu = s_i/p_m$ が得られるというわけだ．だから軟質コーティングは，運転中に摩耗して失われない限り，薄いほうがいいというのが常識である．

逆に 基板以上の強さを与える改質としては，焼入れ，浸炭処理をはじめ，めっき，溶射，物理蒸着や化学蒸着による硬質コーティングなどがある．これらは耐摩耗性，とくに耐アブレシブ摩耗性の向上や，Hertz 接触における ころがり疲れ寿命の延長などが主な目的であって，ある種の すべり軸受や一部の ころ軸受をはじめ，歯車，カム・フォロワーなどに使われている．こういう改質の目的は軟質コーティングと異なって，基材の性質を覆い隠し，あたかも材料全体が強度の高い改質層でできているかのように振る舞うところにある．だから加工技術やコストなどの問題はあるが，できるだけ厚くするというのが基本的な考え方なのだ．

ここで厚い・薄いというのは，何mmだから厚いとか，何nmだから薄いという話ではない点にご注意ありたい．すなわち，力の空間分布における，力の加わる部分の寸法との相対関係によって，厚い・薄いを考えるべきなのだ．流体潤滑が期待できる場合には見かけの接触を考えていればいいが，そうでない場合には真実接触を考えなくてはならないから，話が少なからず面倒になる．

さて，表面を改質しない摩擦面材料というのもむろんある．性能をつべこべ言わない，どうでもいいような摩擦面もあるけれど，改質を行わないで高い機能をもつ摩擦面の代表は，ころがり軸受の玉，ころ，内外輪だろう．それらには，数GPaという高い面圧の繰り返しに耐えうる材料として，全身まるごと熱処理をして硬くした高炭素クロム鋼，マルテンサイト系ステンレス鋼や，セラミック材料などがもっぱら使われているのだ．浸炭処理をした一部の ころも同様だが，これらは高い疲れ強さと靭性という，強さを追求した材料であり，力学的性質のところでお話しした弱さはみじんもない．

そういう材料で，なぜうまく行っているのか．そこにはいくつかの理由がある．第1は摩擦面の設計であって，玉軸受はもとより，ころ軸受では ころにクラウニングが施してあり，なじまなくてもある程度のミスアライメントを許容するようになっている．第2は摩擦面の表面粗さであって，たとえば軸受用の玉は1/100 μm程度の粗さしかなく，事実上 なじみによって平滑にする必要がない．このような仕上げが可能なのは，ロックウェルCスケールで60以上という硬い材料であればこそで，並の材料ではこうは行かない．

もっともそれ以前に，力の時間分布のところでふれたように接触が間欠的であること，さらに ころがり接触であることが大きい．何GPaという高面圧の下で同じ部分が連続してすべっていたら，たちまち温度が上がってしまう．強い材料ではあっても，たとえば一般の軸受に使われている高炭素クロム鋼の使用限界が，150℃程度だったことを思い出していただきたい．

これら多様な因子を考慮して最適な材料を選ぶことになるわけだが，一例として，Holmbergらの示しているコーティングの選定手順を**図18.3**[200]にお目にかけておこう．

もう一つ，材料の選択について 近年 とくに重視されているのは，環境への影響である．これは 本節でここまで使ってきた力学的環境などとは異なる，一

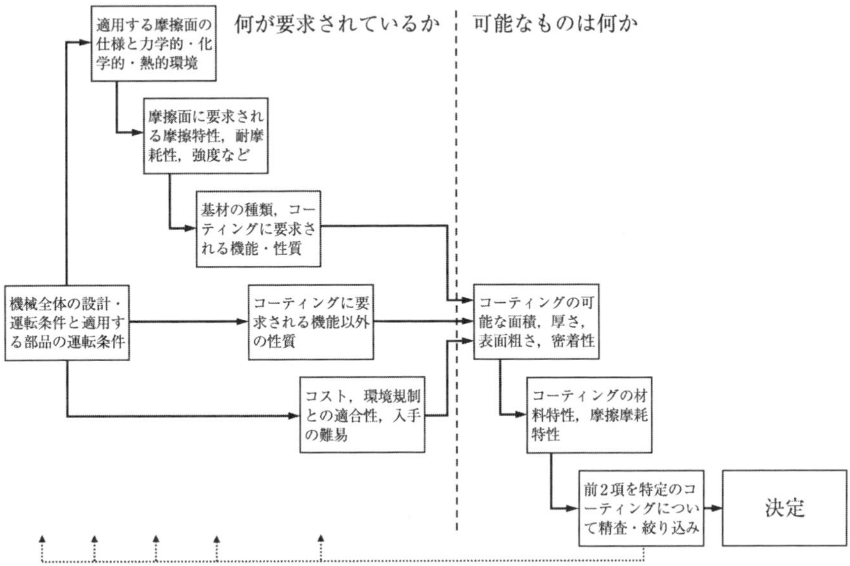

図 18.3　コーティングの選定手順〔文献 200）をもとに作成〕

般的な意味での人類の生存環境への影響であって，この問題は原材料の採取から製造過程，使用段階，さらにメンテナンスから廃棄を含めた，コンポーネントの全生涯を視野に入れて考慮しなくてはならない．典型的な例が鉛で，その酸化物も含めて固体潤滑性にすぐれ，安価であったために，すべり軸受をはじめ摩擦面の材料として広く用いられてきたが，その毒性に注意が向けられるようになって新しい材料への切り替えが進められている．しかしトライボロジカルな性能で鉛合金を凌駕する材料の開発はなかなかむずかしく，“代替材料”にとどまっている例が，現状では多いように思う．

18.4　ダイヤモンドライクカーボン

材料の話のおまけに，摩擦面のコーティングとして注目を集めているダイヤモンドライクカーボン，DLC にふれておきたい．いくら“ライク”がついていても，ダイヤモンドといえば硬い材料の代表である．この章でお話ししてきたような摩擦面材料の考え方からいうと，ハードディスクの表面の保護膜への適用などは，面圧数 MPa の接触に対して“強さ”を与えるコーティングとして理

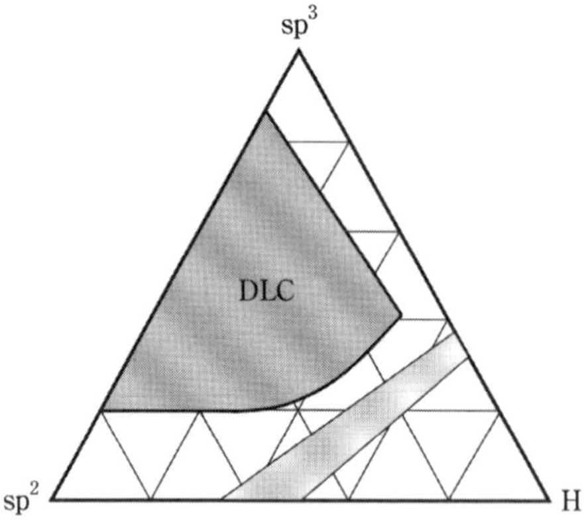

図 18.4　3 元状態図における DLC

解していいのだろう．しかし，自動車のエンジンのカムとフォロワーなどが良い例だが，ヘビーデューティーの摩擦面への低摩擦化を狙った適用が広がっていて，これはどう考えればいいのだろうか．以下この節では，DLC による低摩擦のメカニズムについて考えることにしたい．

例によって，DLC とは何か，というところから始めよう．ダイヤモンドの sp^3 結合とグラファイトの sp^2 結合を骨格とした非晶質炭素の総称というのがその定義らしいが，水素を含むもの，ケイ素等を添加したものなど，バラエティーに富んでいる．**図 18.4** はよく使われる 3 元状態図で，上端から左下を結ぶ辺が純粋な炭素であって，辺上の位置が上端の純粋な sp^3 結合と左下の純粋な sp^2 結合との割合を示しており，その辺から離れて右下へ行くほど水素の割合が増えるという図である．この状態図で濃い灰色に塗った領域のものが一般に DLC と呼ばれているようで，その一番上，sp^3 に近いものがもっとも硬く，ビッカース硬さ HV が 8000 程度だけれど，領域の下側の限界を示す曲線上では HV が 1000 程度であって，DLC といっても 1 桁近く硬さの違うものが存在するわけだ．さらに水素に近く，薄く灰色にした帯状の部分がポリマーで，それより右下は固体膜として存在しない領域である．

コーティングの低摩擦というと，まず思い浮かぶのは固体潤滑剤としての効果だろう．グラファイトの sp^2 結合が混じっているなら，その層状固体としての潤滑効果が期待できるのではないか．しかしこれは，ブーブーというところらしい．DLC 中における炭素原子の存在状態を分子動力学で計算し，sp^2 結合をしているものだけを描いた例，**図 18.5**[201] を見ると，安定な状態では単層で存在しているようであって，これでは層間のすべりは期待できそうにない．

どうも話のポイントは，境界潤滑にあるようなのだ．その例を 2 つ紹介しておこう．

第1は，水素を含まないDLCと軸受鋼を，モノオレイン酸グリセリンを 1 mass % 添加したポリアルファオレフィンで潤滑した摩擦試験において，0.006という低い摩擦係数が測定された例[202]である．摩擦によってDLCの表面付近の構造が変化することはよく知られており，その変化の1つにダングリングボンドの増加があって，添加剤の吸着を容易にし，境界潤滑効果を上げたところに原因が求められている．

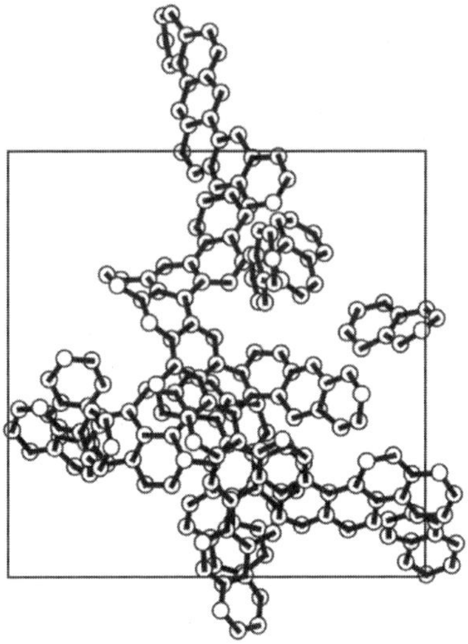

図18.5 DLC中のsp^2結合をしている炭素原子の存在形態[201]

この研究でも，モノオレイン酸グリセリンが分解してDLCの摩擦面を水酸基が覆う効果に言及されているが，DLCと水酸基の関係には微妙なところがある．第2の例はケイ素を添加したDLC-Siに関するもので，無添加鉱油で潤滑したステンレス鋼との摩擦において，混合潤滑領域ではあるが0.03という低い摩擦係数が得られたという研究[203]である．ケイ素を添加していないDLCが同じ条件で示した摩擦係数0.08との違いに注目して調べたところ，DLC-Siと潤滑油中の水分との反応によってSi-OH基が生成され，その上にnmオーダーの厚さの水の膜が吸着されていることが分かり，この水の膜が境界潤滑膜として作用したと解釈されている．潤滑油中への水の混入は嫌われるのが通例だが，少々であれば役に立つこともあるのだ．

これらの例に見られるように，DLCのトライボロジーに関する研究開発は道半ばというところだが，もっぱら鋼の摩擦面を対象として開発されてきた潤滑油・添加剤が，DLCに対してより大きな潤滑効果をもつ可能性が明らかになり，DLCの摩擦面材料としての適用範囲の拡大への期待が大きくなったように思う．

第19章 潤滑剤について

19.1 潤滑剤の選択

Ludemaの最後になったが，潤滑剤の話をしよう．

トライボロジーの本で潤滑剤のところを見ると，いきなり潤滑油，グリース，固体潤滑剤と，潤滑剤ごとの記述になっているのがふつうで，どういう場合にはどのタイプの潤滑剤を使うかという話がスキップされていることが多い．機械屋としてはちょっと気になるので，まずそのあたりから．

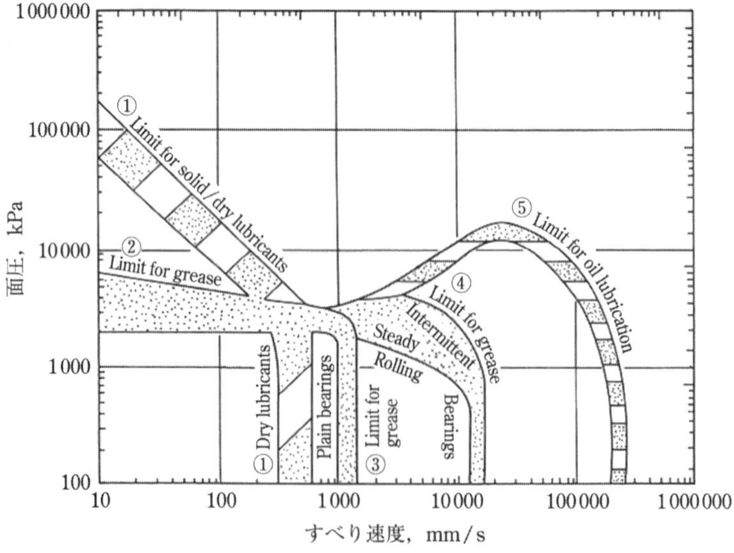

①：固体潤滑剤，②：グリース一般，③：グリース(すべり軸受)，
④：グリース(ころがり軸受)，⑤：潤滑油

図19.1 潤滑剤の使用限界[204)]

表 19.1　各種潤滑剤に期待する効果

	境界潤滑	流体潤滑	冷　却
潤滑油	○	○	○
グリース	○	○	×
固体潤滑剤	○	×	×

こういうときにまず見るのは，例によって Neale さんの編集による A Tribology Handbook だが，最初のページに **図 19.1**，潤滑剤の使用限界が載っている[204]．オリジナルは 1973 年の図だから，現在では限界が拡張されているところはあるが，使用可能な範囲がこんな形で与えられるという意味で見てほしい．

以下では 潤滑油，グリース，固体潤滑剤の 3 つのタイプに話を限るが，それらを使った場合に期待する効果を ○，しない効果を × で表すと，**表 19.1** のようになるだろう．ただし適用対象によって，潤滑剤を循環させ，クーラーを使ってでも冷やしたい場合もあれば，とにかく 構造をコンパクトにしたいものもあるし，メンテナンスフリーでないと困るところもあって，重視する効果はさまざまである．したがって，表 19.1 には ○，× で記入したが，○ が多いほうが優れているという話ではない．

機械屋の立場は，まず設計ありきである．何らかの機械・設備の摩擦面について，第 17 章の 表 17.1，表 17.2 のような，摩擦面のもつべき性能と摩擦面の置かれる環境を考慮して “bearing の原理” をきめるのが第 1 段階である．次に第 2 段階として，図 19.1，表 19.1 のような使用限界，特徴を考えて潤滑剤のタイプを選び，第 3 段階で，それぞれのタイプの中から，どういう種類・銘柄の潤滑剤を使うかをきめるのというのが，ふつうの順序だろう．

第 2 段階の例として，自動車のいろいろな潤滑箇所を考えてみると，エンジン，変速機，終減速機には潤滑油，ステアリング，車輪用軸受にはグリース，シートベルトの可動部には固体潤滑剤という使い分けが一般的だろう．補機はさまざまで，燃料ポンプのように燃料を潤滑剤に使っているものもある．

エンジンにはシリンダーとピストンをはじめ，すべり接触をする摩擦面が多く，変速機，終減速機には大きなパワーを伝える歯車があって，図 19.1 を見ても潤滑油以外の使用は不可能な範囲にある．そこで，それぞれ多数の摩擦面を給油システムやシールを装備したケース内に収め，一括して潤滑油で潤滑しているわけだ．それに対し，ステアリングや車輪用軸受は潤滑すべき要素が孤立していて，いちいちそんな手間をかけるわけにも行かないので，ステアリングの油圧システムを除きグリースの独擅場である．このような，潤滑剤それぞれの使い勝手という因子もある．

“え？”と思われる方があるかも知れない．自動車の車輪用軸受，そして 17.2 節で紹介した鉄道車両の RCT 車軸軸受は，高負荷かつ高速で運転されるころがり軸受である．そんな軸受が，表 19.1 に示したように，冷却効果の期待できないグリースでなぜ潤滑できているのか．それは，すぐそばにある車輪が高速で回転し，大きな放熱板の役を果たしているからである．

ざっとこのように，使用限界，特徴，使い勝手を考えて，大臣の任命理由ではないが“適剤適所”で潤滑剤の選択をすることになる… はずなのだが，往々にして“こういう場合にはどのタイプ”という，良く言えば技術伝承，悪く言えば固定観念できめてしまうことが間々あるように思う．摩擦面に対する要求の変化，潤滑剤の進歩に，常に目を光らせている必要があるだろう．

とは言え，結局つけを回されるのは潤滑剤で，こう言った機械屋もいた．“潤滑剤でなんとかなれば，投資がゼロですむからねえ”．

以下，固体潤滑剤，潤滑油，グリースのそれぞれについて，考えていることをお話ししよう．

19.2　固体潤滑剤

固体潤滑剤の話は，また用語から始めたい．

まず“固体潤滑剤”とは何か．毎度参照するトライボロジー辞典には，“すべり面に潤滑被膜を構成する粉末状または塊状の潤滑剤[205]”とあり，グラファイト，二硫化モリブデンなどの層状固体，四フッ化エチレン樹脂などのポリマー，金，銀，スズ，インジウムなどの軟質金属が代表格だが，どこまでを固体潤滑剤に入れるかははっきりしていない．

次は“固体潤滑”．この用語は，トライボロジー辞典の説明にあるように，“固体潤滑剤を潤滑に利用する方法…[205]”であって，油潤滑 ――この言葉は“日常言語”らしく，トライボロジー辞典には載っていない――，グリース潤滑などと同様に，“固体潤滑剤による潤滑”という潤滑の方法を意味しており，流体潤滑，境界潤滑というような，潤滑のメカニズムによるネーミングではない点にご注意いただきたい．というのも，固体潤滑剤による潤滑のメカニズムは境界潤滑にほかならないのだ．第 10 章の境界潤滑の話では，s_{m} を下地の固体どうしが接触している部分の せん断強さ，s_l を境界潤滑膜が介在する部分の せん断強さとして，“潤滑剤として用いられるものならば $s_{\mathrm{m}} \gg s_l$ と考えて良い” と書いたが，そのように s_l が小さな境界潤滑膜を作るのが固体だというだけの話なのである．

関連してもう一つ．第 7 章の運転限界の話と，第 17 章の摩擦面の設計の話において，“固体潤滑軸受” という用語を使った．これは 固体潤滑剤のみで潤滑した軸受という意味であって，図 19.1 に示されている使用限界もそれを想定している．しかし，固体潤滑剤の使い方はそれに限らず，次のようなバラエティーがある．

① 固体潤滑軸受のように，予め摩擦面にコーティングしておき，それのみで潤滑する方法
② 潤滑油またはグリースで潤滑する摩擦面に，予めコーティングしておく方法
③ 固体潤滑剤を固めたものを摩擦面に接触させ，摩擦中にコーティングする方法
④ 潤滑油またはグリースに添加しておく方法
⑤ 固体材料中に分散しておく方法

固体潤滑剤の真骨頂は，なんといっても ①だろう．日本トライボロジー学会の固体潤滑研究会が編集した “固体潤滑ハンドブック” は，固体潤滑の利点として，使用温度範囲が広い，真空中で使える，耐放射線性がある，耐荷重能が高い，流動性が低い，周囲を汚染しにくい，経年変化が少ないという点を挙げ，欠点としては流動性がない，相手剤を選ぶ，摩耗粉が出る，寿命が限られていることを挙げている[206]．流動性の “低い” のが利点で “ない” のが欠点というのにはちょっと首をひねるが，まあいいことにしよう．ともかく これらの利点をフルに利用できるのが，①なのである．

その典型的な例が，宇宙機器の潤滑だろう．現在 いろいろなところに使われている二硫化モリブデンも，もとはといえばスプートニクでソ連に宇宙開発の先を越されたアメリカが，超高真空で潤滑剤に使えそうな鉱物を片っぱしからテストして，ついに探り当てたという経緯がある．

図 19.2　瀬戸大橋リンクピンの軸受[208)]

もっとも 近年雲行きが変わり，蒸気圧のきわめて低いパーフルオロポリエーテルとか，いわゆるシクロペンタン油，MAC が開発されて，宇宙機器の潤滑もまず潤滑油かグリースで考えようという方針になったらしい[207)]．固体潤滑剤にとっては残念な話だが，その一方で，流体潤滑状態での運転を前提とした すべり軸受への固体潤滑剤の進出がある．第 9 章の 図 9.9 で紹介したエンジン軸受のオーバレイがその例で，そこでは軟質金属が使われていたが，最近ではポリアミドイミドをベースにした，正真正銘の固体潤滑オーバレイも使われるようになった．また，何千トンという荷重を受ける水車発電機のスラスト軸受にも，近年ではポリマーのコーティングが一般的になっている．17.1〜2 節でお話しした Bearing の原理のようにがらりと変わってしまったとは言えないまでも，技術の進歩などによって，それぞれのテリトリーが変わりつつあるように思う．

③はそういうコーティングを，“摩擦中” に行う方法である．**図 19.2**[208)] は瀬戸大橋の橋桁をぶら下げているリンクピン軸受だが，内径 1416 mm，支持する荷重 5000 トンという巨大なものだし，100 年の耐用年数が求められ，ちょっと外してメンテナンスというわけにも行かない．摩擦面に点々と見えるのが穴に埋め込んだ固体潤滑剤で，摩擦面が汚れているように見えるのは最初に塗った固体潤滑剤らしいが，それらの移着・再移着膜によって長期にわたる潤滑を行っている例である．

④については省略．⑤の例としては，前章の 図 18.2，エンジン軸受のコーティング層などがある．

19.3　潤 滑 油

潤滑油については，それをどう理解するかという視点でお話ししようと思う．

1970年頃まで，潤滑油の常識は次のようなものだったろう．まず基油として圧倒的に多く使われていたのは，石油からガソリン，灯油，軽油，重油などを採った残渣を蒸留した，平均分子量350程度の炭化水素であった．流体潤滑にちょうどいい粘度のものが比較的低コストで得られるというのが，主たる理由だったのだろう．その基油に，広い温度範囲にわたって流体潤滑状態を可能にするための粘度指数向上剤や流動点降下剤，境界潤滑性を付与する油性剤，極圧剤，劣化を遅らせる酸化防止剤，清浄分散剤，さらに防錆剤，腐食防止剤，消泡剤など，各種の添加剤を混ぜたものが鉱油系潤滑油というわけだ．

ところが用途によっては，添加剤の工夫では追いつかない性能が求められることがあり，高温での安定性にはポリフェニルエーテル，難燃性にはフルオロカーボン，低温流動性にはジエステルなどを基油とした合成系潤滑油を使うことになる．合成炭化水素油というのもあるにはあったが，費用対効果の面で使用は限られていたように思う．

その常識を揺るがせたのが，石油危機であった．以下自動車用のガソリンエンジン油を例としてざっとお話しするが，石油価格の高騰に対応すべく，燃費の向上が至上命題になった．エンジンの摩擦損失は約6割が流体潤滑，4割が境界潤滑の部分だと言われ，まず目標になったのが基油の低粘度化であった．粘度を下げれば流体潤滑の摩擦はたしかに低下するが，当然のことながら境界潤滑の部分が増えてしまう．そこをなんとかしようというわけで，摩擦調整剤と銘打った添加剤が登場した．油性剤と極圧剤の中間的な機能をもつもののように思うが，そのネーミングが効いたようだ．

そういう努力で石油危機はなんとか乗り切ったが，今度は二酸化炭素の排出削減という別の大義によって，燃費の向上への要求は一層強まった．一難去ってまた一難… ではなく，一難が巨大化したのだ．その要求が具体的になったのは，日米の自動車メーカーが共同でエンジン油の規格を定める組織，ILSACによる，2001年に発効したGF-3規格である．その目標は，省燃費性能，ロングドレイン性能および排気ガス触媒対応性能であったが，もはや添加剤による対応の限界を超え，あらためて基油が俎上に載ることになった．

そこで目をつけられたのが，いったんはコストの面で見送られた合成炭化水素，ポリアルファオレフィンであった．いまではすっかりおなじみになって，

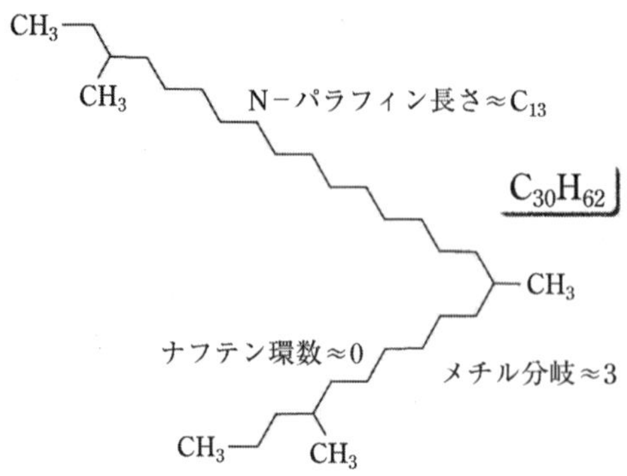

図 19.3　炭化水素油の最適分子構造[209)]

略称の PAO が一般的になったのはご存じのとおりである．炭化水素を重合させて作るのだから粘度の調整は容易であり，流動点が低いこと，粘度指数が高いこと，低粘度の割には蒸発性が低いこと，芳香族炭化水素が含まれないために酸化安定性が高いことなどの特徴をもち，広く使われるようになったわけである．

合成するならば，基油として最適な分子構造というものがあるはずだ，そういう発想の研究の結果の一つを，**図 19.3**[209)] にお目にかけておこう．最近天然ガスから液体燃料を作る Gas-to-Liquid 技術，すなわち GTL が登場して，その技術を使えばこういう分子の基油を作ることもでき，高性能基油として期待できるというわけだ．GTL は製造設備に巨大な投資が必要で先行き不透明なところがあるようだが，実現すれば“究極の基油”が得られるかも知れない．

それに比べると添加剤の方は，変遷がだいぶ違うようだ．旧日本石油におられた渡辺治道さんによれば，エポックとなる化合物は 1955 年頃すでに開発されており，その後技術を大きく一新するような化合物は登場していない[210)]らしい．ただし，自動変速機油に求められる高い摩擦係数のように，要求される機能が多様化したこと，材料と同様に，環境へ悪影響のためにある種の元素が使えなくなったこと，分散剤に分類されていた化合物が極圧剤の機能をもつという風に，新たな機能が見つかったことなどによって，さまざまな変化が進行しているようである．

ところで，潤滑油というものに対する認識が，機械屋と化学屋 —— というより潤滑油の開発をしている人たちとでは，かなり違うように思うので，筆者が感じたその違いを 2 つ紹介しておきたい．

第 1 に，機械屋の頭にあるのは流体潤滑効果と境界潤滑効果，すなわち摩擦面内における性能にほぼ限られていることである．しかし考えてみれば，潤滑油の一生のうち摩擦面内にいる時間はわずかであり，大部分は摩擦面外で過ごすのだ．そのような一生を通じて，蒸発，酸化，燃料や水の混入，添加剤の消耗，スラッジの生成等々，劣化が進行する中での潤滑効果の維持，さらにエミッションや排気ガス触媒の被毒など周囲に及ぼす影響への対応も必要であり，そういう多様な性能のバランスをとった製品として潤滑油がある，そういうのが化学屋の潤滑油観なのだと思う．

第2に，機械屋はすなおというか単純というか，酸化防止剤は潤滑油の酸化を防ぐものであり，極圧剤なら高温における潤滑効果をもつものである… という風に，添加剤をその機能によって区別した名前で理解しているところがある．それに対し，たとえば先ほど引用した渡辺さんの“添加剤は多機能のものが大部分なので性状剤のような機能群でまとめることはせず”，スルホネート，フェネート，サリシレートなど“個々の化合物の発展”に着目する[210]というような見方が，化学屋の認識なのだろう．日本酒にたとえれば，機械屋は大吟醸，純米酒などという区別で判断し，化学屋は原料の酒米や酵母に目が行くらしい．

19.4　グリース

グリースというのは，潤滑油に増ちょう剤を分散させた潤滑剤で，“半固体”などといわれる．半固体というのも妙な言葉だが，分散させたというのも若干誤解を招きそうな表現である．でき上がった増ちょう剤を潤滑油の中に混ぜるのではなく，潤滑油と増ちょう剤成分を混ぜて加熱し，増ちょう剤の繊維を油中に成長・分散させるというのがふつうの作り方なのである．

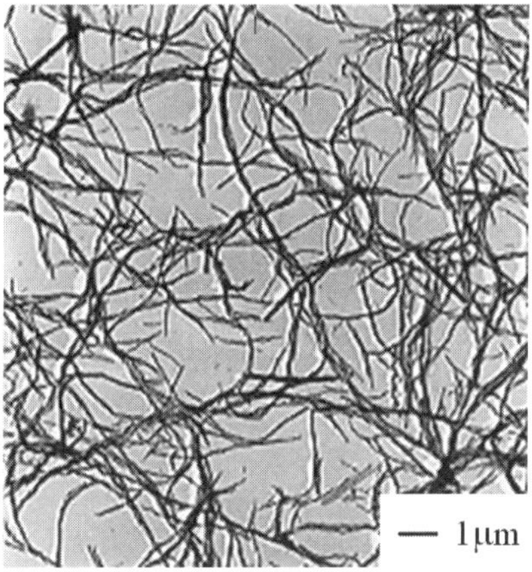

図19.4　ウレアグリースの増ちょう剤[211]

そういうグリースの写真として，**図19.4**[211]のようなものをご覧になったことがあるかも知れないが，正確にいうとこれはグリースを溶媒で希釈し，繊維をばらばらにほぐして撮った増ちょう剤の透過電子顕微鏡写真である．実際のグリースには 5～20 mass % ほどの増ちょう剤が入っているから，そのままでは透過電子顕微鏡写真などは撮れない．

それだけお断りしておいて，さて本論．玉軸受を例にとり，グリースがどうやって潤滑をしているかという話をしたい．

半固体といわれるグリースの挙動は，力の加わらない状態では固体であって，一定値以上の応力を加えると初めて流動する，いわゆる Bingham 流体に近い流動特性をもつという理解が一般だろう．しかしグリースによる潤滑の実態は，そのような力学特性をもつ物質としての作用にとどまらず，もう少し複雑なようである．

最初は，グリースがグリースとして潤滑をする例．グリースは遠心力で飛散してしまい，しばしばスターベーションが問題になるが，ではグリースが十分に存在するフラッド潤滑において，どのような EHL 膜を作るのだろうか．**図 19.5** は，ボール・オン・ディスクの光干渉法でそれを調べた例[212),213)]である．

図の高速側，ころがり速度 10 cm/s 以上のデータは，基油の EHL 膜厚を示す直線とほぼ平行していて，少しだけ上にある．すなわちこの領域の挙動には，基油と同様に Newton 粘性を仮定した EHL 理論が当てはまり，増ちょう剤の影響で粘度が少々増加しているだけの違いである．ところが低速側では理論から外れ，速度を下げて行くと膜厚は最小値をとった後ふたたび増加する．こう

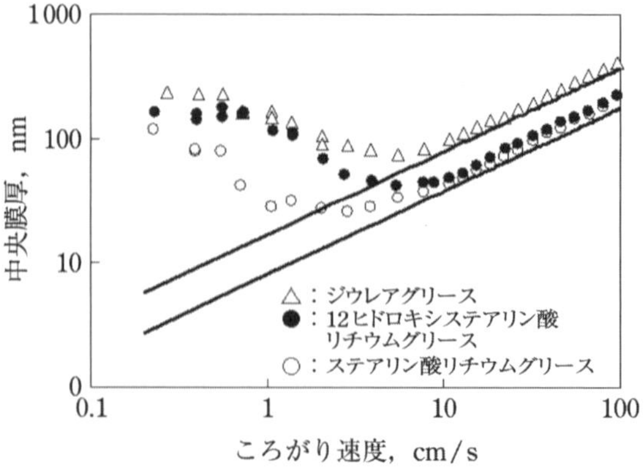

図 19.5　グリースの EHL 膜厚[212)]

いう現象はこれまでにも観察されていて，増ちょう剤の塊が通過するためだとか，表面に固着層ができるのだとか言われていた．ところが この実験においては図のすべての点で，EHL 膜に特有の馬蹄形の干渉縞が観察されたのだ．一番左の点，2 mm / s という低速においてさえ EHL が可能だというのが，この結果の…と言うよりグリース潤滑の，大きな特徴の一つである．これは ボール・オン・ディスクによる結果だけれど，深溝玉軸受の玉と内外輪の接触部においても，低速における EHL 膜の形成が確認されている [214]．

この話には，但し書きがつく．たしかにグリースとして潤滑をしているのだけれど，グリースがそのまま EHL の接触部に入って行くというわけでは必ずしもない．森 誠之さんの研究室で EHL 膜のその場観察をした結果 [216] によると，接触部内で増ちょう剤の濃度は上昇するようで，どれほど上昇するかは潤滑油の基油の極性，添加剤の極性などによって変わるらしい．

次は，グリースから少しずつ“離油”をした潤滑油分が潤滑をする例．玉軸受の空間にグリースを充填 ——といっても軸受内の空間の 30〜40 % がふつうだが—— して運転を始めると，グリースは玉と保持器にかき回されて空間内を右往左往し，しばらく経つと所を得て落ち着く．シールもシールドもないアンギュラ玉軸受について調べた例によると，**図 19. 6** [217] の，(a) 外輪の正面側端部，(b) 外輪内面，(c) 保持器内面の 3 箇所に移動して土手みたいなものを作り，グリースとしてはその後ほとんど移動しない．となると，摩擦面に移動して潤滑しているのは潤滑油分だけではないのか，というわけだ．

類似の測定は，鉄道車両の主電動機の深溝玉軸受と円筒ころ軸受の組み合わせについて行われた例 [218] があり，図 19.6 の実験 [217] ではジアルキルジチオリン酸亜鉛の Zn を潤滑油分の，二硫化モリブデンの Mo を増ちょう剤のトレーサーに使い，主電動機の軸受の実験 [218] では油溶性の色素を潤滑油分のトレーサーにして，それらの移動を測定している．

この 2 つの例の測定結果は共通してい

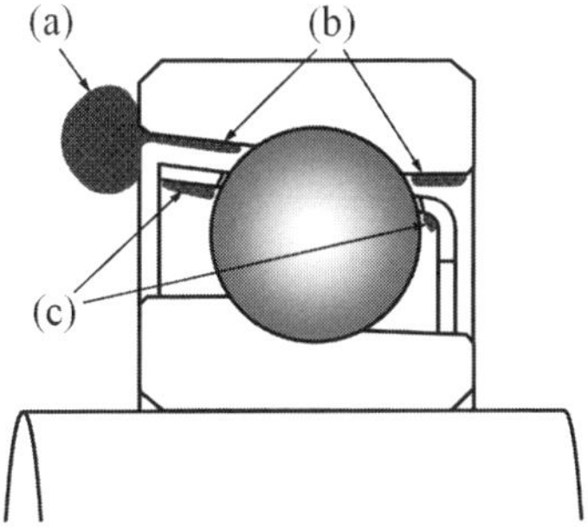

図 19. 6 軸受内のグリースの分布 [217]

て，図19.6では正面側端部の土手 (a)，主電動機軸受の場合は軸受外部に接して設けたグリースポケット内のグリースが，摩擦部から離れていても潤滑油分のリザーバーとして働き，軸受内部のグリース，図19.6でいうと外輪内面の土手，左側の (b) の中を浸透して摩擦部に到達し，必要な潤滑を行っているのである．

これらの例に見られるようにグリースは，場合によってはグリース自体，場合によってはグリースからにじみ出した潤滑油分が潤滑を行っているようで，これらを意識的に制御できれば，グリースの使用可能な範囲はさらに広がるように思う．

引用文献

1)　株式会社 東芝のご好意による．

2)　株式会社 HGST ジャパンのご好意による．

3)　JAXA ホームページ "小惑星探査機「はやぶさ」物語" による．

4)　竹内　薫：99.9 % は仮説，光文社 (2006).

5)　日本学術会議報告書：新しい学術の体系 (2003)；図は簡易版による．
www.scj.go.jp/ja/info/kohyo/pdf/kohyo-18-t995-60-2.pdf

6)　鈴木　厚氏のご好意による (筆者 和訳).

7)　R. Holm：Electric Contacts, H. Gebers Förlag (1946) p.202.

8)　日本トライボロジー学会編：トライボロジー辞典，養賢堂 (1995) p.121.

9)　久門輝正：日本機械学会論文集, **35**, 272 (1969) p.880.

10)　董　大明君のご好意による．

11)　天羽美奈さんのご好意による．

12)　杉村丈一：トライボロジスト, **39**, 3 (1994) p.208.

13)　小林義和・柳　和久：トライボロジスト, **50**, 7 (2005) p.505.

14)　川口尊久・畑沢鉄三・鏡重次郎：トライボロジスト, **50**, 7 (2005) p.499.

15)　Y. Kimura and C. Otani：Tribology International, **38**, 11/12 (2005) p.943.

16)　大谷　親・木村好次，トライボロジスト, **39**, 12 (1994) p.1042.

17)　たとえば 黄ほか：トライボロジスト, **42**, 3 (1997) p.233.

18)　M. Eguchi, T. Niikura and T. Yamamoto：J. JAST, **42**, 10 (1997) p.813.

19)　櫻井好正：機械試験所所報, **6**, 6 (1952) p.220.

20)　I. V. Kraghelsky and N. B. Demkin：Wear, **3** (1960) p.170.

21)　日本トライボロジー学会編：トライボロジー辞典，養賢堂 (1995) p.256.

22)　日本トライボロジー学会編：トライボロジー辞典，養賢堂 (1995) p.250.

23)　Research Group on Wear of Engineering Materials：Glossary of Terms and Definitions in the Field of Friction, Wear and Lubrication = Tribology=, OECD (1969) p.35.

24)　E. Rabinowicz：ASLE Trans., **14**, 3 (1971) p.198.

25)　R. Holm and B. Kirschstein：Wiss. Veröff. Siemens Konz., **15**, 1 (1936) p.122.

26)　高木理逸・津谷裕子：潤滑, **6**, 2 (1961) p.81.

27)　木村好次：潤滑, **9**, 6 (1964) p.475.

28)　日本トライボロジー学会編：トライボロジー辞典，養賢堂 (1995) p.50.

29)　曾田範宗：摩擦と潤滑，岩波書店 (1954) p.255.

30)　日本潤滑学会編：潤滑ハンドブック，養賢堂 (1970) p.1075.

31)　日本トライボロジー学会編：トライボロジー ハンドブック，養賢堂 (2001).

32)　F. P. Bowden and D. Tabor：The Friction and Lubrication of Solids, Clarendon Press (初版 1950.

引用・転載は 1986 年版による) p.126.
33) I. M. Hutchings：Tribology：Friction and Wear of Engineering Materials, Edward Arnold (1992) p.30.
34) 日本トライボロジー学会編：トライボロジー辞典, 養賢堂 (1995) p.252.
35) 曾田範宗：摩擦と潤滑, 岩波書店 (1954) p.59.
36) D. Tabor：Proc. Roy. Soc. Lond., **A251**, 1266 (1959) p.378.
37) 曾田範宗：摩擦と潤滑, 岩波書店 (1954) p.80.
38) 平野元久：トライボロジスト, **51**, 12 (2006) p. 849.
39) 佐々木成朗・三浦浩治：トライボロジスト, **51**, 12 (2006) p.855 から引用.
40) たとえば E. Rabinowicz：Metal Deformation Processes – Frictrion and Lubrication, F. F. Ling (ed.), ASME (1966) p.90.
41) 日本精工株式会社のご好意による.
42) 山本精穂・石原　滋：潤滑, **24**, 11 (1979) p.725.
43) 野口昭治・藤木直子：トライボロジー会議予稿集 名古屋 2008-9 (2008) p.321.
44) S. Y. Poon and D. J. Haines：Trans. ASME, **F 91**, 2 (1969) p.276.
45) 曾田範宗：軸受, 岩波書店 (1964) p.99 *et seq.*
46) 曾田範宗・木村好次・関沢昌美：日本機械学会論文集, 第 3 部, **37**, 303 (1971) p.2204.
47) S. H. Loewenthal：NASA CP 2210 (1983) p.79 による.
48) 曾田範宗・薬師寺薫：東京大学理工學研究所報告, **3**, 2 (1949) p.56.
49) 沖野教郎・佐々木外喜雄：潤滑, **12**, 7 (1967) p.265.
50) http://www.skf.com/portal/skf/home/products?newlink=1_0_37&lang=en&maincatalogue=1
51) 日本トライボロジー学会編：トライボロジー ハンドブック, 養賢堂 (2001) p.146.
52) 若林利明：トライボロジスト, **42**, 6 (1997) p.430.
53) 中條隆史ほか：トライボロジー会議予稿集 東京 2008-5 (2008) p.87.
54) 竹市嘉紀ほか：トライボロジー会議予稿集 東京 2009-5 (2009) p.213.
55) F. P. Bowden and D. Tabor: The Friction and Lubrication of Solids, Clarendon Press (初版 1950. 引用・転載は 1986 年版による) p.35 *et seq.* および Plate III. By permission of Oxford University Press.
56) H. S. Carslaw and J. C. Jaeger：Conduction of Heat in Solids, 2nd ed., Oxford (1959).
57) 長倉三郎ほか編：岩波理化学事典 第 5 版, 岩波書店 (1998) p.203.
58) Scientific Lubrication：**18**, 3 (1966) p.13.
59) 櫻井年明・木村好次：月刊トライボロジー, **26**, 8 (2012) p.26.
60) 日本トライボロジー学会編：トライボロジー辞典, 養賢堂 (1995) p.112.
61) Research Group on Wear of Engineering Materials：Glossary of Terms and Definitions in the Field of Friction, Wear and Lubrication = Tribology=, OECD (1969) p.41.
62) 日本トライボロジー学会編：トライボロジー辞典, 養賢堂 (1995) 序文.
63) 日本潤滑学会編：潤滑用語解説集, 朝倉書店 (1970).

64) 日本潤滑学会編：潤滑用語集・解説付，養賢堂 (1981).
65) 木村好次：日本機械学会誌, **87**, 782 (1984) p.58.
66) D. Dowson：History of Tribology, 2nd ed., Professional Eng. Publishing (1998) p.360.
67) O. Reynolds：Phil. Trans. Roy. Soc. Lond., **177**, Pt.I (1886) p.157.
68) W. B. Hardy and I. Doubleday：Proc. Roy. Soc. Lond., **A100**, 707 (1922) p.550.
69) M. J. Neale (ed.)：Bearings – A Tribology Handbook, Butteworths (1993) p.4.
70) A. Cameron：Principles of Lubrication, Longmans (1966) p.271.
71) 丹羽小三郎：トライボロジスト, **50**, 9 (2005) p.656.
72) 青木　弘：潤滑, **21**, 7 (1976) p.427.
73) 田中正人・畠中清史：トライボロジスト, **49**, 9 (2004) p.714.
74) 小澤　豊：トライボロジー研究会第 12 回講演会前刷 (2001) p.21；図は日本トライボロジー学会編：トライボロジー ハンドブック，養賢堂 (2001) p.66 による.
75) 大豊工業株式会社技術資料による.
76) D. Dowson and G. R. Higginson：Elasto-hydrodynamic Lubrication, Pergamon (1966).
77) H. Moes：Proc. IMechE, **180**, Pt.3B (1965-66) p.244 (討論).
78) 築田伸一：トライボロジスト, **49**, 4 (2004) p.283.
79) 村木正芳：図解・トライボロジー，日刊工業新聞社 (2007) p.237 *et seq.*に詳しい紹介がある.
80) 董　大明君のご好意による.
81) K. Holmberg：Tribology International, **15**, 6 (1982) p.123.
82) 木村好次：潤滑, **30**, 6 (1985) p.413.
83) 日本精工株式会社のご好意による.
84) 村木正芳・木村好次：潤滑, **28**, 10 (1983) p.753.
85) 村木正芳・木村好次：潤滑, **30**, 10 (1985) p.767.
86) R. Stribeck：VDI Zeitschrift, **46,** 36 (1902) p.1341.
87) R. Stribeck：VDI Zeitschrift, **46,** 38 (1902) p.1432.
88) 青木　弘・木村好次：潤滑, **24**, 4 (1979) p.195.
89) H. Christensen：Proc. IMechE, 184, Pt.1, 55 (1969–70) p.1013.
90) L. S. H. Chow and H. S. Cheng：Trans. ASME, **F98**, 1 (1976) p.117.
91) N. Patir and H. S. Cheng：Trans. ASME, **F100**, 1 (1978) p.12.
92) A. Cameron：Basic Lubrication Theory, Ellis Horwood Ltd. (1981) p.75.
93) C. Kojabashian and H. H. Richardson：3rd Int. Conf. on Fluid Sealing, BHRA (1967) E4–41.
94) D. B. Hamilton *et al.*：Trans. ASME, **D88**, 1 (1966) p.177.
95) トライボロジスト, **55**, 2, 特集 (2010).
96) トライボロジー会議予稿集，東京 2010–5，シンポジウム (2010) p.349 *et seq.*
97) Y. Kumada, K. Hashizume and Y. Kimura：Proc. Int. Trib. Conf., Yokohama 1995, 3 (1996) p.1285.

98) Y. Kimura and J. Sugimura：Wear, **100** (1984) p.33.

99) 杉村丈一・木村好次・網野一夫：潤滑, **31**, 11 (1986) p.813.

100) 熊田喜生・橋爪克幸・木村好次：トライボロジスト, **43**, 6 (1998) p.456.

101) 道岡博文ほか：自動車技術会論文集, **28**, 3 (1997) p.71.

102) F. P. Bowden and D. Tabor：The Friction and Lubrication of Solids, Clarendon Press (初版 1950. 引用・転載は 1986 年版による) p.200 *et seq*. By permission of Oxford University Press.

103) *ibid*., p.145.

104) 国際純正・応用化学連合（IUPAC）の定義による．http://goldbook.iupac.org/A00155.html

105) F. P. Bowden and D. Tabor：The Friction and Lubrication of Solids, Clarendon Press (初版 1950. 引用・転載は 1986 年版による) p.176 *et seq*. および Plate XXI. By permission of Oxford University Press.

106) C. M. Allen and E. Drauglis：Wear, **14**, 5 (1969) p.363.

107) E. P. Kingsbury：J. Appl. Phys., **29**, 6 (1958) p.888.

108) 森　誠之：JTEKT Eng. J., 1008 (2010) p.2.

109) R. G. Pearson (ed.)：Hard and Soft Acids and Bases, Dowden, Hutchinson & Ross, Inc. (1973).

110) 谷川俊太郎・和合亮一：にほんごの話, 青土社 (2010) p.71 *et seq*.

111) 長谷川三千子：日本語の哲学へ, ちくま新書 (2010) p.27 *et seq*.

112) JIS B 1583-1　滑り軸受—金属製流体潤滑軸受に生じる損傷の外観及びその特徴-第 1 部：一般, 日本規格協会 (2012).

113) JIS B 1562　転がり軸受—損傷及び外観の変化に関する用語, 特徴及び原因, 日本規格協会 (2009).

114) ISO7146-1　Plain bearings — Appearance and characterization of damage to metallic hydrodynamic bearings — Part 1: General, ISO (2008).

115) ISO 15243　Rolling bearings — Damage and failures — Terms, characteristics and causes, ISO (2004).

116) D & E アトラス研究会編：潤滑油分析による設備診断技術, 日本プラントメンテナンス協会 (2000).

117) 日本トライボロジー学会編：トライボロジー故障例とその対策, 養賢堂 (2003).

118) 新村　出編：広辞苑 (第二版補訂版), 岩波書店 (1976).

119) 日本化学会編：標準化学用語辞典, 丸善 (1991).

120) 文部省・日本機械学会：学術用語集 機械工学編 (増訂版), 日本機械学会 (1985).

121) 曾田範宗：軸受, 岩波書店 (1964).

122) 中村　隆：デンソーテクニカルレビュー, **7**, 2 (2002) p.3.

123) 諸橋轍次ほか：新漢和辞典 (改訂版), 大修館書店 (1969).

124) 日本トライボロジー学会編：トライボロジー辞典, 養賢堂 (1995) p.126, 127.

125) Research Group on Wear of Engineering Materials：Glossary of Terms and Definitions in the Field of Friction, Wear and Lubrication = Tribology=, OECD (1969) p.53.

126) M. Kano and Y. Kimura：Wear, **162-164**, Pt.B (1993) p.897.
127) 日本トライボロジー学会編：トライボロジー辞典, 養賢堂 (1995) p.263.
128) 日本トライボロジー学会編：トライボロジー辞典, 養賢堂 (1995) p.253.
129) 日本トライボロジー学会編：トライボロジー辞典, 養賢堂 (1995) p.88.
130) A. Masuko, M. Hirata and H. Watanabe：ASLE Trans., **20**, 4 (1977) p.304.
131) M. Hirata, A. Masuko and H. Watanabe：Wear, **46**, 2 (1978) p.367.
132) 山本隆司氏のご好意による.
133) G. Lundberg and A. Palmgren：Dynamic Capacity of Rolling Bearings, Ingeniörsvetenskapsakademiens Handlinger, 196 (1947). 岡本純三氏の和訳による.
134) 岡本純三：ボールベアリング設計計算入門, 日刊工業新聞社 (2011).
135) The Rolling Elements Committee, The Lubrication Division of ASME : Life Adjustment Factors for Ball and Roller Bearings, ASME (1971).
136) T. E. Tallian：ASLE Trans., **10**, 4 (1967) p.418.
137) J. C. Skurka：Trans. ASME, **F 92**, 2 (1970) p.281.
138) 曾田範宗・木村好次：潤滑, **18**, 12 (1973) p.907.
139) H. Takata, K. Furumura and Y. Murakami：Proc. STLE/ASME Trib. Conf. (1995) p.11.
140) 日本トライボロジー学会編：トライボロジー辞典, 養賢堂 (1995) p.208.
141) 日本トライボロジー学会編：トライボロジー故障例とその対策, 養賢堂 (2003) p.38.
142) 徳田昌敏・伊藤重男・室　博：潤滑, **22**, 6 (1977) p.347.
143) 木下　斎・平岡和彦・小林一博：Sanyo Technical Report, **7**, 1 (2000) p.62.
144) 遠藤敏明ほか：トライボロジー会議予稿集 新潟 2003-11 (2003) p.485.
145) 小原美香：トライボロジー会議予稿集 東京 2004-5 (2004) p.171.
146) 川村隆之・小原美香・玉田健治：トライボロジー会議予稿集 東京 2004-5 (2004) p.173.
147) 植田　徹ほか：トライボロジー会議予稿集, 東京 2008-5 (2008) p.143.
148) 木澤克彦ほか：トライボロジー会議予稿集, 名古屋 2008-9 (2008) p.345.
149) 今井　裕・今井淳一：トライボロジー会議予稿集, 名古屋 2008-9 (2008) p.351.
150) 三菱石油 (当時) のご好意による.
151) 日本トライボロジー学会編：トライボロジー辞典, 養賢堂 (1995) p.7.
152) *ibid.*, p.225.
153) *ibid.*, p.62.
154) R. Holm：Electric Contacts, Hugo Gebers Förlag (1946) p.214.
155) *ibid.*, p.203.
156) J. F. Archard：J. Appl. Phys., **24**, 8 (1953) p.981.
157) 木村好次：潤滑, **18**, 4 (1973) p.257.
158) L. Rozeanu：Wear, **6**, 5 (1963) p.337.
159) I. V. Kraghelsky：Trans. ASME, **D 87**, 3 (1965) p.785.
160) N. P. Suh *et al.*：Wear, **44**, 1 (1973).

161) N. P. Suh *et al*. (ed.)：Fundamentals of Tribology (Proc. Int. Conf. on Fundamentals of Tribology), The MIT Press (1978).
162) Y. Kimura and J. Sugimura：Wear, **100** (1984) p.33.
163) R. A. Rosenfield：Wear and fracture mechanics, D. A. Rigney (ed.), ASM (1981) p.221.
164) Y. Kimura and M. Shima：Wear, **141**, 2 (1991) p.335.
165) Y. Kimura：Proc. 18th Leeds-Lyon Symp. on Tribology (1992) p.427.
166) N. Soda, Y. Kimura and A. Tanaka：Wear, **35**, 2 (1975) p.331.
167) 鈴木孝夫：日本語と外国語, 岩波書店 (1990) p.59 *et seq*.
168) 中井久夫：私の日本語雑記, 岩波書店 (2010) p.200 *et seq*.
169) B. Berlin and P. Kay：Basic Color Terms: Their Universality and Evolution, Univ. of California Press (1969).
170) 豊口　満：日本機械学会関西支部第 49 回講習会教材 (1972) p.57.
171) 萱場孝雄：日本機械学会論文集, **31**, 122 (1965) p.362.
172) R. G. Larsen and G. L. Perry：Mechanical Wear, J. T. Burwell, Jr., (ed.), ASM (1950) p.73.
173) 日本トライボロジー学会編：トライボロジー故障例とその対策, 養賢堂 (2003) p.15..
174) 吉崎正敏：第 66 回自動車のトライボロジー研究会資料 (2011).
175) 日本トライボロジー学会編：トライボロジー故障例とその対策, 養賢堂 (2003).
176) Lubrication Engineering, **42**, 1 (1986) 表紙.
177) 設楽裕治ほか：トライボロジスト, **51**, 1 (2006) p.23.
178) 日本機械学会：機械工学 100 年の歩み, 日本機械学会 (1997) p.6.
179) 潤滑技術の現状に関する調査研究会：トライボロジスト, **38**, 1 (1993) p.13.
180) メンテナンスアクションプラン研究会：メンテナンスに関するアクションプランの提言, 日本トライボロジー学会 (2005) p.79.
181) 日本機械学会技術開発支援センター 機械状態監視資格認証事業部会：トライボロジスト, **50**, 11 (2005) p.816.
182) 似内昭夫：月刊トライボロジー, **23**, 263 (2009) p.46.
183) 曾田範宗：摩擦と潤滑, 岩波書店 (1954).
184) F. P. Bowden and D. Tabor：The Friction and Lubrication of Solids, Clarendon Press (初版 1950. 引用・転載は 1986 年版による).
185) 山本雄二・兼田楨宏：トライボロジー, 理工学社 (1998).
186) 村木正芳：図解・トライボロジー, 日刊工業新聞社 (2007).
187) K. Holmberg, P. Andersson and A Eldemir：Tribology International, **47** (2012) p.221.
188) Research Group on Wear of Engineering Materials：Glossary of Terms and Definitions in the Field of Friction, Wear and Lubrication = Tribology=, OECD (1969) p.17.
189) *ibid*., p.121.
190) M. J. Neale：Industrial Tribology, (M. H. Jones and D. Scott ed.), Elsevier (1983) p.31.
191) M. J. Neale (ed.)：Bearings – A Tribology Handbook, Butteworths (1993) p.4 *et seq*.

192)　曾田範宗：軸受, 岩波書店 (1964) p.1.
193)　大山忠夫：KOYO Bearing Journal, 161 (2002) p.65.
194)　坂上茂樹：鉄道車輌用転がり軸受と台車の戦前・戦後史, 大阪市立大学経済学部 Discussion Paper No.60 (2010), http://dlisv03.media.osaka-cu.ac.jp/infolib/user_contents/kiyo/111C0000001-60.pdf
195)　鉄道ホビダス 台車近影：FT1, http://rail.hobidas.com/bogie/archives/2006/09/ft1_jr100.html
196)　NTN 株式会社のご好意による.
197)　赤松良信：トライボロジスト, **37**, 7 (1992) p.533.
198)　木村好次：鉄と鋼, **72**, 9 (1986) p.1231.
199)　E. Rabinowicz：J. Inst. Metals, **95**, 11 (1967) p.321.
200)　K. Holmberg and A. Matthews：Coatings Tribology, Elsevier (1994) p.316.
201)　T. Kumagai *et al.*：J. Appl. Phys., **107**, 10 (2010) p.104307.
202)　M. Kano *et al.*：Tribology Letters, **18**, 2 (2005) p.245.
203)　森　広行ほか：トライボロジスト, **54**, 1 (2009) p.40.
204)　M. J. Neale (ed.)：Lubrication – A Tribology Handbook, Butteworths (1993) p.1.
205)　日本トライボロジー学会編：トライボロジー辞典, 養賢堂 (1995) p.84.
206)　日本トライボロジー学会固体潤滑研究会編：新版固体潤滑ハンドブック, 養賢堂 (2010) p.53.
207)　小原新吾：月刊トライボロジー, **24**, 9 (2010) p.11.
208)　笠原又一氏のご好意による.
209)　五十嵐仁一：トライボロジー研究会第 18 回講演会前刷 (2007) p.31.
210)　渡辺治道：トライボロジスト, **50**, 4 (2005) p.277.
211)　協同油脂株式会社のご好意による.
212)　Y. Kimura, T. Endo and D. Dong：Advanced Tribology - Proceedings of CIST2008 & ITS-IFToMM2008 Beijing (J. Luo *et al*. ed.) (2009) pp.15.
213)　董　大明・遠藤敏明：トライボロジスト, **56**, 1 (2011) p.24.
214)　董　大明ほか：トライボロジスト, **57**, 8 (2012) p.568.
215)　S. Bair：Proc. IMechE, **216**, Pt.J (2002) p.1 による.
216)　S. Sato *et al.*：Proc. ITC Hiroshima 2011 (2011) B2-09.
217)　小森谷智延・董　大明・木村好次：トライボロジー会議予稿集, 北海道室蘭 2012-9 (2012) p.315.
218)　日比野澄子・鈴木政治：トライボロジスト, **50**, 1 (2005) p.39.

索　引

ア 行

カ 行

サ 行

タ　行

ナ　行

ハ 行

マ 行

ヤ 行

ラ 行

英 字

— 著者紹介 —

木村 好次（きむら よしつぐ）

・1936年生まれ．東京大学大学院工学系研究科産業機械工学専門課程修了，工学博士．

・東京大学工学部，同学宇宙航空研究所，同学生産技術研究所，香川大学工学部にて，トライボロジーの研究教育に従事．東京大学名誉教授，香川大学名誉教授．

・香川大学長，日本学術会議会員，日本機械学会副会長，日本トライボロジー学会会長，第4回 世界トライボロジー会議実行委員長，トライボロジー ハンドブック編集委員長，トライボロジー辞典編集委員長等を務める．

・日本トライボロジー学会名誉会員，日本機械学会名誉員．Tribology Gold Medal ほか受賞．

JCOPY ＜(社)出版者著作権管理機構 委託出版物＞

2013

トライボロジー再論

著者との申し合せにより検印省略

2013年4月18日 第1版発行

定価（本体2800円＋税）

著作者 木村 好次（きむら よしつぐ）

発行者 株式会社 養賢堂
代表者 及川 清

印刷者 中央印刷株式会社
責任者 日岐浩和

発行所 〒113-0033 東京都文京区本郷5丁目30番15号
株式会社養賢堂
TEL 東京(03)3814-0911 振替00120 7-25700
FAX 東京(03)3812-2615
URL http://www.yokendo.co.jp/

ISBN978-4-8425-0512-1 C3053

PRINTED IN JAPAN 製本所 中央印刷株式会社